教育部　财政部职业院校教师素质提高计划职教师资培养资源开发项目
“电子科学与技术”专业职教师资培养资源开发(VTNE023)
高等院校电气信息类专业“互联网+”创新规划教材

电子科学与技术专业
课程开发与教学项目设计

主　　编　沈亚强
执行主编　万　旭

北京大学出版社
PEKING UNIVERSITY PRESS

内 容 简 介

本书是电子技术类职业技术教育的本科教材，以培养职业教育教师专业教学能力为目的，涵盖职业教育课程理念，职业教育课程开发与教学项目设计的基本方法和程序，中等职业学校电子技术类专业项目课程的课程体系开发、课程标准开发、教学项目设计、教学设计、实施、评价等方面的内容，提供了电子技术类专业基本技能训练教学项目设计、企业实践教学项目开发与设计等应用示例。

本书可作为电子科学与技术教育专业的本科教材，也可作为中等职业学校电子技术类专业教师教学能力提高的培训教材。

图书在版编目（CIP）数据

电子科学与技术专业课程开发与教学项目设计/沈亚强主编. —北京：北京大学出版社，2017.6
（高等院校电气信息类专业“互联网+”创新规划教材）
ISBN 978-7-301-28544-2

Ⅰ. ①电… Ⅱ. ①沈… Ⅲ. ①电子技术—课程设计—高等学校—教材 Ⅳ. ①TN-41

中国版本图书馆 CIP 数据核字（2017）第 173195 号

书　　名　电子科学与技术专业课程开发与教学项目设计
　　　　　Dianzi Kexue yu Jishu Zhuanye Kecheng Kaifa yu Jiaoxue Xiangmu Sheji
著作责任者　沈亚强　主编
策划编辑　程志强
责任编辑　黄红珍
数字编辑　刘　蓉
标准书号　ISBN 978-7-301-28544-2
出版发行　北京大学出版社
地　　址　北京市海淀区成府路 205 号　100871
网　　址　http://www.pup.cn　新浪微博：@北京大学出版社
电子信箱　pup_6@163.com
电　　话　邮购部 62752015　发行部 62750672　编辑部 62750667
印 刷 者　北京鑫海金澳胶印有限公司
经 销 者　新华书店
　　　　　787 毫米×1092 毫米　16 开本　16.5 印张　376 千字
　　　　　2017 年 6 月第 1 版　2017 年 6 月第 1 次印刷
定　　价　38.00 元

教育部 财政部

职业院校教师素质提高计划成果系列丛书

项目牵头单位：教育部 财政部

项 目 负 责 人：沈亚强

项目专家指导委员会

主　任：刘来泉

副主任：王宪成　郭春鸣

成　员：（按姓氏拼音排列）

曹　晔	崔世钢	邓泽民
刁哲军	郭杰忠	韩亚兰
姜大源	李栋学	李梦卿
李仲阳	刘君义	刘正安
卢双盈	孟庆国	米　靖
沈　希	石伟平	汤生玲
王继平	王乐夫	吴全全
夏金星	徐　流	徐　朔
张建荣	张元利	周泽扬

序

《国家中长期教育改革和发展规划纲要（2010－2020年）》颁布实施以来，我国职业教育进入加快构建现代职业教育体系、全面提高技能型人才培养质量的新阶段。加快发展现代职业教育，实现职业教育改革发展新跨越，对职业学校“双师型”教师队伍建设提出了更高的要求。为此，教育部明确提出，要以推动教师专业化为引领，以加强“双师型”教师队伍建设为重点，以创新制度和机制为动力，以完善培养培训体系为保障，以实施素质提高计划为抓手，统筹规划，突出重点，改革创新，狠抓落实，切实提升职业院校教师队伍整体素质和建设水平，加快建成一支师德高尚、素质优良、技艺精湛、结构合理、专兼结合的高素质专业化的“双师型”教师队伍，为建设具有中国特色、世界水平的现代职业教育体系提供强有力的师资保障。

目前，我国共有60余所高校正在开展职教师资培养，但由于教师培养标准的缺失和培养课程资源的匮乏，制约了“双师型”教师培养质量的提高。为完善教师培养标准和课程体系，教育部、财政部在“职业院校教师素质提高计划”框架内专门设置了职教师资培养资源开发项目，中央财政划拨1.5亿元，系统开发用于本科专业职教师资培养标准、培养方案、核心课程和特色教材等系列资源。其中，包括88个专业项目，12个资格考试制度开发等公共项目。该项目由42家开设职业技术师范专业的高等学校牵头，组织近千家科研院所、职业学校、行业企业共同研发，一大批专家学者、优秀校长、一线教师、企业工程技术人员参与其中。

经过三年的努力，培养资源开发项目取得了丰硕成果。一是开发了中等职业学校88个专业（类）职教师资本科培养资源项目，内容包括专业教师标准、专业教师培养标准、评价方案，以及一系列专业课程大纲、主干课程教材及数字化资源；二是取得了6项公共基础研究成果，内容包括职教师资培养模式、国际职教师资培养、教育理论课程、质量保障体系、教学资源中心建设和学习平台开发等；三是完成了18个专业大类职教师资资格标准及认证考试标准开发。上述成果，共计800多本正式出版物。总体来说，培养资源开发项目实现了高效益：形成了一大批资源，填补了相关标准和资源的空白；凝聚了一支研发队伍，强化了教师培养的“校—企—校”协同；引领了一批高校的教学改革，带动了“双师型”教师的专业化培养。职教师资培养资源开发项目是支撑专业化培养的一项系统化、基础性工程，是加强职教教师培养培训一体化建设的关键环节，也是对职教师资培养培训基地教师专业化培养实践、教师教育研究能力的系统检阅。

自2013年项目立项开题以来，各项目承担单位、项目负责人及全体开发人员做了大量深入细致的工作，结合职教教师培养实践，研发出很多填补空白、体现科学性和前瞻性的成果，有力推进了“双师型”教师专门化培养向更深层次发展。同时，专家指导委员会的各位专家以及项目管理办公室的各位同志，克服了许多困难，按照两部对项目开

发工作的总体要求，为实施项目管理、研发、检查等投入了大量时间和心血，也为各个项目提供了专业的咨询和指导，有力地保障了项目实施和成果质量。在此，我们一并表示衷心的感谢。

编写委员会
2016 年 3 月

前　言

本书是教育部和财政部职业院校教师素质提高计划中电子科学与技术专业职教师资培养资源开发项目(VTNE023)的成果之一。

课程开发与教学项目设计能力是教师专业能力的重要组成部分，也是教师专业发展的重要基础和核心能力，这种核心能力能够使职业教育专业教师有能力面对不断变化的职业领域，将动态变化的职业工作任务转化为职业学校的专业教育课程和教学项目，即将实际岗位工作中的生产性工作任务整合和转化为学校的工作性学习任务，以帮助接受职业教育的学习者形成职业能力，适应未来工作岗位职业能力的需要。

本书是为了帮助电子科学与技术专业的职教师资的学生了解和掌握职业教育专业课程开发与教学项目设计的基本方法；理解职业教育课程的基本理念，职业科学相关联的专业知识，如职业领域工作任务分析和职业能力分析；学习专业课程标准和教学标准的制定与开发步骤及程序；熟悉典型的职业教育课程教学的模式，如按项目课程进行职业教育专业教学，掌握选择课程教学模式和教学方法的技巧而设计开发的职业教育课程教材。

本书立足于电子科学与技术专业应用的职业领域，以满足中等职业学校电子技术类专业上岗教师的需求为前提，为职教师资专业学生提供专业课程开发过程的示范性、典型性模板，聚焦职教师资专业学生的“专业课程开发与教学设计能力”的形成，使其在今后的教学工作中能够将学科专业知识和教育教学知识较好地融合，为提升专业教育教学能力奠定基础。本书涵盖了中等职业学校电子技术类专业项目课程的课程体系开发、课程标准开发、教学项目设计、教学设计、实施、评价等方面的内容，提供了电子技术类专业基本技能训练教学项目设计示例、企业实践教学项目开发与设计和中职电子技能竞赛指导教学项目开发等应用示例。

本书特点如下：

(1) 从课程开发的宏观开发逐步引入微观设计，体现了项目课程开发的程序和过程。

(2) 紧扣职业教育电子科学与技术专业的特点，融合了职业、专业与职业技术教育的关系。

(3) 以中职教育电子技术项目课程开发案例为支撑，体现了教学项目开发的可操作性和实用性。

本书由浙江师范大学沈亚强教授担任主编，万旭副教授担任执行主编，具体编写分工如下：万旭编写第1～7章，王宇编写第8章，余红娟编写第9章，潘日敏编写第10章，沈亚强负责统稿和定稿。

在本书的编写过程中，编者得到了教育部职业院校教师素质提高计划项目组专家和项目管理办公室人员的指导，参考了一些专家、学者的成果，在此一并表示衷心感谢！

由于编者水平有限，书中难免有疏漏不足之处，恳请广大读者批评指正。

编　者
2017 年 2 月

目 录

第 1 章
课程开发的认识

知 识 构 架

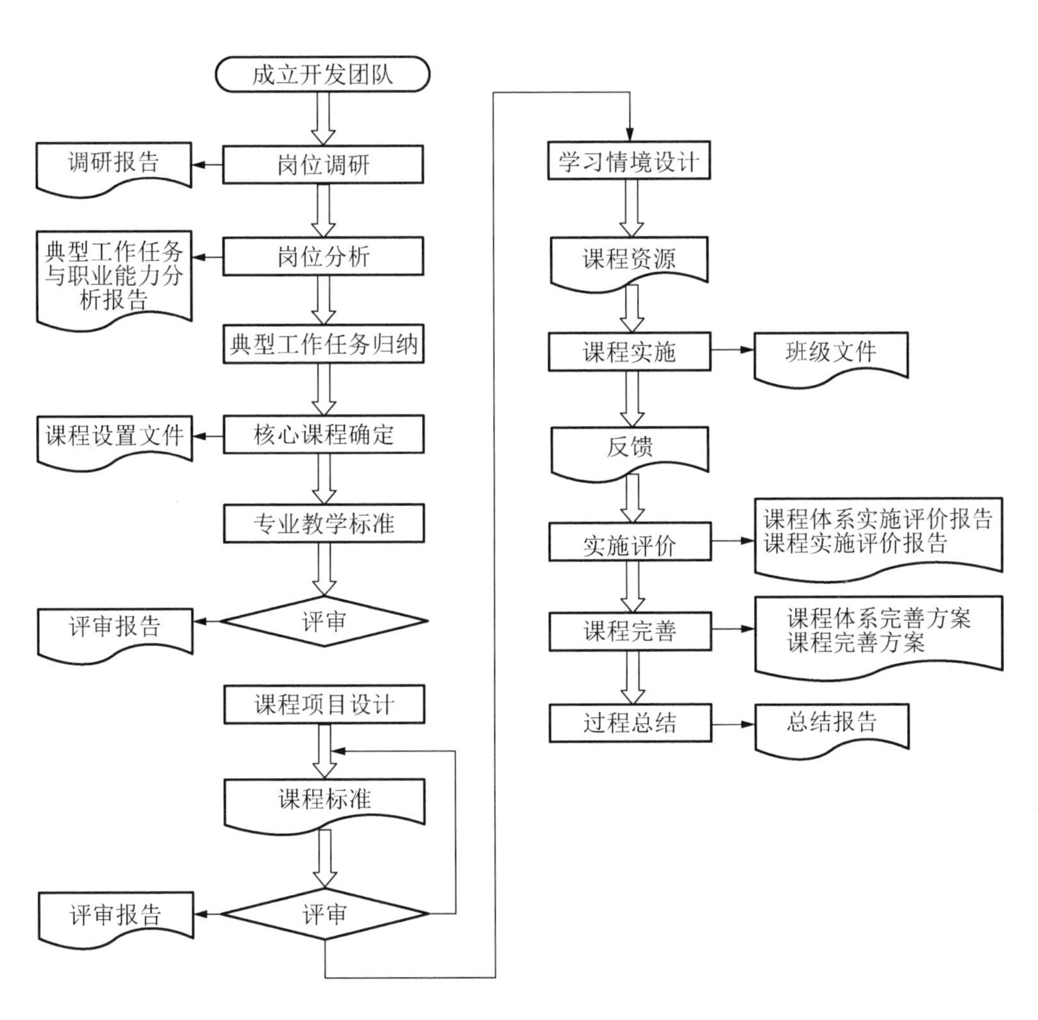
成立开发团队
岗位调研
调研报告
岗位分析
典型工作任务与职业能力分析报告
典型工作任务归纳
核心课程确定
课程设置文件
专业教学标准
评审
评审报告
课程项目设计
课程标准
评审
评审报告
学习情境设计
课程资源
课程实施
班级文件
反馈
实施评价
课程体系实施评价报告
课程实施评价报告
课程完善
课程体系完善方案
课程完善方案
过程总结
总结报告

1.1 职业技术教育课程开发的认识

1.1.1 职业技术教育课程的本质

课程是为师生共同学习所设计的教育环境，以及在这个环境范围中所进行的教育活动。

职业技术教育课程也可以用以上的概念进行描述，但是，职业技术教育应具备其培养目标的特征。如果把一所职业技术学校的某专业比作一个工厂，那么课程就是这个工厂的生产线，职业技术教育的教学过程就是生产线上产品的制造过程。由此可以看出，职业教育课程的本质就是“课程就是工作，工作就是课程；学习的内容就是工作，通过工作实现学习”，也就是工学结合。

根据以上分析可知：职业技术教育课程蕴藏着职业技术教育的课程理念、课程目标、课程模式、课程开发方法和课程内容的重大变革。

1.1.2 职业技术教育课程的特征

根据职业技术教育课程的本质分析，可以得到一些职业技术教育课程的特点。

1. 课程名称的特征

职业技术教育课程名称要能直观体现工作关系的内涵，改变以知识为主的呈现方式，也就是以“××测试”“××操作”“××维修”等课程代替“××概论”“××学”“××原理”等课程。

2. 课程内容选取的特征

根据职业技术教育课程本质、职业技术课程的内容选取，应以过程性知识为主、陈述性知识为辅，即以实际应用的经验和策略的习得为主、以适度够用的概念和原理的理解为辅。

3. 课程内容排列的特征

在课程内容的排列上，应以工作过程为参照点，系统整合陈述性知识与过程性知识。

工作过程即企业完成一项工作任务并获得工作成果而进行的完整工作程序。工作过程是一个综合的、时刻处于运动状态的、结构相对固定的系统。它有六个要素：内容、对象、手段、组织、产品、环境。

例如，电子科学与技术专业(以下简称电子技术专业)中，利用 PCB 图制作出电路板并进行测试(内容)，其对象是指电路板；手段是指用覆铜板、热转印、腐蚀、钻孔方法制作，用万用表测试；组织是指流水线完成或独立完成；产品是指测试后合格的电路板；环境是指 PCB 设计与制作车间。六要素解析 PCB 制作与测试的工作过程如图 1.1 所示。

4. 课程内容结构的特征

职业技术教育课程的内容应突出时效性，这要求课程内容结构应便于及时地融新技术、新应用、新产品于教学内容中。为此，职业技术教育课程的内容结构采用模块化设置，以适应职业技术教育的教学组织与教学改革。

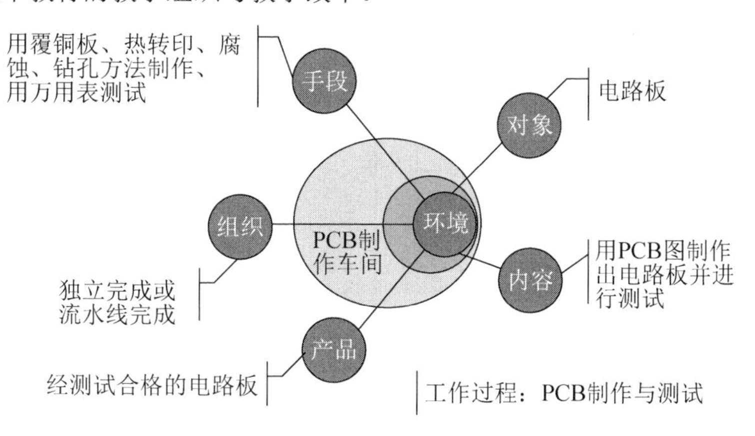

图 1.1　六要素解析 PCB 制作与测试的工作过程

5. 职业教育培养的特征

职业教育培养应体现技能培养特征。在职业技术教育课程中，职业技能是培养的基本特征，所以应把职业资格证书的考核要求与项目纳入专业课程标准之中，把专业知识、职业技能与专业培养融为一体。

6. 课程教学组织的特征

职业技术教育课程在教学组织上，要以真实工作任务或真实产品为载体组织教学。组织形式也应以真实产品加工为典型设计依据。

7. 课程教学方法的特征

在教学方法上，突出行动导向的“教、学、做一体化”“团队教学法”，即以行动为导向的理论与实践一体化的教学方法。

综合以上分析结果，职业技术教育课程的特点可以归纳为如表 1-1 所示的特征简表。

表 1-1　职业技术教育课程的特点

认 识 角 度	关 键 特 点
课程名称	工作对象＋动作＋[补充或扩展]
内容选取	以过程性知识为主
内容排列	以工作过程为参照点
内容结构	采用模块化设置，融入新技术新产品
教育培养	融入职业资格证书的考核项目与要求
教学组织	真实工作任务或产品
教学方法	理实一体化

根据职业技术教育课程特征，在职业技术教育课程开发时，要求建立以真实的工作过程为导向的职业能力培养目标、课程体系、教学内容结构、教学方法。以工作过程为导向

课程的主要特征为突出职业能力的训练，实现理论与实践一体化的教学，深化校企合作、工学结合，其关系如图 1.2 所示。

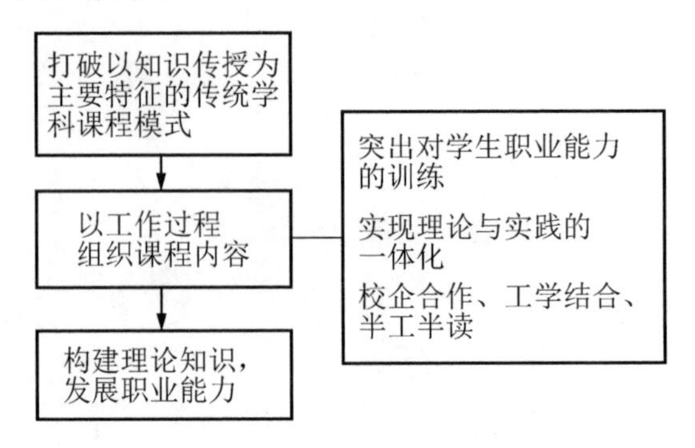

图 1.2 以工作过程为导向课程的主要特征

1.1.3 职业技术教育课程开发

1. 课程开发的定义

【参考图文】

课程开发是指产生一个完整课程方案的全过程，包括课程分析、课程方案设计、课程方案实施、课程方案评价等步骤。

目前所说的课程开发有三个层次的含义：一是整个专业的课程，特别是专业课如何设置；二是单门课程的内容设置；三是单门课程的教学设计及教学载体、教学方法、教学手段等设计。

职业技术教育课程开发，就是职业技术专业课程从无到有的发展过程。根据职业技术教育课程特征，职业技术专业课程开发的起点应是职业岗位(群)。

2. 课程开发与课程设计的区别

在职业技术课程开发中，要注意区分两个词，即“课程开发”与“课程设计”。这两个词有时可作为同义词使用，但在一般情况下，课程设计仅指课程目标的确定与课程内容的选择、排序等环节，不包括课程实施与课程评价。也就是说，课程设计仅仅指文本层面课程的获得过程。因此，课程开发的外延要比课程设计更广泛。

3. 职业技术教育课程开发的外延

如果把职业技术教育课程的外延扩充到学生获得的学习经验的总和，那么职业技术教育课程开发便包括从课程文本的获得到实施，直到学生习得学习经验的整个过程。

对职业技术教育课程而言，课程开发不仅指一门具体课程，而且指这些课程门类按照一定结构所组成的整个课程计划。因此，职业技术教育课程开发不只是开发一门具体课程，而且要开发整个课程计划。要开发一个专业的课程计划，首先必须确定这个专业是否符合市场需求，广义的职业技术教育课程开发还必须包括专业的开发，只有这样，才能构成一个完整的课程开发过程。

完整的职业技术教育课程开发内容包括课程体系开发与课程设计、实施与评价，那么，课程体系开发与课程设计如何建立关系呢？在职业技术教育中，主要通过教学项目，通过

项目实施提升职业能力，实现理论与实践的一体化。因此，项目设计成为职业技术教育课程开发的主要内容，是课程体系开发与课程设计的桥梁，它们的关系如图 1.3 所示。

图 1.3　课程体系开发、项目设计与课程设计的关系

1.1.4　职业技术教育课程开发的基本问题

一般而言，职业技术教育课程开发都必须回答三个基本问题，即开发什么、由谁开发和如何开发。开发什么，即课程开发希望获得的产品；由谁开发，即课程开发的主体；如何开发，即课程开发的方法。图 1.4 给出了职业技术教育课程的开发主体、开发过程与方法及开发成果。

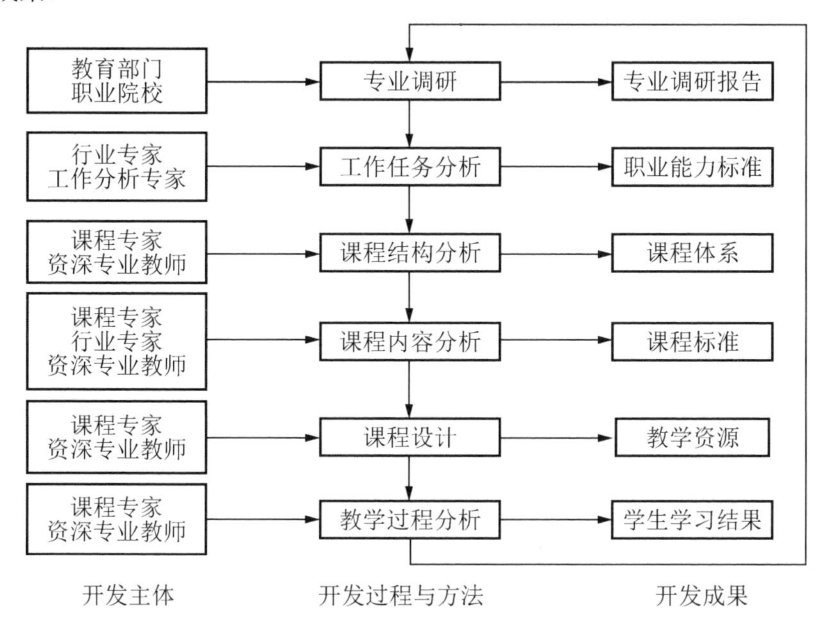

图 1.4　职业技术教育课程开发的基本问题

1. 课程开发的主要任务

从专业人才培养过程所需的教学文件资料来看，课程开发的主要任务有以下四个。一是开发专业人才培养方案；二是开发培养方案中各门课程的课程标准；三是开发每门课程的教学实施方案；四是开发与教学实施配套的教学资源，包括教材、课件、学习训练项目、评核表、网络课程、虚拟实验实训、在线答疑、实践条件改善、师资提升和相关制度建设等。

2. 课程开发的主体

课程开发的主体，可从以下几个方面进行划分：从学校和企业来说，职业院校与行业企业合作开发课程；从学校内部来说，主要是指教师和教育专家；从企业内部来说，主要是指一线技术能手和专家；从开发任务来说，人才培养方案由专业带头人负责，课程标准由专业骨干教师负责，课程教学实施方案应由专业任课老师负责，课程教学资源应由骨干教师、任课教师、学生等共同完成，以上所有任务均需邀请企业人员参与。

3. 课程开发的方法

课程开发要求：基于工作过程的开发与设计，应充分体现开放性、实践性及其他要求。其中“开放性”是指课程开发过程对外开放，积极吸引企业一线技术能手和教育专家参与课程开发，不要闭门造车，应达到学以致用，既符合企业实际又符合教育规律；“实践性”是指课程内容的实践性，改变过去以传授知识为主的课程内容，以企业一线实际工作任务为教学内容，突出专业技能训练，将知识融入工作中，通过工作学习知识、在工作中学习知识，改变过去先学知识再进行简单训练的教学内容安排模式，从而提升学生职业能力，实现就业零距离。

1.2 职业技术教育项目课程的认识

项目课程是当前职业教育具有代表性的理实一体化课程之一，它是任务引领型课程的发展，打破了以学科课程为主体的三段式课程模式，建立起富有职业特色、能有效培养学生综合职业能力的职业教育课程模式。

1.2.1 项目

【参考图文】

项目与任务，是最容易混淆的两个概念。在职业教育中，项目是指具体产品、服务或决策。要制作一样产品或提供一项服务或决策，需要经历一个完整的工作过程，而任务是指工作过程的一个工作环节。

例如，表 1-2 给出了任务——电子产品电路故障检修，以及该任务的项目与子任务的认识指南表。

表 1-2 认识项目与任务指南表

总 任 务	项 目	子任务(过程任务)
电子产品电路故障检修	电源电路故障检修	故障现象分析 故障诊断 损坏元器件更换 修复后调试
	放大电路故障检修	故障现象分析 故障诊断 损坏元器件更换 修复后调试
	振荡电路故障检修	故障现象分析 故障诊断 损坏元器件更换 修复后调试

通过表 1-2 的说明，可以总结出项目与任务的共同点与差别，将从含义、目标、确定性、嵌套性等几个维度加以比较，见表 1-3。

表 1-3　项目与任务的比较表

比　较　点	项　　目	任　　务
含义	项目是一项有待完成的任务，且有特定的环境与要求；在一定的组织机构内，利用有限资源在规定的时间内完成任务；任务要满足一定性能、质量、数量、技术指标等要求	所接受的工作，所担负的职责，是指为了完成某个有方向性的目的而产生的活动
目标	有明确的目标 项目执行的结果只可能是一种期望的结果	有明确的目标 有明确的执行目标和执行人
确定性	唯一确定的 每一个项目都是唯一的，必有确定的终点，在项目的具体实施中，当项目目标发生实质性变动时，它不再是原来的项目了，而是一个新的项目	不是唯一确定的 同一个任务可以多次执行，即可以有周期性的任务，在不同的时间段或不同的环境下为了达到相同的目的而执行同一个任务
嵌套性	项目是多元的组合，可以包含任务	任务可以嵌套任务，任务也有明确的目标

项目是一项有待完成的任务，在职业技术教育的课程开发中，把课程项目(学习项目)按教学应用划分为不同类型，见表 1-4。

表 1-4　课程项目的分类

分 类 角 度	项 目 类 型	特　　点
目标	封闭性项目	有相对确定的目标
	开放性项目	学习者自己确定的目标
综合性	单项项目	局部工作任务所设计的项目
	综合项目	完整工作过程所设计的项目
来源	模拟项目	满足特定课程内容学习的需要，模拟实际项目所设计的学习项目
	真实项目	实际加工或服务项目

1. 封闭性项目与开放性项目

(1) 封闭性项目：有明确的目标，按照严格的操作程序与要求进行操作，需要相对确定知识的项目。职业教育面向的是具体职业，这些职业的工作过程往往比较确定，且有比较明确的要求，因此职业教育的项目多数属于封闭性项目。学习这些项目，获得确定的职业能力，是个体顺利进入相应岗位的基本前提。

(2) 开放性项目：学生自己确定的目标，通过资料查阅或小组讨论，自己设计工作过程的项目。随着技术发展、社会转型与企业组织模式的变化，现代职业工作过程的自由度越来越大，所需要的知识的可迁移度也越来越高，现代职业教育不仅要求培养能完成既定工作任务的人，而且要求培养能改进和提高工作过程、能主动地、弹性地、负责任地完成工作任务的人。因此项目课程还应当开发适量的开放性项目。

2. 单项项目与综合项目

(1) 单项项目：围绕局部工作任务所设计的项目，其功能是使学生掌握该专业的基本知识与技能，并发展单项职业能力，在学习的初始阶段，围绕局部工作任务设计单项项目，有利于学生牢固地掌握工作过程中的各个环节，为发展整体职业能力奠定基础。

(2) 综合项目：围绕完整工作过程所设计的项目，其功能是培养学生综合职业能力，并学习提升的专业知识与技能。在学习的后期阶段，当学生基本掌握了各个工作环节后，就有必要围绕整个工作过程设计若干个综合项目，使学生能把握完整的工作过程，获得整体职业能力。

3. 模拟项目与真实项目

(1) 模拟项目：为了满足特定课程内容学习的需要，模拟实际项目所设计的课程项目，也称学习项目。模拟项目可以对应于实际项目，也可以综合多个实际项目。模拟项目虽然缺乏真实感，但它来源于真实项目却又高于真实项目，能充分满足课程实施的需要，因而在项目课程设计中是非常必需的。

(2) 真实项目：直接来源于消费对象的实际加工或服务项目。真实项目有利于学生获得对企业产品技术标准的体验、对工作压力的体验等，这些是模拟项目所不具备的功能。因此项目课程改革必须大量开发来自企业的真实项目，这是项目课程开发难度比较大，却非常有活力和充满特色的原因。

一门项目课程由若干个项目组成，在项目课程开发过程中，项目大小应合适。如果项目过小，则不利于学生的综合职业能力培养，反之，如果项目过大，必然需要大量的知识和技能，项目课程可能成为综合实训。

通常，项目课程在实施过程中，可遵循先封闭后开放、先单一后综合、先模拟后真实的教学原则。

1.2.2 项目课程

职业技术教育中，项目课程的定义为“以工作任务为课程设置与内容选择的参照点，以项目为单位组织内容并以项目活动为主要学习方式的课程模式”。对这个定义有以下两点解释。

1. 以工作任务为课程设置与内容选择的参照点

认清一种课程的本质，首先要看其设置的参照点。例如，学科课程是以知识为参照点设置的，课程以学科边界进行划分，课程内容是学科内容。而项目课程是以工作任务为参照点设置的，课程以任务边界进行划分，课程内容是工作任务内容。这是某一课程能否成

为项目课程的前提，在这一点上，项目课程与任务引领型课程无差别。

例如，在电子制造业，有电子产品设计、电子产品制作与调试、电子产品工艺管理、电子产品测试、电子产品营销、电子产品维修等综合性工作任务，则面向电子制造业的应用电子技术专业课程的设置就可以以电子产品制造的工作任务为边界。

2. *以学习项目为单位组织课程内容*

尽管项目课程是以工作任务为核心选择课程内容，但其课程内容组织并非围绕一个个工作任务来进行，而是围绕着一个个精心选择的典型产品或服务的活动来进行。活动是项目课程的基本构成单位，而每一个活动是由若干工作任务构成的。这是项目课程明显不同于任务本位课程之处，也是它对任务本位课程发展的关键之处。

例如，对于电子电路故障检修课程，因电子电路故障检修工作过程通常由故障现象分析、故障诊断、损坏元器件更换、修复后调试等工作任务组成。在项目课程开发中，不能以工作任务为单位来组织课程内容，而应该以精心设计的项目为单位来组织课程内容，如放大电路故障检修、电源电路故障检修、振荡电路故障检修等。

由此可见，工作任务分析与项目设计是项目课程开发的两个非常核心的环节。没有工作任务分析，项目课程开发就不能准确把握工作岗位的要求，课程内容选择也就缺乏依据；没有项目设计，这种课程就只是任务引领型课程，即能力本位课程，而不具备项目课程的特征。只有在工作任务分析的基础上，围绕工作任务学习的需要进一步进行课程项目设计，并在项目与工作任务之间形成某种对应关系，才能得到项目课程。工作任务分析与项目设计在项目课程开发中的作用如图 1.5 所示。

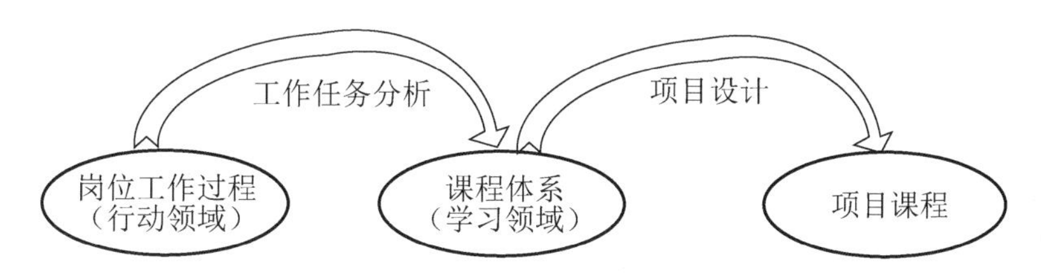

图 1.5　工作任务分析与项目设计在项目课程开发中的作用

1.3　电子技术专业项目课程改革的认识

制造业是中国的支柱产业，电子产品制造业因某技术含量高、附加值高、污染少、潜力大，所以能对国民经济及社会发展的其他各部门起带动作用。电子技术的广泛应用是改造我国传统产业，提高传统产业国际竞争力的主要途径。电子技术与机械、汽车、能源、交通、流通管理、现代家居等的互相融合，形成了新的技术领域和产品门类；随着数字化技术的广泛应用，电信网、有线电视网和计算机通信网的相互渗透，3C 技术的融合，使传统家用电器、计算机、通信终端逐步融为一体的家电出现。

电子行业与产业被列为国家支柱产业和新的经济增长点，大力发展电子产业是我国经济发展支柱之一。

【参考图文】

1.3.1 电子企业对技能型人才的需求

当前，经济发展、社会进步都对职业技术教育寄予厚望，并把发展职业技术教育作为强国富民的重要战略来实施。特别是随着产业结构的调整和经济建设的发展，对技能型人才的需求越来越大，技能型人才的供给不均衡已成为制约经济发展的因素之一。这种技能型人才数量和质量供求矛盾凸现的时候，既是职业技术教育学校发展的大好机遇，又是职业技术教育学校创新人才培养模式，认真解决以就业为导向、以能力为本位、以学生为中心、以人才需求为目标的技能型人才培养模式的问题的时刻，谁解决得好，谁就能在需要发展和供给适应过程中得到自身的发展。

电子技术专业由于发展过程的原因，目前，主要集中于电工电子及电气控制这两方面，以电为主、以机为辅。而随着计算机等电子技术广泛应用于电气领域，电子技术专业的内涵已经发生了很大的变化，归纳起来有以下几个特点。

(1) 专业的技术发展迅猛。由于计算机控制技术和功率半导体器件的发展，使得电气控制系统功能更强、技术含量更高、体积更小、价格更低、使用更便捷，现代企业对综合自动化技术、电气控制技术、电工电子的应用也越来越广泛。传统技术正在逐步被更新，如继电器控制正在被可编程控制器控制所代替；传动装置由直流调速系统、交流调速系统过渡；控制系统由模拟式向数字式过渡；单机控制向网络控制过渡；电气控制装置向系列化、模块式、小型化、标准化方向发展。机电一体化的设备日趋增多，强弱电界限变得不分明，机械与电气的界限模糊了，专业周期有加快趋势。

(2) 电子技术应用专业范畴和专业服务面日趋扩大。我国已成为“世界制造业基地”，制造业的发展、第三产业的蓬勃兴起、科技的不断进步产生更多的新岗位、新职业，电子技术应用专业的范畴已经不仅仅局限于电气控制，电子技术、信息技术(主要包括传感器技术、控制技术、计算机技术等)、机械技术、控制技术(智能化控制、工业网络控制)都已经融入相应专业领域中，这使得专业服务面更加广泛，专业的内涵也随时代发展而变化。专业服务的行业也从主要集中于制造业向制造业与电信、酒店、物业公司等第三产业并重的方向发展。原来的单一技能就业要求被多工种、多技能的社会新要求所取代。

(3) 就业岗位发生变化。职业技术教育学校毕业生许多都从事技术工作岗位，部分还从事管理工作岗位，随着国家经济转轨，造成劳动力市场出现供过于求的就业局面，部分非职业技术毕业生也加入一般专业技术岗位的竞争中，造成近年来毕业生就业岗位性质发生了较大的变化，就业层次有所下降。职业技术教育的电子技术专业毕业生大部分都是作为电气技术工人，直接从事操作、维修等一线工作，只有少部分毕业生能从事技术和管理工作岗位。

(4) 电子工业从单一制造业向多功能的信息化产业方向发展。现代企业的电子装备和系统向小型化、数字化、智能化、网络化方向发展，使电子行业的生产过程进入技术密集时代，工艺装备不断更新、管理更趋现代化。这些特点，对专业人才培养规格及应具有知识能力结构提出了新的要求。在这种情况下，企业迫切需要一大批与时代发展相适应，牢固掌握电子技术应用专业基本理论、基础知识和基本技能的生产一线的应用型、工艺型人才。

电子技术技能型人才在企业的一线生产用工需求较为集中的电子产品制造型企业需求很大，经过锻炼，逐渐成为企业的一线骨干，成为班组长、质检员和产品调试测试员，优秀人员成为车间主任，还有一部分人员进入职能科室成为生产调度、统计员等，当然也有极少数人员成为公司中高层人员。总的来说，技能型人才主要集中在企业的中底层技术、管理岗位。

近年来，职校毕业生的整体素质有了明显提高，无论在工作能力，还是其他综合素质上都有较大的提高，特别是动手能力明显增强，这是当前的职业教育改变教育模式后的成果。但是，仍然存在一些不足，主要有以下四方面问题。

(1) 专业知识不够扎实，毕业生对本专业知识的学习不够系统、不够扎实。

(2) 动手能力仍然有待提高，系统性操作培训不足。

(3) 角色定位不准，有些毕业生对自己的期望过高，没有摆正就业心态。很多毕业生认为电子技术专业毕业，可以找到一份白领工作，可实际上从能力、经验、学识来讲，与实际需求相比差距较大，不能从事相应的技术工作。

(4) 沟通能力不强，在企业中的适应能力较差。

电子企业建议应有针对性地加强学生基础理论课与专业理论课的教学，使学生具备扎实的理论基础。要加强训练学生对岗位的适应能力及实际操作能力。学校在教学中应系统地将相应专业所涉及的各岗位的操作方法、技能传授给学生，提高毕业生工作后的适应能力。

1.3.2　电子技术技能型人才培养现状与对策分析

国家经济实力的提高带动了各项产业的飞速发展，电子行业的发展促进了经济实力的增长。电子产品在提高了人们生活质量的同时丰富了人们的精神生活。电子产品技术人员与操作人员必须具备相应的电子技术知识才能装配出高质量的电子产品，这就要求从事职业教育的学校能够培养出大量人才。但是，从近几年职业学校设置的电子类专业及学生人数来看却不尽如人意。

首先，电子类专业现状的分析，职业学校的招生情况大同小异。近几年，电子班的学生人数逐年减少。其原因有以下三点。

(1) 企业用人标准降低。用人单位聘用工人时，不需要大量的理论知识与技能水平，员工经过简单培训后就可以上岗，甚至招收没有这方面基础的学生进入公司，导致大部分家长认为上职业学校没有用处。

(2) 学校开设的专业课程没有跟上社会需求，学校的知识不能在企业中得到很好的应用与创新，也就是说知识与岗位之间没有很好的联系。

(3) 学生升学总人数减少也是原因之一。

这些都是导致电子类学生人数下降的原因，当然也有其他因素存在。

那么，有哪些解决措施呢？

(1) 开设特色专业。电子专业是一个大的专业，而现在社会对工作的分工越来越细，要求越来越高，不妨将其划出几个小型的特色专业，让学生根据爱好获得更多选择。例如，

手机维修班、常用家电维修班等。这样，可以让学生对某一专业钻得更精，学得更好。将来就业时，在这一行业才能成为精英。

(2) 注入新的知识。大部分企业实现了操作自动化，手工作业已逐步取消。各种操作都需要通过软件来处理，从而提高生产效率。这就要求在开设相应专业科目时必须跟上时代脚步，引入新知识、新技术，如 PCB 设计(Protel)、单片机、PLC 的应用等，从而为可发展性奠定基础。

(3) 理论与实践一体化的教学。对于职业学校的学生来说，动手操作是一种非常重要的技能。实践教学是关键的环节，开设的各个实验最好有相互的联系，能够承上启下。例如，电视机的安装可以分为电源模块、功放模块、音频模块等几个模块来做，各模块做好后通过组合构成一个整体。也就是说，我们把一个大系统转换成多个小模块，使学生更能接受、更容易懂，从而在提高学生的兴趣的同时把课堂与工厂融为一体，边学习边操作，这样不仅使学生巩固了知识，又使学生的技能得到了提高。学生的能动性与接受性得到发挥，并且更符合学生的认知规律，体现了工学结合“在做中学，在学中做”的原则。这样，毕业时学生的素质、技能水平也会提高，家长对学校会更满意，企业对学校的评价也会更高。

(4) 积极开展技能比赛。近几年，国家对学生的操作技能非常重视，不断组织省内与国家级的比赛，这说明国家对职业教育的理论知识与操作技能都有一定的要求。每个职业学校都应积极参加比赛，通过比赛可以提高学生各方面的技能和知识水平，使他们对自己的专业技能更熟悉，更能胜任相应的工作；也可调动老师的教学热情，使他们有更高的攀登目标。同时，把相关的电子行业新标准、新技术渗透到课堂，使学生了解相应内容，为培养更出色的人才做好铺垫。

(5) 安排教师到高新技术企业实习。怎样使学生顺利进入企业，适应企业的文化氛围，了解完成一个工作任务所需的流程？这就要求专业教师在上课过程中不断渗透相应的内容。必须先由专业教师到高新技术企业实习，了解整个生产流程，才能掌握新的技术与知识。这对教师及学生来说都是必要的且必需的，这种价值在以后的学习与工作中将会不断地体现出来。

(6) 加强引导学生自主解决问题能力的学习。学生在学习的过程中，都会遇到难题或有困难的工作任务。教师不能将问题的解决方法直接告诉学生，而应通过情境创设让学生先独立思考。让学生尝试自己解决：①到图书馆查找相应的资料或利用网上的资源；②咨询专家，请教相应的技术与方法。通过这样的学习，学生在今后的工作中就会独立完成相关任务。

综上所述，只有把相关的工作做好，学生才能学到更多的知识与技能。学生掌握了精湛的技术才能带动就业，并以就业带动招生，家长才能更相信职业技术教育。

深化电子技术教学课程改革，办出适合电子技术技能型人才培养的职业教育特色，提高电子技术技能型人才的培养质量，增强电子技术对经济和社会发展的贡献力，在课程改革过程中已形成以下共识并已经初步形成模块化的电子技术类专业课程体系。

【参考图文】

(1) 要以培养应用能力为主线开发课程。

(2) 课程结构实行模块化的组合。

(3) 以项目导向、任务驱动改革课程。

(4) 注重课程整体优化(处理好理论与实践、基础课与专业课等的关系)。

(5) 加强实践教学。

(6) 指导性教学方案要有弹性和灵活性。

由以上分析，项目课程适合于电子技术专业的技能型人才培养。

项目课程实施的原则是使学生“会学”，而不是“学会”。教学不是单纯的知识传递，更重要的是知识的处理和转换，以培养学生的创新能力。教学过程主要按职业岗位能力要求组织教学，教师由“单一型”向“行动引导型”转变；学生由“被动接受的模仿型”向“主动实践、手脑并用的创新型”转变。教学组织形式由“固定教室、集体授课”向“课内外专业教室、教学工厂、实习车间”转变；教学手段由“口授、黑板”向“多媒体、网络化、现代教育技术”转变。要改变“重教法，轻学法”“重演绎，轻归纳”“重讲授，轻操作”“重描述，轻直观”“重知识，轻实践”“重单一技能，轻综合能力”等倾向。

科学技术的发展离不开电子技术应用，电子技术的发展也标志着一个国家的综合国力。电子行业需要大量的技能型技术人员，电子技术专业的发展有很大的潜力，电子信息行业的前景是美好的。只有把电子技术专业做大做强，才能吸引更多的学生主动投入电子技术专业，使电子行业有更好的发展。

思考与实践

1．电子产品制造企业有电子产品质检员、电子工艺管理员和电子产品维修员三个岗位，试分析其对应的工作过程与工作任务。

2．仔细观察与实践，说明电子技术应用行业是否有新的职业工种，企业对新工种人员的需求如何？工作过程与工作任务如何？

3．试分析电子技术专业教师对教材二次开发的必要性。

4．项目与任务有何共同点与差异？如何描述项目与任务？举例说明。

5．简要说明电子技术专业课程体系开发过程。

第2章 电子技术专业工作任务与职业能力分析

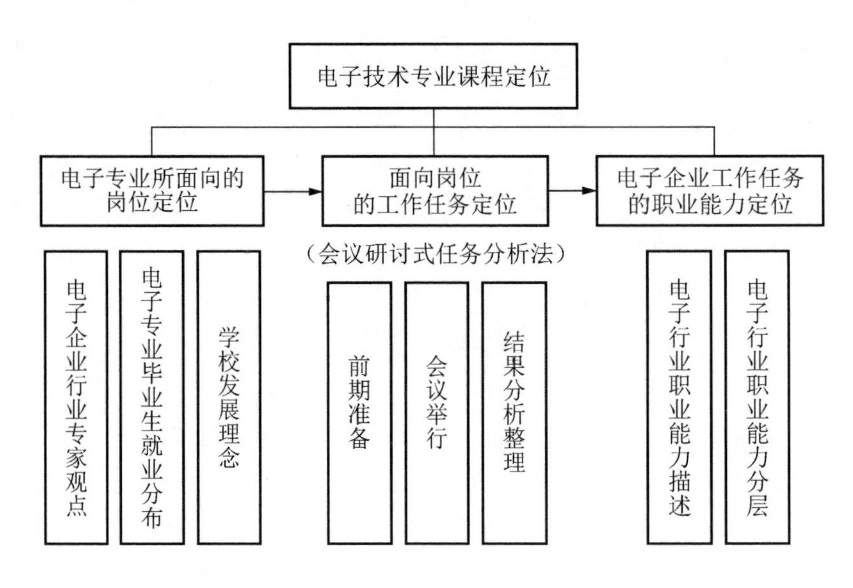

如何开发适合职业技术教育电子技术相关专业的项目课程？首先要进行电子专业课程定位，因为它是电子技术课程开发过程中后续各环节开展的基本依据。电子技术专业课程是面向电子企业工作过程的教学体系，电子企业工作过程体系结构的复杂性，决定了电子专业课程定位方法的复杂性。电子专业课程定位包括三个层面，即电子专业所面向的岗位定位、面向岗位的工作任务定位和电子企业工作任务的职业能力定位。三个定位在课程开发过程中发挥着不同的作用。

2.1　电子专业所面向的岗位定位

电子专业课程开发，首先要定位专业所面向的岗位。岗位定位是工作任务分析的基础，是职业技术教育项目课程开发工作的起点。针对电子技术类专业，如何进行岗位定位就成了电子技术类专业项目课程开发的第一个问题。

2.1.1　岗位定位在课程开发过程中的地位

岗位定位是确定人才培养目标的基本方法。在职业技术教育领域，要明确地定位人才培养目标，必须依据专业所面向的工作岗位开展，就是要明确该专业在该层次上的职业技术教育所面向的具体工作岗位。工作岗位能够给人才培养目标提供最为清晰和准确的答案，只有当合适的工作岗位定位清楚了，才能通过描述相关岗位的工作任务与职业能力，详细、准确地把握岗位的人才规格要求。这样培养目标才能得到细分与具体，从而解决课程开发中的许多难题。

【参考图文】

例如，电子技术应用专业电子制造方向所面向的岗位电子产品制造企业的工作岗位，从电子产品设计图样到电子产品制造完成需经过：元器件的检验、元器件的装接、功能电路的组装、功能电路的检测、功能电路的调试、电子产品的组装、电子产品的检测、电子产品的调试等阶段。把该过程具有相同性质的岗位分成一类，由此得出电子产品制造企业的工作岗位主要有元器件检验工、电子产品装接工、电子电路检测工、电子电路调试工。

电子产品加工企业岗位定位是电子产品加工企业岗位的工作任务分析与职业能力分析的基本依据。对电子技术专业项目课程而言，职业能力是制订人才培养方案的基础，职业能力是依据岗位的工作任务进行确定的。要确定岗位的工作任务，首先要确定相关工作岗位，因为岗位决定了工作任务的范围。

从职业技术教育的项目课程开发实践角度看，岗位、工作任务、职业能力三者并非并列关系，而是有严密的逻辑关系。其中，岗位定位是逻辑起点，只有准确地进行了岗位定位，才能有效地进行工作任务分析，确定专业应包含的工作任务。由于工作任务分析是由企业专家完成的，要聘请企业专家，当然要明确聘请哪些岗位的企业专家，这就依赖于岗位的准确定位。另外，企业的工作任务是十分复杂的，一个专业不可能面向企业的所有工作任务。那么企业专家应当分析哪些工作任务？任务分析时应当朝哪个方向进行？这是进行工作任务分析时需要严格把握的环节，否则将导致整个课程体系设计方向的偏离。所以，要对工作任务分析，就必须对岗位进行准确的定位。

2.1.2 岗位定位的问题与对策

准确、清晰地定位电子技术专业所面向的岗位，使其在项目课程开发中发挥实际效用，从课程开发实践来看，要做到这一点，比较困难。在操作过程中，常见的问题有以下四方面。

(1) 混淆内容与岗位。例如，中职电子技术应用专业把岗位确定为电子产品维护与管理、电子、网络营销、客户服务等。

(2) 不恰当地提升了岗位要求。例如，有的中职电子技术应用专业把岗位确定为软件工程师、硬件设计师等。

(3) 包含的岗位范围过宽。最为突出的表现是电子技术类专业的范围延伸到了营销岗位。

(4) 表达过于笼统。例如，应用电子技术专业把岗位确定为生产、技术和管理。

要准确、清晰地表达电子企业对应岗位应注意以下三个方面。

首先要理解电子企业岗位的含义，把握其表达方法。岗位既不同于工作任务，也不同于技术手段，电子企业岗位是指电子企业中实际存在的职位，通常采取“×××工”“×××员”“×××师”“×××家”等方式进行表达，如电子产品维修工、电子元件检测工、电子产品装配工等。

其次，要避免追求高和全的心理。岗位定位的层次应与学校办学层次相适应，岗位定位高并不意味着职业能力高，职业能力的高低完全取决于专业教学质量。当然，也不能期望将学生培养成电子企业岗位的全才，一定要把岗位范围控制在学习能力范围内。不恰当地提升了岗位要求就是由于岗位定位过高引起的。

最后，要深入分析企业的实际岗位设置。岗位表达笼统的主要原因是不熟悉企业的实际岗位设置，解决该问题的唯一方法是深入专业企业调研和充分依靠专业企业专家。

2.1.3 电子行业企业的调研

1. 调研的背景与目的

随着电子技术的迅速发展，电子技术的应用领域越来越宽广。电子产品的新工艺、新技术、新材料、新设备不断涌现，这对从事电子技术行业的技术人才提出了新的要求。

同时，电子技术的发展和电子产品制造业分工的进一步专业化，对电子技术专业的办学理念、教学理念和人才培养目标均产生了重大影响。

通过调研，了解到企业对电子技术专业的毕业生需求信息和学生技能、专业建设、课程改革的建议。据此，学校重新制订教学计划，对电子技术类专业的培养目标、课程体系、课程内容、设备投入和师资建设等进行设计、规划。

2. 调研的主要内容

根据课程开发的目标，电子企业、行业调研的主要内容如下。

(1) 岗位与岗位要求调研。调研企业对电子专业职业技能的要求、工作范围和岗位的业务要求等；电子企业的就业需求，对往届毕业生的社会能力、方法能力和专业能力的评价。

(2) 电子产品与行业发展趋势调研。调研电子企业产品生产情况、电子行业的发展趋势、企业生产与管理岗位职责、员工待遇等情况。

(3) 教学建议调研。调研企业对电子技术专业课程体系、课程内容、教学方法等方面的建议。

(4) 社会服务需求调研。了解电子企业员工的能力情况，联合开展企业员工培训的可能性和相关事宜。

(5) 物色校外实习基地，增强实习和就业情况的沟通。

(6) 探讨与企业开展产学研合作，协商合作的项目和领域。

(7) 物色企业工程师、管理者为校外教师，定时或不定时到校进行讲座。

(8) 物色企业领导和专家担任电子专业指导委员会成员。

3. 调研的主要方法

调研的主要方法是文献调研法与调查调研法。

文献调研法：通过查阅国家、省、市(县)各级政府工业经济、劳动统计、发展规划等文件，以了解本地区电子行业发展的趋势。通过查阅职业技术教育类相关著作、论文、讲座材料及网络上有关论文等文献资料。参加课程开发培训，了解职业教育课程改革理论与实践经验和国内外关于职业活动导向的课程开发；了解和掌握国内外相关领域的研究现状和趋势，进一步明确电子技术专业改革的方向。

调查调研法：通过调查调研获取岗位定位的第一手数据与资料，为项目课程的开发准备实证与相关数据。调查调研的主要工作有以下四方面。

(1) 拟定调研内容和提纲。提前与企业进行联系，确定调研时间和内容，走访企业(公司)，与企业(公司)的人力资源管理、技术管理和生产管理人员访谈、交流。

(2) 通过访谈、交流、问卷等调查方法对企业领导和技术员、行业机构人员进行调查，对问卷调查作统计，整理出访谈纪要。

(3) 参观考察企业生产现场，了解企业真实的生产环境、产品和要求。对大型电子产品制造企业进行实地考察和岗位工作调查。

(4) 与不同层次电子专业的毕业生、实习生进行交流，了解对专业的感受、体会和建议。了解本校毕业生自主性学习能力的现状、政府对电子技术技能人才培养的希望和政策，企业对员工的要求和对岗位知识和技能的要求。

表 2-1 给出了企业调研信息经常采用的一种格式，根据企业实际，可以对设计的内容进行适当裁剪。

表 2-1　企业调研信息

<table>
<tr><th>序号</th><th>企 业 名 称</th><th>企 业 性 质</th><th>调 研 对 象</th><th>调 研 手 段</th></tr>
<tr><td>1</td><td></td><td>国有</td><td rowspan="3">(1) 企业人力资源部部长；
(2) 企业生产车间主任、工程技术人员；</td><td rowspan="3">(1) 召开座谈会
(2) 现场交流会
(3) 填写表格调查
① 企业基本情况问卷调查；</td></tr>
<tr><td>2</td><td></td><td>外资(合资)</td></tr>
<tr><td>3</td><td></td><td>民营</td></tr>
</table>

续表

序号	企业名称	企业性质	调研对象	调研手段
4			(3) 企业生产车间各岗位的班长代表； (4) 在企业就业的中职毕业生； (5) 企业领导	② 企业各层次毕业生就业岗位人数统计表； ③ 所需专业技能基本情况问卷调查表； ④ 毕业生现就业岗位及工作部门要求表； ⑤ 企业对学校职业素养及社会能力培养要求； ⑥ 电子专业毕业生就业经历、就业岗位及工作任务
5				
6				
7				
8				
9				
10				
11				
12				
13		其他		

2.1.4 岗位定位要考虑的因素

通过调查获得实际数据后，可以进行岗位定位，但是必须综合考虑许多因素。其中，主要因素如下。

(1) 电子技术专业的性质与层次。必须选择那些具有电子技术特色，符合职业教育人才培养方向，与相应职业教育层次相适应的岗位。

(2) 电子技术专业毕业生职业生涯发展。所确定的岗位应当有一定前瞻性，是就业后若干年内学生能达到的预期岗位，而不是就业起点岗位。

(3) 电子技术专业方向课程特色。电子技术专业具有宽口径、应用范围广、岗位多、分工细等特点，其岗位定位往往会比较困难。应当依据学校办学特色和地方经济产业特点选择课程开发方向。同时，要考虑学校之间的错位竞争，应当考虑电子技术专业的办学特色。

(4) 电子技术专业毕业生就业的主要去向。历届毕业生主要就业岗位分布的统计结果，是进行岗位定位的重要依据。

(5) 电子企业、行业的岗位变化与发展。上述只是针对电子企业的现有岗位设置，但是，随着电子技术发展，电子企业生产设备、生产模式不断地发展变化，这些变化必然带来电子企业对岗位设置的变化，从而带来电子企业对人才能力需求的变化。例如，电子技术行业，新型元器件产业发展迅速，新型元器件将继续向微型化、片式化、高性能化、集成化、智能化、环保节能方向发展。随着下一代互联网、新一代移动通信和数字电视的逐步应用，电子整机产业的升级换代将为电子材料和元器件产业的发展带来巨大的市场机遇。不久的将来，高级装配、集成电路与电子产品检测、电子工艺设计、电路设计等电子行业岗位群，会成为人才紧缺岗位群。因此，研究电子企业、行业的岗位发展方向就成了准确定位岗位的另一重要的方面。

综上所述，岗位定位可从学校、行业、学生三个方面考虑，每方面的主要因素可总结为如图 2.1 所示的框架图。

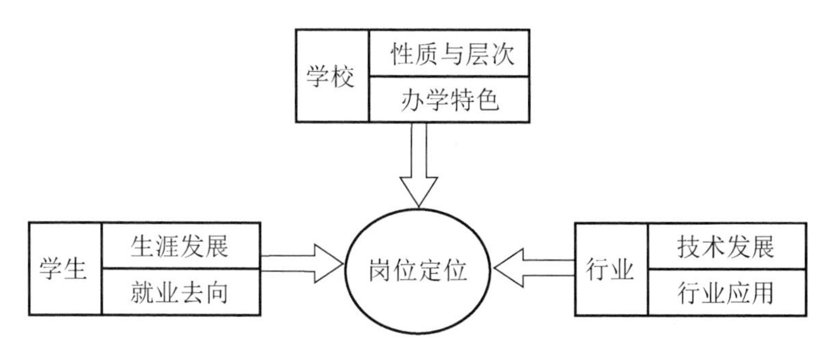

图 2.1　岗位定位考虑因

2.1.5　岗位定位的方法

根据岗位考虑因素，可以得出专业岗位定位的基本步骤，可概括为，从电子企业、行业的专家观点入手，以毕业生就业分布为岗位定位主要依据，选择符合学校发展理念的专业岗位。岗位定位的基本步骤如图 2.2 所示。

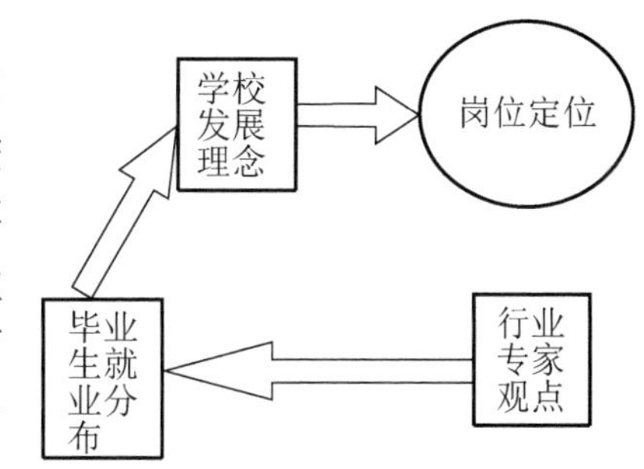

图 2.2　岗位定位的基本步骤

(1) 通过对电子企业专家观点的汇总，清楚、明确地列出了可能面向的岗位。可以请 12 位企业专家按要求分别提出各自所认为的可能岗位，罗列岗位时要充分把握学校办学的性质与层次，然后根据所列岗位在各位电子企业专家中出现的频率确定本专业需要面向的岗位。电子企业的生产组织方式不同，会导致岗位设置的差别，例如，大型电子产品制造企业与中、小型电子产品制造企业的岗位设置会有较大区别，通常，前者更精细，后者更综合，这会给岗位汇总带来困难。解决的方法是采取更为精细的岗位设置模式。

(2) 统计电子技术专业毕业生的岗位就业分布。根据实际情况选择 3～5 年的毕业生进行统计。调查结果只能作为获得最终结论的参考，因为毕业生就业会受许多因素的影响，在有些情况下，毕业生分布比较多的岗位并不一定就是专业应该重点面向的岗位。例如，许多电子技术专业毕业生从事的是电子产品营销岗位，那么电子技术专业的方向是否就应当转向电子产品营销呢？这是需要非常慎重思考的问题。

(3) 根据电子技术专业的发展理念，在以上思考的基础上，最终筛选出专业应面向的岗位。这就形成要进行课程开发的专业，应当根据地方经济特点、自身的师资与实施条件优势，以及其他学校相关专业的发展方向，深入思考专业的特色与发展方向。目前，职业院校普遍存在电子技术专业发展方向类同的问题，这正反映了电子技术专业建设尚处于比较初级的水平。

这同时说明：项目课程开发必须是学校与企业互动的过程，仅仅依赖学校，项目课程开发的成果质量是无法保证的。

2.2 面向岗位的工作任务定位

工作任务是岗位职业活动的内容，是联系个体与岗位的纽带，在电子技术专业的项目课程开发中处于特殊地位。从电子企业的岗位角度看待任务时，它就是岗位的职责要求；从培养学生的个体角度看待任务时，它就会体现为职业能力。因此，分析电子企业岗位的工作任务，是实现课程内容与岗位能力对接的重要中间环节，同时也是一项技术要求非常高的环节。工作任务分析的方法有很多，如组织专家小组到工作现场进行观察和记录、会议研讨式任务分析法等。

2.2.1 工作任务分析

工作任务分析是对某一岗位或岗位群需要完成的任务进行分解的过程，目的是掌握具体的工作内容，见表 2-2。要注意的是，分析的对象是工作，而不是员工，即应当关注岗位上需要完成的工作任务(具体事情)，而不要关注这些任务由哪些人、多少人来完成。任务分析的主持专家必须深刻理解这一点，否则，会把电子企业的专家引向偏离主题的争论。

表 2-2 工作任务分析

工作领域	工作任务	职业能力
元器件采购	询价	知道采购渠道
		了解元器件的供应商品牌、标志
		了解各地区行业特色
		会熟练操作计算机
	议价	了解各类元器件的性能、指标、封装形式、检验标准、替代标准
		了解市场行情和供求情况
		收集新材料信息
		能与供应商沟通
	下单	能识别假货
		能根据行情正确报价和确定购买数量
	来料送检入库	知道入库的标准
		确认来料的数量
	上报财务报表	掌握票据管理知识
		知道相关的法律法规
电子产品技术	电路的功能、性能分析	掌握常用模块的功能
		了解重要元器件的性能
	设计方案制订	能选用模块实现整体功能并进行可行性分析
		能编制方案
		能选用所应用到的重要元器件及软件

续表

工 作 领 域	工 作 任 务	职 业 能 力
电子产品技术	原理图设计与分析	熟悉所应用到电路中的各个元器件特性、功能、性能，完成原理图设计
		能进行可行性再次分析
		会使用相关软件
		熟悉 EMC 线路的测试要求
	单元电路功能、性能调试	能分模块结合硬件和软件进行调试
	设计文件编制	会图纸收集及图号管理，并编制部配号
		会文件号管理和型号管理
		会进行设计文件的标准化
电子产品组装与检验	来料检验	熟悉元器件的性能
		知道常用元件检验方法
		会正确使用检验工具
	原材料分类发放	能对物料进行精确核算
		熟悉元器件型号，能对领出物料型号进行核对、确认
		熟悉元器件分类、保存方法
	按照工艺文件组装产品	知道生产工艺流程
		能熟练使用各类工具
		能根据操作指导书要求进行操作
		知道不同规格，不同型号的元器件
		组装完毕，能进行自检、清洗
	生产部件检验	知道工艺规定，会看工艺流程图
		能正确设置电子检验设备的参数
		会正确使用电子检验设备
		能判定电子检验设备的好坏
		会使用统计方面的工具
	产品送检	调试完毕，能识别产品老化并送检
	成品检验	知道工艺规定，会看工艺流程图
		能正确设置检验设备的参数
		会正确使用检验设备
		能判定检验设备的好坏
		会使用统计方面的工具
电子产品调试、测试	测试方法与参数的确定	熟悉产品适用的国家标准和行业规范
		熟悉产品性能
		会编制测试工艺卡
		掌握电路、模电、数电等相关专业知识

续表

工 作 领 域	工 作 任 务	职 业 能 力
电子产品调试、测试	测试设备的选择	熟练掌握各种测试设备的使用方法
		掌握常用的测试方法和手段
	调试	能熟练使用各类调试仪器

电子企业岗位的工作任务分析在电子技术专业课程开发过程中的价值主要体现在以下两方面。

(1) 获得完整的电子企业合适岗位的工作任务体系，供专业项目课程体系开发时使用。要开发基于工作体系组织的课程体系，就必须通过工作任务分析，层层剥开、疏理出常态条件下交织在一起的、复杂的工作任务。这是项目课程从理念走向实践的关键环节。

(2) 为准确、细致地定位电子技术专业的职业能力开发提供有力保障。电子技术专业项目课程改革的重要内容是增强专业课程内容的实用性，选择出电子企业的从业岗位所需要的知识和技能。为此，必须对电子企业岗位上的职业能力进行具体定义。

想要实现职业能力描述方式的根本转变，必须以深入、细致的工作任务分析为基础。而采用宏观的能力描述，如问题解决能力、操作能力、合作能力等，无益于对课程内容进行精细化分析。只有获得“主动、信誉好、实力强，合作意向大的企业”“能明确商品名称、型号、数量、技术参数等要素”等的职业能力描述，才能对课程内容进行精细化分析，这对最终实现课程内容的突破具有重大价值。

2.2.2 会议研讨式任务分析法流程

会议研讨式任务分析法流程如图 2.3 所示，分为前期准备工作阶段、会议举行讨论阶段和会后结果分析阶段。

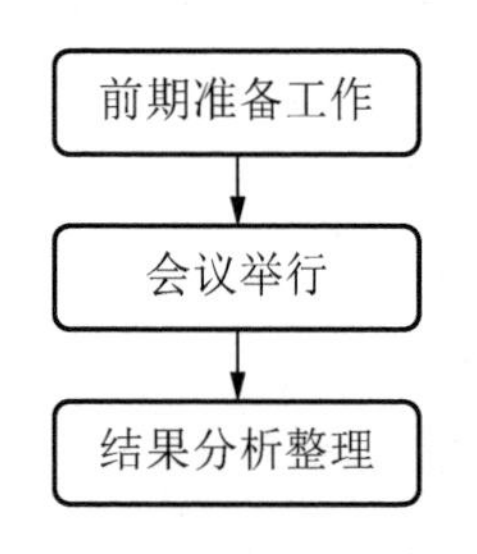

图 2.3 会议研讨式任务分析法流程

1. 前期准备工作

采取会议研讨法进行工作任务分析，首先要认真准备分析会。准备内容包括人、物和资料三个方面。尤其是人的准备，即分析专家和企业专家的选择，应当非常慎重地进行。

1) 分析专家的选择

工作任务分析会需要在分析专家的主持下进行，因为企业专家虽然非常熟悉专业岗位的工作任务，但不熟悉工作任务分析的目的和方法。要按照课程开发要求深入挖掘出企业专家所理解的工作任务，并进行整理，形成工作任务分析表，需要充分发挥分析专家的作用。分析专家的能力水平至少 60%地决定了会议能否取得预期结果。

对分析专家的要求有以下几方面。

首先，分析专家应当熟悉工作任务分析的操作方法与过程，并深刻理解操作的设计意图。工作任务分析的全过程都是经过精心设计的，如企业专家的能力要求、会议现场座次

的安排、分析过程的阶段安排、分析专家与企业专家的互动方式、任务或能力确定的程序、任务分解的逻辑路径等，所有环节的操作要求，都是在大量经验基础上总结出来的。即使只是其中某个细微环节操作不当，也很可能导致分析会的失败。因此，准备主持工作任务分析的专家应当认真理解分析会的过程与要求。

其次，分析专家应当深刻理解工作任务分析的质显要求，即什么样的分析是好的，什么样的分析是不好的。会议研讨式工作任务分析具有即时性，即分析现场确定分析成果。分析工作结束后，通过进一步的分析使任务分解更加完善，但现场确定的成果是具有决定性的。另外，整个分析过程是层层递进的，如果前面的分析成果不符合要求，必然直接影响到后面的分析成果。这就要求分析专家对任务分析成果的评价标准非常熟悉，并能依据这些标准即时地判断企业专家所提供材料的优劣程度。事实上，职业院校电子技术专业骨干教师在运用会议分析方法进行课程开发时，并非不熟悉分析的基本操作，但不能及时、有效地把握分析成果的质量，以致分析成果难以令人满意，甚至无法应用于课程开发中。

此外，工作任务分析的目的不同，导致分析重点与要求的不同。工作任务分析属于课程开发的基础工作，因此其分析过程应当朝着有利于进行课程开发的方向进行。这一点至关重要，否则很可能出现任务分析很成功，却无法依据它进行课程开发的现象，这就要求分析专家跨出任务分析本身，能深刻理解项目课程的基础理念，以及任务分析成果在课程开发中的应用方式，并能根据任务分析成果预测可能的后续课程框架。例如，在进行任务分析时，往往习惯于根据工作流程划分任务。

2) 企业专家的选择

企业专家的选择是任务分析成功与否的重要环节。电子专业项目课程继承了专业的任务课程中重视企业专家参与课程开发的理念，最熟悉工作任务的就是长期在电子企业岗位上善于反思的企业专家。虽然通过“双师型”师资队伍建设，学校教师获得了一些实际工作经验，但这些经验仍然是非常肤浅的。项目课程为了确保其任务定位的准确，必须有企业专家的深度参与。

电子企业专家甄选需按以下要求进行。

(1) 数量要求。一般聘请 10～12 位专家为宜。由于工作任务确定所采用的并非调查法，而是专家分析法。也就是说，它并非依据专家数量来确定任务的取舍，而是依据专家的观点来确定任务的取舍。企业专家过少，不利于分析的深入；企业专家过多，则分析会的组织工作难度增加，不利于分析的有效进行。

(2) 职务要求。企业专家以一线技术骨干、班组长、车间主任为宜。人力资源部的人员、行业协会人员、企业老总一般并不具备任务分析所需要的能力，对于任务分析通常是不合适的。

(3) 岗位要求。企业专家要覆盖专业所面向的所有工作岗位。所以岗位定位是聘请企业专家的基本依据，如果企业专家覆盖不完整，或者分布岗位不平衡，也会影响任务分析结果的完整性、均衡性。另外，企业类型也要有代表性，至少大、中、小型企业均应有代表。

(4) 能力要求。应尽量聘请善于思考、表达能力强(至少书面表达能力要强)，并乐于、善于与人合作，能努力听取他人意见的企业专家。

(5) 经验要求。要聘请经验丰富的企业专家，最好有技师以上或相应职业资格证书。企业通常都制定了明确的岗位职责，但岗位上的实际工作任务通常和岗位职责所规定的工作任务会有很大差距，因此不宜简单地把企业岗位职责作为任务分析的依据，而是要依靠企业专家进行全面、彻底的分析。显然，经验越丰富的企业专家，越能有效地进行任务分析。

(6) 来源要求。涵盖电子技术专业的专门化方向的典型企业。

3) 记录员的选择

工作任务的分析成果要求进行现场记录，因此，记录员也是任务分析会非常重要的成员。课程开发中，容易忽视记录员的重要作用，不重视记录员的甄选，只是简单地挑选计算机文字录入快的人员担任。事实上，如果记录员对工作任务分析的技术要求理解比较深刻，并能主动、灵活地协助分析专家，将大大减少分析专家的琐碎工作，使之能把更多的精力用于引导企业专家进行任务分析。

为了能更准确地理解专业词汇，记录员最好由电子技术专业教师担任，一天的分析工作中，记录的文字量的分布是不平衡的，有的阶段文字录入不多，有的阶段则非常多，为此往往需要2～3位记录员。

4) 专业教师组织

参与课程开发的专业教师必须列席任务分析会，认真听取电子企业专家的意见，仔细理解和记录每条工作任务的过程。企业专家的分析材料最终要转化为可供教学的方案和材料，需要经历非常复杂的课程设计过程，该过程要由专业教师承担，这要求专业教师能深刻理解企业专家的分析材料。对分析材料的把握，教师仅仅通过阅读最终的结果材料是不够的，课程开发专业教师必须参与全过程。

在工作任务分析过程中，教师可以根据对专业课程的理解，就工作任务分析的重点与方向提出参考意见。有时，专业教师的意见也非常重要，分析专家应当给予重视。

5) 环境的准备

组织工作任务分析会，首先需要一个能容纳 30 人左右的中型会议室。会议室不宜过大，也不宜过小。会议室过大不利于形成轻松、自由的思考环境；过小则会因为拥挤而影响专家的情绪。会议室的桌子应当是圆形的，以利于企业专家之间面对面的沟通。此外，应当为每位专家准备用于书写的纸和笔。一些现代化的电子设备，如投影仪、计算机、打印机也是必须具备的。考虑充分的话，还应当准备一些文具，如订书机。

图 2.4 比较直观地描述了工作任务分析会现场的布置。分析专家的位置宜安排在圆桌一边的中间，以利于分析专家与企业专家最大范围地进行沟通。

6) 资料的准备

需要准备的资料包括：①工作任务与职业能力分析表，样例见表 2-2；②优秀的工作任务与职业能力分析样板，见表 2-2；③工作任务分析的理念与基本操作要求；④分析专家与企业专家名单。资料应当围绕着促进企业专家对工作任务分析理念与操作要求的理解来进行。

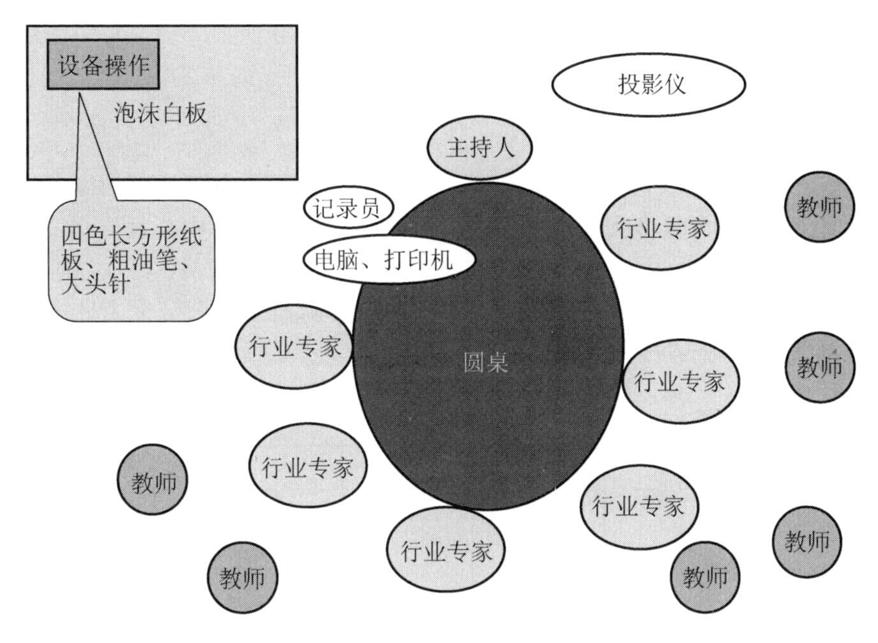

图 2.4　工作任务分析会现场布置

会前需要准备的还有：写好座位名牌；泡沫板或白板、白纸；录音笔；座位按适宜讨论来布置；装袋材料，包括会议日程、表格、用到的概念说明和一些成功的案例、白纸、笔等。

需要指出的是：表 2-2 的分析案例中包含了职业能力的分析内容。虽然这里要阐明的只是工作任务定位方法，但在实际的分析中，工作任务分析与职业能力分析是同步进行的。事实上，二者也是不可分割的，没有职业能力分析的工作任务分析对课程开发是没有价值的。

2. 会议举行

(1) 开幕式。开幕式时间不宜过长，大约 15 分钟。开幕式组织应以促进企业专家对分析过程的投入为目的。

(2) 讲解分析会的目标与工作方式。分析专家结合实例，给企业专家讲解分析会的工作目标，以及需要采取的工作方式。讲解应当简明扼要，清楚准确，利于企业专家理解和接受，并形成宽松、积极的工作氛围。

(3) 确认工作岗位。要求企业专家确认前期所论证的工作岗位，在理由充分的基础上可以对工作岗位进行修订。这既有利于企业专家明确分析的对象，又有利于形成企业专家对将要分析的工作岗位的认同。

(4) 分析工作领域。分析出工作岗位中的主要工作领域。这是整个分析的起点，如果工作领域分析有误，将严重影响后续的任务分析，因此，要慎重。工作领域分析可对应工作岗位进行，也可综合地进行，这取决于工作岗位之间的界线是否清晰。

(5) 分析工作任务。对工作领域中的具体任务进行分解。完成工作领域的分析后，企业专家将轻松地完成工作任务分析。

在此基础上便可进行职业能力分析。实际操作中，职业能力分析是与工作任务分析安排在同一天完成的。

3. 结果分析整理

为了给课程开发提供更多信息，需要对所获得的工作任务在工作中的需求程度和重要性程度进行调查。这两个参数可为确定每项工作任务在课程设计中的优先程度提供依据。表 2 -3 是从需求与重要性两个方面对工作领域进行分析的使用表格，可以整理出工作任务在工作过程中的作用。所获得的结果对于课程的确定、课程的学时分配及课程内容的重点和难点确定都具有重要的价值。

表 2-3　工作领域需求与重要性调查

工 作 领 域	需　求			重 要 性		
	1	2	3	1	2	3

调查的基本方法是，要求企业专家依据表格，对每项工作任务的需求程度和重要性程度进行赋值，分三个等级进行，1 代表最低，3 代表最高，然后分别统计每个选项所占的比例。

一般来说，需求高且重要性程度高的工作任务，应当作为课程的核心内容；需求低且重要性程度低的工作任务，则可作为课程的选学内容。

完成工作任务分析应注意如下三个问题。

(1) 要合理、最优地选择行业、企业专家。要选院校所面向的就业地区和企业、行业。企业类型、规模和层次最好不一样。

(2) 课程专家要适时、适机地正确引导，并鼓励行业、企业专家充分发表意见和见解，然后整合不同的意见，形成小组认可的、线索清楚的、层次分明的工作任务分析表。

(3) 要对工作任务模块逐级划分。可划分为一、二、三级模块等。一、二级模块一般按工作内容分类；三级模块常按工作过程划分和编排。

2.3　电子企业工作任务的职业能力定位

职业能力是确定课程内容的基本依据，因此，职业能力定位是项目课程开发中课程定位的第三个重要环节。有些课程开发过于关注任务分析，忽视职业能力分析，这会使其成果难以转化成课程体系。从开发过程的角度来看，职业能力分析是与工作任务分析同时进

行的，工作任务分析结束后即要进行职业能力分析。但在分析方法上职业能力与工作任务有很大区别。

2.3.1　职业能力

职业能力可以简单地理解为职业活动中所需要的能力。这一理解应当没有错，但由于缺乏对内涵的深入解读，因此人们在获得这一理解的同时，往往又把职业能力的内容与普通能力的内容相混淆。例如，常常会罗列出合作能力、表达能力、沟通能力等职业能力。表 2-4 是电子产品制造专业中“产品测试或调试”工作任务的职业能力分析。如果按照这种样式进行职业能力分析，那么这份分析材料对于项目课程开发基本没有价值。

表 2-4　电子产品制造专业部分工作任务的职业能力分析

工 作 项 目	工 作 任 务	职 业 能 力
产品测试或调试	外观检查	观察能力
	静态测试	测试能力
	在线测试	功能测试
		性能测试
	仪器使用	仪器使用能力

表 2-4 中描述的职业能力存在以下两类问题。

(1) 职业能力描述过于粗糙，无法指导课程体系开发。

(2) 能力描述过于宽泛，例如，表 2-4 中，仪器使用能力没有限定仪器种类，且没有限定使用程度，无法指导课程体系开发。

2.3.2　电子企业职业能力描述

1. 任务与能力

工作任务属于岗位要素，而职业能力是人的要素，因此，任务要描述的是岗位上要完成的事情，而能力要描述的是人为完成事情而应具备的条件。也就是说，能力应描述出“在什么条件下人能够把事情做到什么状态”。

2. 职业能力的描述方式

按以上对能力的分析，如果采用的是输出的职业能力描述方式，那么通常可采取的格式是“能(会)做什么”。如果采用的是输入的职业能力描述方式，那么通常用“了解什么”“熟悉什么”“理解什么”等方式来表达对知识的要求，通常用“能(会)操作什么”来表达对技能的要求，用“能(会)按照什么要求进行什么操作”来表达对态度的要求。这里的态度并非道德意义上的态度，而是指价值观、行为方式及规范要求。例如，“能根据操作指导书要求进行操作”“能判定电子检验设备的好坏”“能正确设置检验设备的参数”等。

关于知识要求的描述，如了解、熟悉、理解等过于模糊，不利于准确把握其内涵，应当完全采用行为化的描述方式。而事实上，极端地主张完全用行为化方式描述知识要求，在许多情况下非常困难。用了许多文字却未必准确地表达了内容。并且争议颇多的“了解”

一词，在人才培养中是存在这一要求的，即“学生曾经见过、听过，却不能准确回忆的知识掌握状态”。信息时代知识总量的迅速增长，使得这一要求越来越重要。因此，在对知识要求进行描述时，不必过于受西方教育理论的影响，而是可以继续采用已经习惯了的中国特色的表达方式。问题的关键在于要准确界定知识要求的内涵。例如，“熟悉产品适用的国家标准和行业规范”“知道工艺规定，会看工艺流程图”“知道不同规格，不同型号的元器件”等。

3. 职业能力的分层

以上对职业能力的定位是综合进行的，即只是综合地描述每条工作任务对职业能力的要求，而没有对不同等级员工的职业能力进行分层。如果课程开发需要对课程进行分层，那么就对职业能力定位提出了新的技术要求，即对职业能力进行分层。例如，中、高职课程的一体化设计，就是课程分层的重要应用。许多技工类学校正在努力建立从中级工到高级工再到技师的分层次、一体化课程体系，其也必须充分应用职业能力分层这一技术。

2.4 面向电子制造业工作任务与职业能力分析

电子技术专业在课程开发过程中，邀请企业专家参与，以电子制造业的高职生职业岗位为基础，然后分析各岗位职业能力，确定专业主干课程体系，并根据典型工作任务分析，确定学习领域课程及难度等级，最后确定学习领域支撑平台课程，从而形成面向电子制造业的应用电子技术专业课程体系。

2.4.1 职业岗位定位

要开发职业教育课程，首先要定位专业所面向的职业岗位，职业岗位定位是职业教育课程开发的起点。

例如，毕业生面向电子制造业，则必须通过调研，对电子制造业进行职业岗位分析。

通过广泛的企业调研，在电子产品制造业，通常完成一个电子产品生产的基本序列是：提出产品设计要求→电路原理图设计→PCB 设计与制作→元器件采购与测试→电路板组装→电路调试、测试与排故→产品总体装配→电子产品质量检验→电子产品销售→产品售后维修服务。

根据电子产品生产过程，职业技术学校(学院)毕业生的职业岗位群如图 2.5 所示，七个职业岗位是设计员、采购员、工艺员、管理员、检验员、维修员及营销员。

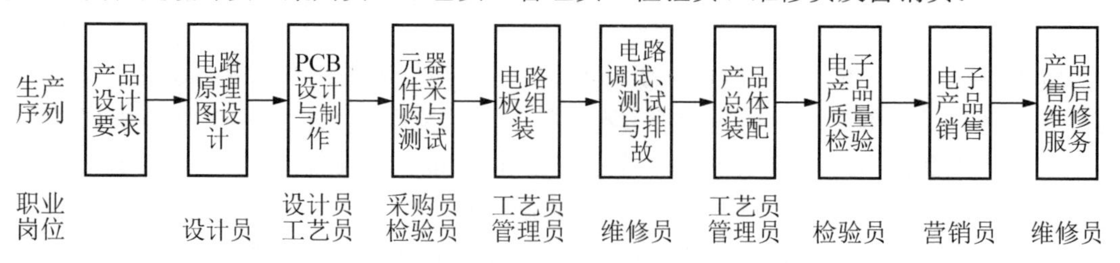

图 2.5 职业技术学院毕业生的职业岗位群

2.4.2　职业岗位能力分析

职业岗位确定后，接下来应分析各职业岗位应具备的职业能力。职业能力分析必须邀请来自企业相应职业岗位的实践专家参加。

根据毕业生的职业岗位群，职业技术教育电子技术专业毕业生要在电子制造业七个岗位上就业，应具备的职业能力有电子元器件的识别和检测能力，电子电路阅读及选用能力，电路原理图绘制和 PCB 设计能力，仪器仪表使用及调试、测试能力，电子产品工艺与生产管理能力，电子产品维修能力，电子电路及小型智能电子产品设计与开发能力，电子元器件采购与产品销售能力。针对不同岗位的职业能力分析如图 2.6 所示。

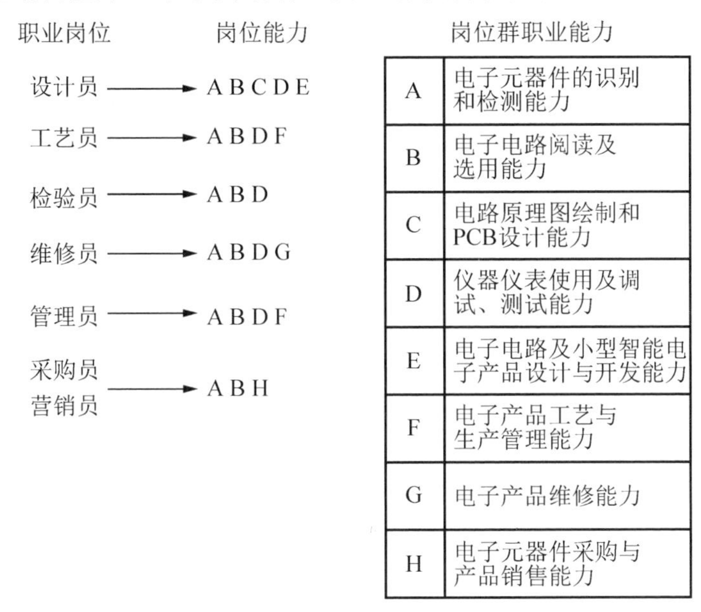

图 2.6　职业岗位能力分析方法图示

从图 2.6 可知，七个职业岗位都应具备电子元器件的识别和检测能力及电子电路阅读选用能力，因此，要加强这两个方面的能力培养。

应该指出的是：在图 2.6 中，相同类职业能力在不同岗位上，具有不同的层级要求，在课程开发中，应进一步对能力要求进行分解，根据岗位定位进行合理舍去。

为了对课程开发有进一步的认识，给出一个案例——中等职业学校电子技术应用专业教学指导方案。

中等职业学校电子技术应用专业教学指导方案

1. 专业名称

电子技术应用

2. 招生对象与学制

(1) 招生对象：本专业招收初中毕业或相当于初中毕业文化程度的学员。

(2) 学制：三年。

3. 培养目标

面向电子产品制造行业，培养具有与本专业领域相适应的文化水平、良好的职业道德、吃苦耐劳的工作态度、严谨规范的工作作风，掌握本专业领域的技术基础知识和基本技能，具备较强的实际工作能力，达到电子技术应用专业中级工技能水平的生产第一线应用型技能人才。

4. 预期就业岗位

面向电子产品制造行业毕业生的预期就业岗位见表2-5。

表2-5　面向电子产品制造行业毕业生的预期就业岗位

专业	专门化方向	对应工作岗位	国家职业资格证书
电子技术应用	电子产品制造	元器件的检验	电子元器件检验员 印制电路制作工 集成电路测试员 电子设备装接工 无线电调试工
		元器件的装接	
		功能电路的组装	
		功能电路的检测	
		功能电路的调试	
		电子产品的组装	
		电子产品的检测	
		电子产品的调试	
	电子产品应用与维修	办公自动化设备应用与维修	办公设备维修工 家用电器产品维修工 家用电子产品维修工 用户通信终端维修员 音视频设备检验员
		家用电器产品应用与维修	
		家用电子产品应用与维修	
		用户通信终端维修	
		音视频设备应用与维修	
	电子产品营销	办公自动化设备营销	办公设备维修工 家用电器产品维修工 用户通信终端维修员 家用电子产品维修工
		家用电器产品营销	
		用户通信终端营销	
		音视频设备营销	

本专业毕业生可在电子技术应用行业各类企业中，从事电子元器件的检验，电子产品的组装、检测、调试和电子产品的维修等工作，也可从事电子产品的营销等工作。

5. 核心技能与核心课程

1) 核心技能

(1) 电子电路图识读。

① 电子基本电路图的识读与分析。

② 典型电子产品电路图、装配图的识读与分析。

③ 典型电子产品生产工艺流程图的识读与分析。

(2) 电子元器件识别与检测。

① 电子元器件的识别与检测。

② 电子元器件应用电路的安装与分析。

(3) 电子产品装接与调试。

① 电子基本电路的安装与测试。

② 电子产品的安装、调试与检测。

③ PCB 的设计与制作。

(4) 仪器仪表使用。

①常用电子仪器仪表的使用。

②常用电子制作工具的使用。

2) 核心课程与教学项目

电子应用技术专业的核心课程与教学项目见表 2-6。

表 2-6　核心课程与教学项目

序　　号	核 心 课 程	主要教学项目
1	电子元器件与电路基础	项目 1　认识电路 项目 2　电阻器的识别与检测 项目 3　电阻器的电路应用 项目 4　电容器的识别与应用 项目 5　电感器的识别与应用 项目 6　认识 RLC 交流电路 项目 7　二极管的识别与应用 项目 8　晶体管的识别与应用 项目 9　晶闸管的识别与检测 项目 10　场效应晶体管的识别与应用 项目 11　小型变压器的识别与检测 项目 12　小型继电器的识别与检测 项目 13　光电耦合器的识别与检测 项目 14　插接件的识别与检测 项目 15　保险器件的识别与检测 项目 16　开关器件的识别与检测 项目 17　贴片元器件与集成电路的识别
2	电子基本电路安装与测试	项目 1　单相整流滤波电路的安装与测试 项目 2　小信号放大电路的安装与测试 项目 3　集成放大电路的安装与测试 项目 4　稳压电源电路的安装与测试 项目 5　功率放大电路的安装与测试 项目 6　简单逻辑门电路的安装与测试 项目 7　组合逻辑门电路的安装与测试

续表

序　　号	核 心 课 程	主要教学项目
2	电子基本电路安装与测试	项目 8　简单时序逻辑电路的安装与测试 项目 9　复杂时序逻辑电路的安装与测试 项目 10　555 时基电路的安装与测试
3	电子产品安装与调试	项目 1　万用表的安装与调试 项目 2　助听器的安装与调试 项目 3　扩音器的安装与调试 项目 4　停电报警器的安装与调试 项目 5　无线话筒的安装与调试 项目 6　调光台灯的安装与调试 项目 7　555 振动报警器的安装与调试 项目 8　声光控节能开关的安装与调试 项目 9　水箱水位自动控制器的安装与调试 项目 10　八路抢答器的安装与调试 项目 11　流水灯的安装与调试 项目 12　光电式感烟报警器的安装与调试 项目 13　数字钟的安装与调试 项目 14　收音机的安装与调试
4	Protel 2004 项目实训与应用	项目 1　熟悉 Protel 软件 项目 2　整流滤波电路原理图绘制 项目 3　直流稳压电路原理图绘制 项目 4　三角波、方波发生器电路原理图绘制 项目 5　单片机电路原理图绘制 项目 6　PCB 设计初步 项目 7　直流稳压电源电路的 PCB 设计 项目 8　三角波、方波发生器电路的 PCB 设计 项目 9　自建集成元件库 项目 10　自建 LM324 集成元件库 项目 11　自建 AT89C51 集成元件库 项目 12　自建继电器集成元件库 项目 13　综合练习
5	电子技术综合应用	项目 1　音频功放电路与电子产品制造过程 项目 2　三角波、方波发生器 项目 3　单片机车位提示器 项目 4　无线传感隧道栏杆电路 项目 5　线圈绕线机计数器 项目 6　红外线电扇遥控器 项目 7　电子产品制造技术

6. 教学指导方案说明

(1) 本指导方案坚持“以企业需求为基本依据，以就业为导向，以全面素质为基础，以能力为本位”为教学指导思想，根据职业岗位能力要求，在对企业需求进行深入广泛的调研和组织企业专家进行任务和能力深入分析的基础上，结合国家职业资格标准及学生职业生涯发展需要设置课程和教学环节，对课程内容进行修改、补充，对教学方法进行改革和创新，以期符合当前产业和企业的技术水平和用人需求，满足学生就业和职业发展的需要。

(2) 根据“公共课程＋核心课程＋教学项目”的基本思路，精简设计原理类课程，对与就业岗位(群)能力要求关系不十分紧密而对综合职业能力培养又必需的部分理论课程进行综合化处理。

(3) 坚持“循序渐进、举一反三、温故知新”的教学原则，教学过程中注意先易后难，先简单后复杂，先“单一”后“综合”，螺旋式上升，帮助学生掌握扎实的基础知识和技能，不断拓展知识面和技能新领域，提高综合素质，以适应广泛的职业需求，赢得更大的发展空间。

(4) 坚持“统一性与灵活性相结合”的原则，设计丰富多样的教学项目形式，调动学生的学习积极性，提高学生的学习兴趣和自信心。学校还应根据自身的办学特色、区域经济特点开设具有针对性的专门化方向课程，办出学校的专业特色，满足学生和社会的需求。

(5) 积极实施“双证制”，以国家职业资格鉴定标准(行业标准)来培养和考核学生的职业能力，提高毕业生的就业能力。

(6) 本专业实行弹性学制，学生在 2～6 年内修满学分，即可毕业，为学生结构职业需求进行针对性的学习，以及半工半读、职后学习提供条件。学分由必修学分和选修学分两部分组成，学生可自主选择选修课程。已完成高中学业的学生，其已学文化课可认定学分，同层次教育的相同课程学校可互认学分，学生在学习期限内可自主安排学习时间，可根据自己的条件选修其他相近专业课程或从事社会实践活动。

(7) “核心课程”包括电子元器件与电路基础、电子基本电路安装与测试、电子产品安装与调试、Protel 2004 项目实训与应用、电子技术综合应用等课程，并配套有相应的课程标准。

(8) 根据课程标准设置 100 个左右的“教学项目”，其中必修项目在 60 个左右，选修项目在 40 个左右，实施理实一体化教学，在做中学。

7. 课程结构

电子技术应用专业整体课程基本框架如图 2.7 所示。

8. 核心课程与专门化课程设置与教学要求

1) 核心课程

(1) 电子元器件与电路基础。

教学要求：使学生掌握电子技术应用专业必备的元器件及电路基础知识和基本技能，具备分析和解决生产、生活中的实际问题的能力，具备学习后续专业核心课程的能力；对学生进行职业意识培养和职业道德教育，提高学生的综合素质与职业能力，增强学生适应职业变化的能力，为学生职业生涯的发展奠定基础。

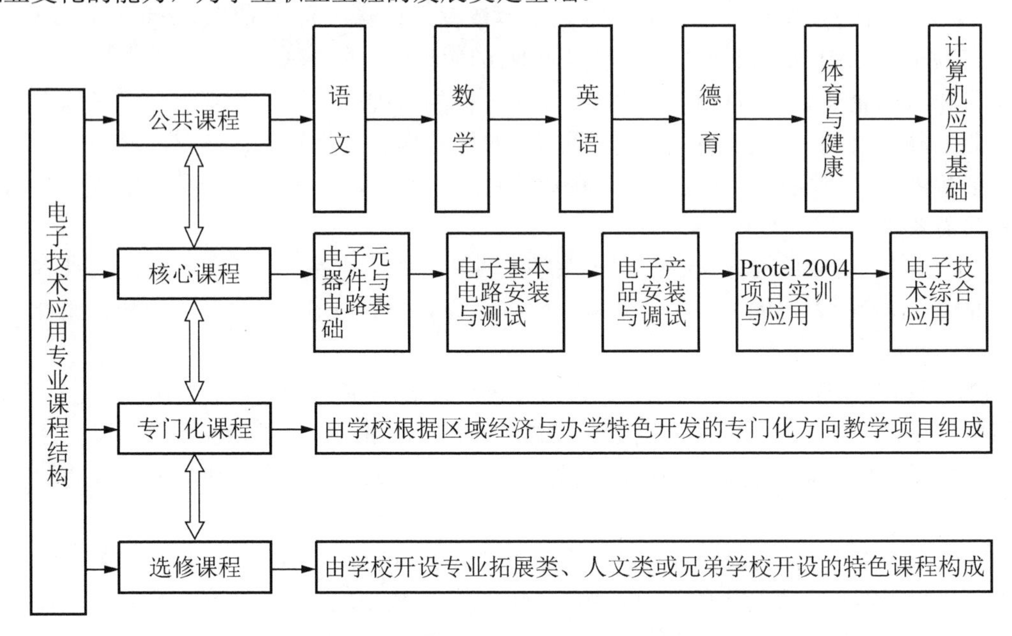

图 2.7　电子技术应用专业整体课程基本框架

技能训练要求：使学生具备元器件的识别、检测、应用的基本技能；会使用万用表等常用仪器仪表；了解电路的基本知识和基本电路的组成、工作原理及典型应用；初步学会常用电路的手工焊接和调试方法；掌握安全操作规范。

(2) 电子基本电路安装与测试。

教学要求：使学生掌握常用功能电路的工作原理和应用；学会基本的焊接、组装技能；熟悉功能电路制作的基本流程；对学生进行职业意识培养和职业道德教育，提高学生的综合素质与职业能力，增强学生适应职业变化的能力，为学生职业生涯的发展奠定基础。

技能训练要求：会正确使用和维护常用电子仪器仪表；具备分析、组装、检测和调试功能电路的基本技能；初步具备查阅电子元器件手册和合理选用元器件的能力；初步具备识读电路图、功能电路板和分析常见功能电路的能力；培养解决实际问题的能力；强化安全生产、节能环保和产品质量等职业意识，养成良好的工作方法、工作作风和职业道德。

(3) 电子产品安装与调试。

教学要求：使学生学会识读电子产品电路图，掌握典型电子产品组装、调试和检测的基本技能，具备分析和解决生产、生活中的实际问题的能力。对学生进行职业意识培养和职业道德教育，提高学生的综合素质与职业能力，增强学生适应职业变化的能力，为学生职业生涯的发展奠定基础。

技能训练要求：使学生具备电子产品组装、调试和检测的基本技能；熟练使用电子仪器仪表和相应的生产工具；具备识读典型电子产品电路原理图、PCB 图和生产工艺流程图的能力；具备排除典型电子产品故障的能力；掌握电子产品生产的安全操作规范。强化安

全生产、节能环保和产品质量等职业意识，养成良好的工作方法、工作作风和职业道德。

(4) Protel 2004 项目实训与应用。

教学要求：使学生能够熟练应用 Protel 软件和 PCB 制作的基本技能，为学生的专业发展奠定基础；对学生进行职业意识培养和职业道德教育，提高学生的综合素质与职业能力，增强学生适应职业变化的能力，为学生职业生涯的发展奠定基础。

技能训练要求：会熟练应用 Protel 软件，初步学会 PCB 制作的常用方法；进一步培养学生识读电路工艺图的能力；强化安全生产、节能环保和产品质量等职业意识，养成良好的工作方法、工作作风和职业道德。

(5) 电子技术综合与应用。

教学要求：使学生基本掌握电子产品的设计和制作的流程，会正确选用元器件和材料，提高电子产品整机的安装、调试和检测等综合技能，提高分析和解决生产中的实际问题的能力；增强学生适应职业变化的能力，为学生可持续发展奠定基础。

技能训练要求：使学生初步具备电子产品开发能力，能够正确选用元器件和材料，能够编制工艺文件，会使用常用的生产加工设备、仪器仪表及工具，进行电子产品的组装、调试和检测；具备一定的成本核算能力和管理能力；提高学习兴趣，形成正确的学习方法，提升学生的综合职业能力。

2) 专门化方向课程

学校应根据区域经济特点和办学特色确定专门化方向课程，满足学生和社会的需求。总学时数为 400 左右。

3) 选修课程

学生可在本校开设的专业类拓展课程、人文类选修课及外校开设的特色课程中任意选择。总学时数为 150 左右。

4) 实践课程(29 周)

顶岗生产实习。深入企业生产一线，深化和充实专业知识，熟悉电子技术应用专业各工作岗位的要求；掌握常用生产设备、仪器仪表及工具的使用方法，进一步熟练操作技能，初步具备上岗工作的能力。

9. 电子技术应用专业师资及设备配置标准

1) 专业师资配备

(1) 根据省编标准，按专业学生规模配齐教师，核心课程均应有本校专职教师任教，有业务水平较高的专业带头人。

(2) 专业教师学历职称结构应合理，不仅要具有中等职业学校教师任职的资格证书，而且 80%以上专业教师为“双师型”教师。专业实训指导教师必须具有行业、企业工作经历或经过行业、企业培训。

(3) 根据专业课程开设的需求，应聘请行业、企业的专家或技术人员作为外聘教师。

(4) 校内实训(实习)教学，每小班(15～20 人)应配备一位指导教师，较复杂的教学项目视具体情况应适当增加指导教师。

(5) 学生到行业、企业顶岗实习阶段，应配备行业、企业的专职指导师傅，学校应配

备专职管理教师负责学生顶岗实习阶段的相关管理工作，配备专业教师对学生进行专门指导，协助专职指导师傅做好学生的指导工作。

2) 设备配置

本专业应配备三种类型的实习(实训)室，即核心实习(实训)室、专门化方向实习(实训)室及校外实训基地。

核心实习(实训)室是为了满足培养学生专业核心技能所必须具备的实习(实训)条件，专业核心技能实习(实训)室设备标准分为合格、规范和示范三类标准。合格标准是开设本专业所必须具备的基本。

条件：规范标准是市级示范专业必须达到的实训条件，实训(实习)工位数按满足 12 个班(每学年招收 4 个班，每个班学生基数 40 人，共 12 个班 480 人)进行轮换倒班实习(实训)计算；示范标准是省级及以上示范专业所必须达到的实训条件，其工位数比规范标准要充足，设备更先进。

专门化方向实习(实训)室是学校根据区域经济特点和本校的办学特色所开设的专门化方向课程及人才培养需求，有针对性地建设的实习(实训)室，要求针对性强，数量充足，并有一定的先进性。

校外实训基地是满足学生顶岗生产实习、专业教师培养、校企合作办学等所建设的实训基地。

电子技术应用专业实习(实训)室配置标准结构如图 2.8 所示。

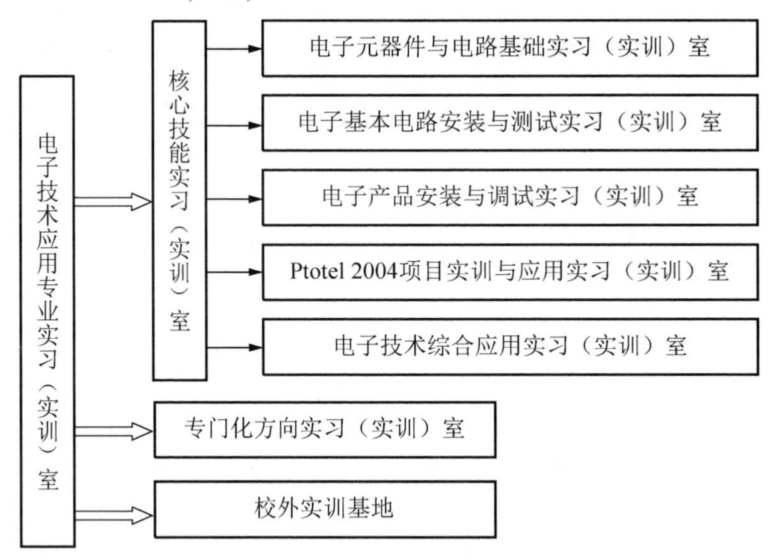

图 2.8 电子技术应用专业实习(实训)室配置标准结构

核心实习(实训)室设备配备标准如下。

(1) 电子元器件与电路基础实习(实训)室。

配备要求：主要用于完成电子元器件与电路基础的实习(实训)任务。

电子元器件与电路基础实习(实训)室配置标准见表 2-7。

表 2-7　电子元器件与电路基础实习(实训)室配置标准

编　号	设备名称	规格型号	单　位	配置数量		
				示　范	规　范	合　格
1-001	扁嘴钳	自定	把	80	40	20
1-002	尖嘴钳	自定	把	80	40	20
1-003	剥线钳	自定	把	80	40	20
1-004	克丝钳	自定	把	80	40	20
1-005	斜口钳	自定	把	80	40	20
1-006	螺钉旋具	自定	套	80	40	20
1-007	剪刀	自定	把	80	40	20
1-008	电烙铁	自定	把	80	40	20
1-009	镊子	自定	支	80	40	20
1-010	烙铁架	自定	只	80	40	20
1-011	吸锡器	自定	只	80	40	20
1-012	热风枪	自定	只	80	40	20
1-013	万用表	自定	块	80	40	20
1-014	稳压电源	自定	台	80	40	20
1-015	低频信号发生器	自定	台	80	40	20
1-016	实训操作台	自定	台	80	40	20

(2) 电子基本电路安装与测试实习(实训)室。

配备要求：主要用于完成电子基本电路安装与测试实习(实训)任务要求。

电子基本电路安装与测试实习(实训)室配置标准见表 2-8。

表 2-8　电子基本电路安装与测试实习(实训)室配置标准

编　号	设备名称	规格型号	单　位	配置数量		
				示　范	规　范	合　格
2-001	扁嘴钳	自定	把	80	40	20
2-002	尖嘴钳	自定	把	80	40	20
2-003	剥线钳	自定	把	80	40	20
2-004	克丝钳	自定	把	80	40	20
2-005	斜口钳	自定	把	80	40	20
2-006	螺钉旋具	自定	套	80	40	20
2-007	剪刀	自定	把	80	40	20
2-008	电烙铁	自定	把	80	40	20
2-009	镊子	自定	支	80	40	20
2-010	烙铁架	自定	只	80	40	20

续表

编号	设备名称	规格型号	单位	配置数量		
				示范	规范	合格
2-011	吸锡器	自定	只	80	40	20
2-012	热风枪	自定	只	80	40	20
2-013	双踪示波器	自定	台	80	40	20
2-014	数字频率计	自定	台	80	40	20
2-015	稳压电源	自定	台	80	40	20
2-016	万用表	自定	块	80	40	20
2-017	毫伏表	自定	块	80	40	20
2-018	低频信号发生器	自定	台	50	25	10
2-019	脉冲信号发生器	自定	台	50	25	10
2-020	实训操作台	自定	台	80	40	20

(3) 电子产品安装与调试实习(实训)室。

配备要求：主要用于完成电子产品装配与调试实习(实训)任务要求。

电子产品安装与调试实习(实训)室配置标准见表 2-9。

表 2-9 电子产品安装与调试实习(实训)室配置标准

编号	设备名称	规格型号	单位	配置数量		
				示范	规范	合格
3-001	扁嘴钳	自定	把	80	40	20
3-002	尖嘴钳	自定	把	80	40	20
3-003	剥线钳	自定	把	80	40	20
3-004	克丝钳	自定	把	80	40	20
3-005	斜口钳	自定	把	80	40	20
3-006	螺钉旋具	自定	套	80	40	20
3-007	剪刀	自定	把	80	40	20
3-008	钻头	自定	套	80	40	20
3-009	小型电钻	自定	把	80	40	20
3-010	万用表	自定	块	80	40	20
3-011	毫伏表	自定	块	80	40	20
3-012	电烙铁	自定	把	80	40	20
3-013	烙铁架	自定	只	80	40	20
3-014	吸锡器	自定	只	80	40	20
3-015	热风枪	自定	只	80	40	20
3-016	镊子	自定	支	80	40	20
3-017	双踪示波器	自定	台	80	40	20

续表

编　　号	设备名称	规格型号	单　　位	配置数量		
				示　　范	规　　范	合　　格
3-018	数字频率计	自定	台	80	40	20
3-019	稳压电源	自定	台	80	40	20
3-020	低频信号发生器	自定	台	80	40	20
3-021	脉冲信号发生器	自定	台	80	40	20
3-022	实验操作台	自定	台	80	40	20

(4) Protel 2004 项目实训与应用实习(实训)室。

配备要求：主要用于完成 Protel 软件绘制原理图，设计、制作 PCB 的实习(实训)任务要求。

Protel 2004 项目实训与应用实习(实训)室配置标准见表 2-10。

表 2-10　protel 2004 项目实训与应用实习(实训)室配置标准

编　　号	设备名称	规格型号	单　　位	配置数量		
				示　　范	规　　范	合　　格
4-001	计算机	与软件配套	台	80	40	20
4-002	Protel 正版软件	自定	套	80	40	20
4-003	雕刻机或制板机	自定	台	4	2	1
4-004	吸尘器	自定	台	2	1	1
4-005	小型电钻	自定	台	2	1	1
4-006	激光打印机	自定	台	2	1	1

(5) 电子技术综合应用实习(实训)室。

配备要求：主要用于完成电子技术综合与应用实习(实训)任务要求，体现新技术、新工艺、新方法。

电子技术综合应用实习(实训)室配置标准见表 2-11。

表 2-11　电子技术综合应用实习(实训)室配置标准

编　　号	设备名称	规格型号	单　　位	配置数量		
				示　　范	规　　范	合　　格
5-001	扁嘴钳	自定	把	80	40	20
5-002	尖嘴钳	自定	把	80	40	20
5-003	剥线钳	自定	把	80	40	20
5-004	克丝钳	自定	把	80	40	20
5-005	斜口钳	自定	把	80	40	20
5-006	螺钉旋具	自定	套	80	40	20

续表

编号	设备名称	规格型号	单位	配置数量		
				示范	规范	合格
5-007	剪刀	自定	把	80	40	20
5-008	钻头	自定	套	80	40	20
5-009	小型电钻	自定	把	80	40	20
5-010	万用表	自定	块	80	40	20
5-011	毫伏表	自定	块	80	40	20
5-012	电烙铁	自定	把	80	40	20
5-013	镊子	自定	支	80	40	20
5-014	双踪示波器	自定	台	80	40	20
5-015	数字频率计	自定	台	80	40	20
5-016	稳压电源	自定	台	80	40	20
5-017	扫频仪	自定	台	80	40	20
5-018	低频信号发生器	自定	台	80	40	20
5-019	脉冲信号发生器	自定	台	80	40	20
5-020	浸焊机	自定	台	4	2	1
5-021	模拟生产的操作台(或流水线)	自定	套	2	1	1
5-022	SMT 贴片机	自定	台	1	0	0
5-023	回流焊机	自定	台	1	0	0
5-024	条形码识别设备	自定	套	1	0	0

思考与实践

1．为了开发电子技术专业项目课程，根据电子行业企业调研的目的与内容，设计企业调研问卷与访谈提纲。

2．根据电子企业调研，撰写一份调研报告。

3．根据电子企业的访谈结果，撰写一份访谈报告。

4．根据调研报告与访谈报告，对电子技术应用专业毕业生进行能力分析。

5．阅读并参考中职电子技术应用专业教学指导示例，结合调研结果，编制一个方向的专门化项目课程与部分选修项目课程，并设计相应实训室配置表。

第 3 章 课程标准的制定与电子技术专业教学标准

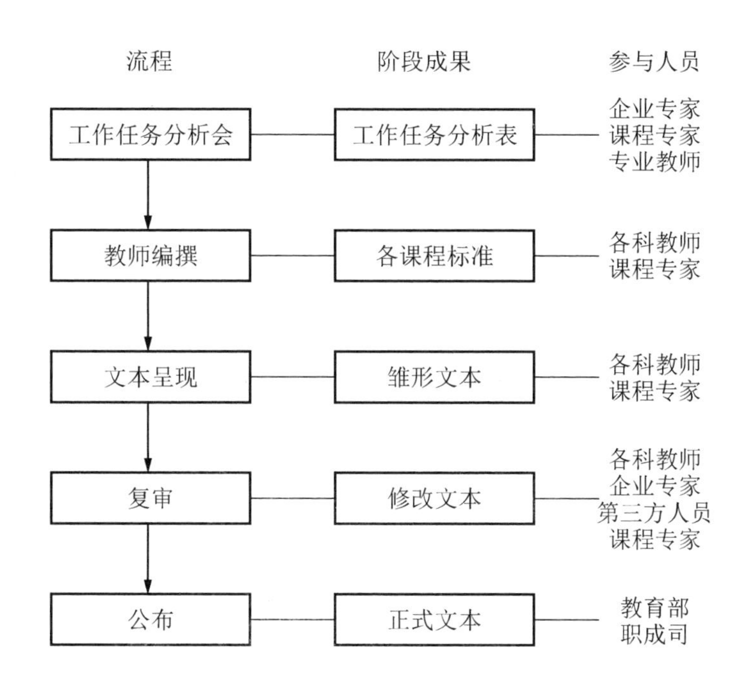

从电子企业的岗位、工作任务和职业能力三个变量对电子技术项目课程进行定位后，课程开发的工作就是依据课程定位设计电子技术专业的项目课程体系，把前一阶段开发的成果转化成可实施的课程产品：专业课程标准。专业项目课程标准体系的建立，最终呈现的是一套课程标准的文本。那么，如何建立专业项目课程标准体系，由谁来开发，在开发过程中要注意什么问题，就成了这一阶段的核心问题。

3.1 课程标准的开发

3.1.1 课程标准开发前的准备工作

1. 人员挑选

教育部、职成司对各省、自治区、直辖市发出课程标准开发通知，各省、自治区、直辖市教育部门对能够承担的科目进行上报，经职成司审核，教育部核准各省的开发任务，各省、自治区、直辖市就要开始着手准备具体的课程开发。根据上级部门发出的人员挑选标准，进行各类人员的调配。

首先，教育部门要抽调各高校适合开发课程标准的课程专家，或者是地方职教研究所有开发课程标准实践经验的研究人员，对其发出通知，并将要开发的科目名单一并发出，为课程专家在进入正式的开发程序前做好相关准备。

其次，教育部门和劳动保障部门对行业协会发出通知，要求行业协会提供相关企业专家人员。行业协会在接到通知后，要调动行业内相关企业，对相关专业领域所对应的工作岗位的专家进行抽调。应当指出的是，由于职业技术教育是从事技术应用型人才培养，企业专家以一线技术骨干、班组长、车间主任为宜。曾经参与行业标准制定的企业专家尤为重要，应该重点提交。

最后，教育部门对本地区内相关专业的学校发出通知，要求学校抽调担任相关专业教师，不必局限于一所学校，选送本专业的优秀教师，再由教育部门和课程专家合作，在名单中挑选合适的教师参与。

此外，还要对技能鉴定所的人员发出通知，当前我国职业教育的双证书制度使得学校逐渐重视学生获得相关的职业资格标准，而职业资格标准与课程标准的对接也是未来要努力的方向，技能鉴定所的人员熟悉相关标准，对开发过程提出的参考意见是非常值得借鉴的，可简称为“第三方人员”。

2. 流程确定

课程标准的开发是一个复杂的过程，而要使得结果科学和有效，则需要对开发过程进行控制，而控制的首要任务就是设定流程，图 3.1 所示为课程标准开发流程。

图 3.1 分为三部分，左边为流程，中间为课程标准开发过程各阶段的成果，右边为参与人员，参与人员的排序根据该阶段的重要性进行排列。例如，在专业层面的工作任务分析阶段，企业专家和课程专家处于重要地位，而在课程标准的转换阶段专业教师的工作则是最重要的。

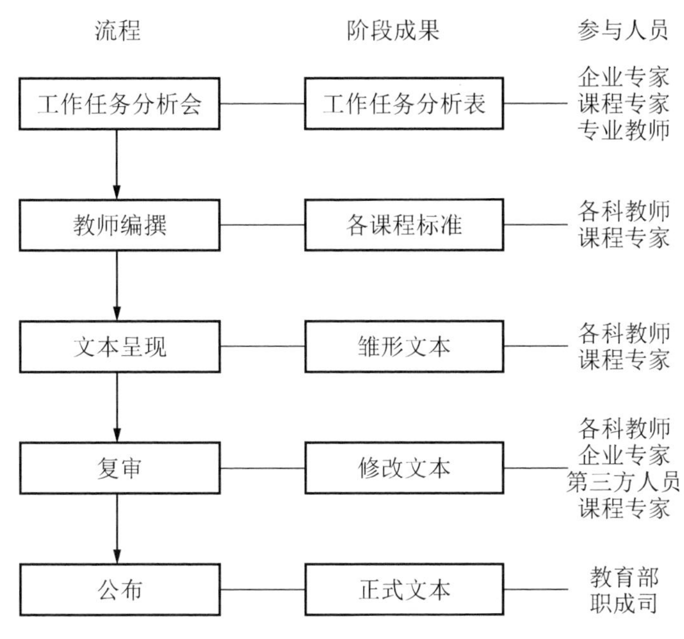

图 3.1　课程标准开发流程

3.1.2　课程标准开发的过程

课程标准不同于专业教学标准，课程标准是对专业要开设的具体课程的标准开发，是在专业教学标准的基础之上。课程标准中最为重要的学习内容的确定就来自于专业教学标准中的职业能力分析，因此，进行课程标准开发的首要任务就是组织工作任务分析会，这一环节中企业专家应发挥最大作用。

1. 工作任务分析会

在工作任务分析会开始之前，先呈现以国家和省市级教育部、劳动与社会保障部门基于调查分析文件为蓝本的就业前景、市场需求等材料，并由与会人员提出补充性意见，记录人员进行简洁的描述记录。

工作任务分析会既是课程标准开发的重要阶段，也是课程标准中内容的根本来源，但是并不是课程标准开发的主要过程，因为工作任务分析是基于专业的，而不是基于专业课程的。

工作任务分析会要素及其注意事项见表 3-1。

表 3-1　工作任务分析会要素及其注意事项

要　素	选 择 标 准	注 意 事 项	其　他
资料 (会议室、桌椅、参考样本、纸张、记录板、显示屏等)	中型会议室、椭圆形会议桌、分析表样本、教学型白板、多媒体显示屏	重视资料的选择标准、创造舒适的会议环境、准备充足的材料、追求头脑风暴效果的最优化	会议前的必要条件

续表

要　素	选 择 标 准	注 意 事 项	其　他
人员 (课程专家、企业专家、教师、记录员、第三方人员)	熟练的过程控制能力、主导能力、分析能力；岗位语言与课标语言的转换能力、较好的表达能力；专业理论扎实、有一定的实践经验；熟练的办公室软件操作能力；分析理解能力	各方人员明确自己的责任、选择适当的时机表达最正确的意见、注意时间的控制	明确各方责任，以及这一阶段的主体人员
过程控制	课程专家与企业专家良性互动、教师与第三方人员的有效参与	关键概念的区分要明确	在有限的时间内获取最大的岗位资料
文本修订	措辞的科学性、内容的涵盖性	反复核准	课程标准内容的直接来源

2. 教师编撰

工作任务分析会当然很重要，因为其得出的结果(工作任务分析表)是课程标准中内容与技能要求的直接来源。然而，在编写具体课程的标准时，不是将工作会议结果照搬，而是分析两者的格式，发现课程标准中涵盖的内容远多于工作任务分析会得出的结论，而且作为直接来源的任务分析表，由于要进行概念拆分与重组，发生了根本性的变化。那如何开展课程标准的编撰工作呢？

首先，课程专家要对专业教师进行培训，培训内容包括课程的理念、解读项目课程标准的样板、工作任务分析表等转化为课程内容与技能要求的方法和课程标准中，语言的规范性要求与习惯用语等。

其次，专业教师在课程专家的指导下，对工作任务分析表进行转换，并对语言进行提炼。要注意各部分的顺序及注意事项。

最后，对其他相关内容进行补充性探讨。

3. 文本呈现

专业教师在课程专家的指导下，按标准的规范要求开发，呈现文本初稿。为了避免专业各课程标准间编写差异过大，或者水平参差不齐，在编写过程中专业教师应互相探讨。应指出的是，课程标准的格式并不要求完全的一致，这给专业教师的编写提供了较大的发挥空间。

4. 复审

初稿完成后，编写格式与结构部分由课程专家审查，内容与要求部分由行业专家复审，相应证书考核要求由职业技能鉴定中心人员提出建议。意见汇总之后，由课程专家最终确定文本形态。

5. 公示

组织部门将复审后的文本按照专业进行汇编整理，上报教育部与职成司。职成司汇总

全国各地提交的资料，进行筛选整理，随后进行公示，由各方监督审查，并收集相关意见进行修改。

6. 确定

确定最终版本，版本可以有多种。专业课程标准是教材编写、教学活动的依据，以使职业技术教育学生从学校到岗位的顺利转换。

3.1.3 课程标准体系开发的实际问题

在课程开发的实践过程中，由于涉及部门多，需要政策、资金支持及各方朝同一目标形成合力，因为在执行过程中会出现各种无法想象的困难，阻碍着课程标准体系的建立。那么在实际执行过程中会有哪些主要问题呢？

1. 课程标准开发的科学性

课程标准在开发的过程中，由于牵涉的部门多、流程复杂、并且要求适应社会发展对职业技术教育提出的要求，因此，其科学性必然会引起探讨。

要保证课程标准的科学性，就要在开发过程中实行严格的控制管理，要有一套考核的技术标准，对课程开发的各个环节的工作方式、方法和质量控制过程进行规范，也称为课程开发的“工具包”，其内容一般会涉及课程开发的方方面面，如相关概念、标准程序、实施方法、质量控制、检验标准及典型案例等。

2. 课程标准体系开发模式的选择

课程标准体系的开发模式在这里指的是以什么形式可以使课程标准体系从无到有，目前存在两种课程标准的开发模式。

第一种是自上而下的开发，即从国家到地方再到学校层次的开发；第二种是自下而上的开发，即从学校层面开发本校的课程标准开始。

第一种在我国尚未真正的实现，教育部目前也只开发了《高职专业指导目录》《中等职业教育专业目录》等，具有初级标准指导作用的文本形式，但具体分析其内容则会发现：与课程标准的内容相关度不高。而第二种则普遍存在于我国职业学校的课程管理过程中。

两种开发模式各具优缺点，但在实践过程中无一不遇到困难，这导致了第一种的缺失与第二种只停留于学校层次的尴尬境地，那么如何改善这种境况呢？

美国职业教育标准的开发采取了从州入手的方式，各州都建立了相关的教育标准，并且准备在成熟的情况下将各州的教育标准进行整合，目前仍停留于州层面的教育标准。因此，美国采取的是从州层次出发的标准开发与推广模式。

借鉴美国经验，探索从地方入手，由国家发布开发通知，地方进行组织，向上提交开发文本，然后由国家负责审核并公布，再推广到学校层次。这种发散式体系建立的模式是较为可行的一种方案，一方面将国家层次的任务分散化，另一方面也克服了学校层次开发的资金不足、科学性差、推广度不够的缺点。图 3.2 展示了这种模式。从图 3.2 能够看出地方层次的课程标准的开发起着核心作用，而行业和第三方则负责全程服务与控制。

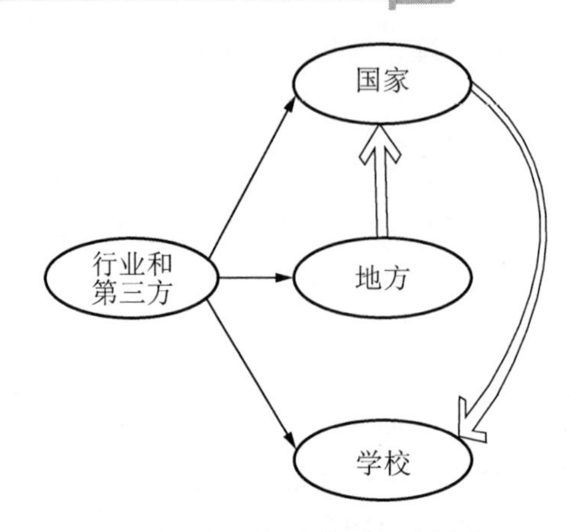

图 3.2　课程标准体系开发模式

3. 课程标准文本的内容与格式

课程标准的最终成果要落实到文本的呈现上，这不仅是前期工作的成果展示，也是后期推广的直接指导文件，其内容与格式的规定，是开发过程中必须探讨的问题。

在撰写过程中应体现职业教育的特色。例如，在职业教育课程标准的文本中可以建议添加标准开发过程与开发机构的介绍，有助于专业教师对于课程标准的理解与执行。此外，相关职业资格证书的介绍与获取也应以附录的形式存在于课程标准中，这有利于双证书制度的推行。

4. 课程标准的二次开发

如果课程标准的开发进行到国家或省级公布并推行的阶段，那么作为课程标准实施的学校，是不是只能被动地接受并去执行呢？答案显然是否定的。国家发布的课程标准具有规范的指导作用，由于学校教师资源、课程资源的不同，在执行时并不能一味地照搬，需对课程标准进行二次开发，二次开发也是专业教师理解课程标准的有力途径。

5. 课程标准的实施保障

好的理念没有运用到实践中去，最终是一纸空谈。课程标准开发的初衷是规范教学、促进教学，使职业技术教育促进社会经济发展，如果前期工作顺利完成，而在实施过程中没有相应的机制去运行与管理，课程标准对职业技术教育的影响就无法实现。

1) 政府负责组织部门进行追踪调查

由政府负责组织临时部门对实际情况进行追踪调查是一种较为可行的也能够执行的方法，可以采取电话采访、资料收集、教师会议等形式进行。调查对象从地方到学校，调查内容可以涉及教师的反馈、学校考核与社会考核的对接、地方开发课程标准的力度、新课程标准下教学的改变情况等。

2) 政府自身的责任跟进

有关部门不仅要对地方与学校的实施情况进行跟进调查，其自身的责任也要保证落实到位，如资金的使用情况、对行业与第三方责任主体的参与情况等进行调查。

3) 各方配合保证体系的良性循环

为了适应社会经济的发展变化，职业教育课程标准要不断地进行修改与完善，这样才能培养出符合市场需要的人才类型。这就要求职业教育课程标准从开发到实施再到不断的修改完善，是一个循环的过程。要保证其实施的效果，就需要各方积极配合，明确责权利，使得体系向着良性循环的方向不断发展。

3.2　电子技术专业课程标准内容框架分析

不同理念下的课程标准开发，其撰写形式也不尽相同，项目课程在职业技术教育，特别是电子技术专业的课程开发中占据着主导地位。项目课程以企业工作任务为课程设置与内容选择的参照点、以项目为单位组织内容、以项目活动为主要学习方式，设立多种考核方式作为评价方法，从教育教学实践证明，项目课程是适合职业技术教育的电子技术专业教学发展的课程模式的。因此，需要探索电子技术专业课程标准是如何从理念转变为文本形式的。

3.2.1　课程标准的设计思路编制

课程标准的设计思路应体现项目课程的思想，体现项目课程的含义与特点，把握项目课程改革的意义所在，从而发挥项目课程的作用。

1. 设计思路涵盖的内容

对课程标准的设计思路的描述是总领性的，其内容包括课程设置依据、课程目标定位、课程内容选择标准、项目设计思路、学习程度用语、学时和学分等。设计思路的叙述是一段概括性语言，不但要体现课程改革的基本原理，更要结合电子技术专业课程形成，体现该门课程所特有的思想。

建立了好的设计思路，就意味着对电子技术专业项目课程改革的深度把握与领会，对课程开发起着提纲挈领的作用。

课程设置的依据包括：①课程设置依据的原理；②课程相关行业的发展要求；③现有课程的不足；④教与学的要求。明确了课程的设置依据后，就要对课程内容选择的标准、课程内容及其特色、相关理论知识、教学方法、学时、评价方式等进行总述，这样就基本涵盖了该门课程的设计思路的所有内容，从而也就对该门课程的概况有了清晰的把握。

2. 设计思路的编写步骤

描述完整的课程标准的设计思路，要从宏观角度来把握，要以概括性的语言来描述，表 3-2 对设计思路撰写的步骤作了分析。

表 3-2　课程标准设计思路撰写的步骤

步　骤	包 含 内 容	操 作 方 法	撰写关键词
第一步	设置依据	调查校内外数据	当前技术发展的要求；岗位要求；现有课程的不足

续表

步　骤	包 含 内 容	操 作 方 法	撰写关键词
第二步	内容组织编排	以工作任务分析表中的工作任务来进行内容组织安排	工作任务分析表中的工作任务不用说出具体的工作任务名称
第三步	项目命名	整合工作任务分析表中的工作任务，形成课程的几个典型项目项目	项目名称
第四步	确定依据的原理与相关理论	课程改革的基本原理，结合理论设计教学	项目课程改革；情境理论
第五步	确定学习与评价方式	学生以活动的执行来完成项目，采取多种评价方式	活动；评价方法的名称
第六步	确定学时	参照教学标准	学时数

设计思路的撰写，应突破的角度：①电子技术专业的岗位工作任务的特点，以及由此延伸出的职业能力的特点；②目前教学中，阻碍职业能力培养的主要因素。

3.2.2　课程目标的编制

在电子技术专业的项目课程开发中，目标的确定是其中最关键的一步；没有明确的目标，课程开发就丧失了方向，也就无法使学生为未来的职业生活做好准备。一些开发者往往对课程目标不重视，仅仅把它看作为一种形式，用公式化的语言进行描述，而事实上目前职业教育课程中的许多问题，如学科化倾向，归根结底是由课程目标不明确所产生的。

1. 课程目标的分类

课程目标是指预期的课程结果，也就是通过课程学习，学生在知识、技能、态度等方面能达到的程度。

职业技术教育的课程目标由培养目标、课程目标和教学目标三部分组成。三部分目标的表述方式和对教学的指导作用均不相同，表 3-3 对三部分课程目标进行了划分，按课程目标研发要素，提供了电子技术应用专业面向电子产品制造专门化课程目标的样例。

表 3-3　课程目标的分类

研 发 要 素	培 养 目 标	每门课程的目标	教 学 目 标
开发者	课程开发者	课程开发者	教师
开发目的	为另外两个目标提供方向与依据	确定教学目标的依据	教师对课堂教学设定的目标；依此选择教学材料；规定教师教学行为
具体化程度	目标较广泛	课程计划目标的具体化	可操作的，精确的
可量化程度	不可量化	量化较困难	可量化

续表

研发要素	培养目标	每门课程的目标	教学目标
样例	掌握电子技术应用专业领域的技术基础知识和基本技能，具备较强的实际工作能力，达到电子技术应用专业中级工技能水平的生产第一线应用型技能人才(电子技术应用专业)	具备分析、组装、检测和调试功能电路的核心技能；会使用常用电子仪器仪表；初步具备识读电路图、功能电路板和分析常见电子电路的能力；具备制作和调试常用电子电路及排除故障的能力；掌握安全操作规范(电子基本电路安装与测试)	能按电子工艺流程安装电容滤波电路；能使用万用表和示波器测试滤波电路的主要参数(滤波电路的安装与测试)

在课程标准中主要应展示的是每门课程的目标，它是专业培养目标的体现(下位概念)，也是制定教学目标的依据(上位概念)。

2. 课程目标的价值取向

课程目标是一定教育价值观在课程领域的具体化。因此任何课程目标总有一定的价值取向。课程目标中比较典型的价值取向可归纳为三类：“行为目标”取向、“生成性目标”取向和“表现性目标”取向。

行为目标是以特定的外显行为方式陈述的课程目标，它指明整个课程活动结束后学生的行为变化，阐明学生应该做什么，要达到什么程度。生成性目标是在教育情景中随着教育过程的展开而生成的目标，它是问题解决的结果，是人的经验生长的内在要求。表现性目标是指学生(个体)在与具体教育情景的“际遇”中所产生的个性化表现。

三类取向的课程目标分别对学生提出了技能操作、问题解决、创新能力等方面的要求。因此，在目标表述中要体现学生做了什么，达到什么程度这些内容。近年来，对于学生的问题解决能力和创新能力也提出了一定的要求，应该添加这部分的内容，如职业素养方面的表述等。

3. 课程目标确立的依据

课程目标的确立要考虑学生成长、社会发展和职业发展等因素，而项目课程在其整个开发过程中，已经考虑了这些因素。课程标准开发中，要考虑的主要问题是根据之前所得的资料对课程目标如何进行科学的表述。

课程目标的表述需要对技能与知识内容分析进行归纳整理，因为技能与知识内容为教与学提供了非常详细的参考。课程目标(学习的尺度)的描述要求清晰、指向性强，能覆盖每门课程的主要要求，能清晰地指导专业教师的教和专业学生的学。

4. 正确表述课程目标

需要强调的是，课程目标不是简单地把课程内容罗列出来。课程目标的作用是清晰、明了地将课程要求表述出来，对教学有一个中间层次的指示作用。因此，如何从丰富的课程内容中将最主要的部分用准确的语言表述出来，就成为课程标准开发必须考虑的问题。

课程目标的确立要依据课程内容分析表来进行，分两部分描述，第一部分为总体描述，即课程在知识、技能与职业素养等方面的基本要求，第二部分要具体说明学生最终能做什么，会做什么。

课程目标的陈述有一定的方式，在职业技术教育中较常出现了解、熟悉等词语，但是这种表述比较模糊，对课程实践缺乏实质性的指导作用。为了解决这个问题，课程目标的说明一般包括活动、条件和标准三个因素。课程目标的活动要素是用来显示该做什么；条件要素用于指定在什么条件下对操作行为进行观察；标准要素是能接受的操作行为标准，用以鉴定操作行为的水平。

有时候需要对目标进行一定的分类，对目标进行分类，首先，可以避免课程目标间出现彼此排斥；其次，可以保证学习由易到难循序渐进；最后，结果评价可以采用合适的评估手段。对目标排序是有效教学及进行教学评价的前提。在对目标进行排序时，可以采用基于关系、目标分类和实际教学经验的排序法。

在实践操作中，会出现目标不明确，用词不精确，目标不可被量化等情况，为了避免这些问题的出现，要在开始编制前将这些问题理清楚，目标编制完成后，要对目标进行有效的排序，这样有利于教学的进行。

3.2.3 课程内容的编制

课程标准编制中另一项重要的内容是确定课程的知识、技能要求，即确定课程的内容。课程标准要规定的要素有很多，然而最重要、最具实质意义的是，规定课程学什么知识和技能，达到什么程度的要求。因此，课程开发者应当花费大量精力完成课程内容的开发。

按照项目课程的理念，依据企业岗位工作任务分别确定所要求的知识和技能，再确定课程内容。需要注意的是，按照项目课程开发的逻辑，应当是先确定工作任务，再确定完成工作任务所需要的职业能力，然后依据职业能力进行知识和技能分析。但在课程开发的实践中并不一定要严格按照这种逻辑路线进行，可以根据具体情况稍作调整，最后得到如表 3-4 所示的知识和技能的内容与要求。

表 3-4　课程内容分析

序号	工 作 任 务	知识内容与要求	技能内容与要求
1			
2			
3			
4			

1. 确定工作任务，分析筛选职业能力

确定课程学习的内容与要求达到的程度，要先根据工作任务与职业能力分析表来进行确定，再对职业能力进行筛选。这种操作可以保证课程标准与专业教学标准的一致性，也可以体现学校职业技术教育的特色。

职业能力是指在工作岗位上的操作技能。职业能力有四种描述：职业能力包括基本的职业能力与综合的职业能力；职业能力由专业能力、方法能力和社会能力三部分组成；职业能力是普通能力在具体任务中的体现结果；任何职业能力都是具体的、与工作任务联系的。

通过工作任务分析会，可以得出某专业(如电子技术应用专业)工作任务与职业能力分析表。然而，课程标准意味着课程开发从专业上工作过程过渡到具体课程层面，有必要进一步细化分析表，得出课程标准中最重要的内容——课程内容分析表。课程内容分析表是课程标准中最为重要的部分，其内容包括工作任务、知识内容与要求和技能内容与要求三大部分。这三部分的内容是由工作任务分析表细化得来的，因此，经过这次转化，课程标准不仅与专业教学标准相衔接，而且比专业教学标准更细化、更具可操作性。以电子技术应用专业为例，主要表现在以下两方面。

第一，在确定课程内容时，应当先确定课程要求学习的工作任务。工作任务的确定应当依据电子技术应用专业的“工作任务分析表与职业能力分析表”的内容展开，否则会产生课程标准与专业教学标准脱节的现象。工作任务的确定有两个基本要求：①编排应当明了、清晰；②应当涵盖课程定位的内容，不要有遗漏。

应特别注意的是，尽管开发所依据的思路是项目课程，但知识和技能分析所依据的不是项目，而是工作任务，在表 3-4 中并没有出现“项目”，这是因为项目设计是教学设计的一部分，内容的确定应当依据岗位的要素，即岗位工作任务。此外，工作任务的撰写要采取动词加名词的形式，如“电子元器件识别与测试”“照明、信号系统检测与排故”。

第二，无法通过教学达到的职业能力不应当纳入到课程标准中。工作任务与职业能力分析表中对职业能力的分析是全面的，但是，有些职业能力是无法通过学校教学达到的。例如，电磁干扰排除在中职学校电子技术应用专业只能有一个基本概念，其中的技能无法系统实践，难以在学校达到需要的职业能力，类似这些技能，只能到企业通过实践逐步达到。

2. 工作任务的转化与职业能力的筛选

基于以上分析，课程内容分析的第一步是工作任务的确定与职业能力的筛选，这也是关键的一步。因为技能内容与要求、知识内容与要求都是依据课程内容分析结果得出的。但是，从操作层面看并不困难，只要在这个过程中把握好基本原则，就会使结果较为科学。图 3.3 给出了转化的过程与基本原则。

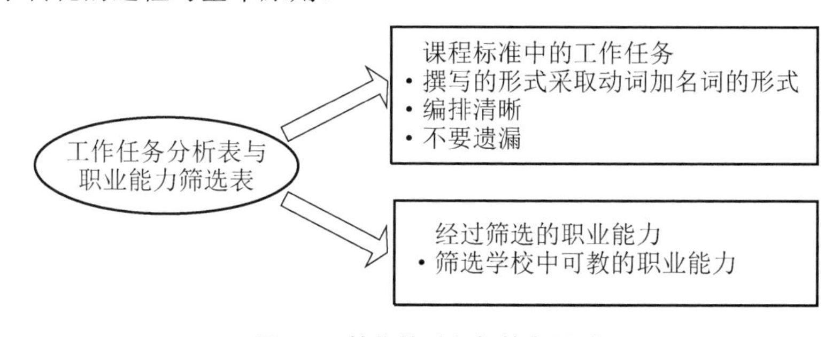

图 3.3　转化的过程与基本原则

在进行课程内容分析时，分析人员一般急于确定知识内容与要求和技能内容与要求这两部分内容。诚然，这是最主要的内容，但是这两部分内容的确定却是由工作任务与职业能力得来的，只有对其进行了科学的分析与细化，才会得出到底应该掌握哪些内容并且应达到哪种要求。

在编写过程中，还存在一些问题，例如，专业中的职业能力分析是否全面？职业学校能够培养学生哪些职业能力？学校培养的职业能力与在工作实践中培养的职业能力是否能够达到一致？工作任务与职业能力分析表中的职业能力要求是否在学校可以完成？只有经过不断的反思，对职业能力的理解才能达到更深的层次。

3. 技能内容与要求的确定

工作任务和职业能力确定后，就要对课程的技能内容做出选择，并且对应掌握的程度进行说明。技能是指肢体或智力操作，技能对应的是人的因素，指的是为完成某些事，人应具备的条件，即在什么条件下，能够把事情做到什么状态。这一步不是简单地将筛选出的职业能力直接作为技能内容，这是在课程标准的编写中应尤为注意的地方，课程专家要把握好这个关键点，要引导负责编写的教师对课程内容中技能内容的掌握与掌握的程度做出清晰的编排。合适的技能内容与要求，不仅对后续的教学内容有指示作用，同时，也是教师进行教案编写的依据，更是考核的依据。

1) 技能内容与要求的设置依据

按照技能内容与要求的要求，将被筛选出的职业能力填入“技能内容与要求”中，同时还需要对职业能力中的肢体或智力操作及其要求进行分析，所获得的分析成果便是技能。技能确定除了尽可能地防止遗漏外，还要特别注意表达出工作成果。

按照项目课程的结果论，只有表达出了工作成果，才能真正把握教学导向能力的重点状态，培养出实际能力，并有利于检验教学效果。然而许多技能表述，尽管也采取了“能做……”“会做……”的格式，从形式上看似乎提出了能力培养要求，却并没有表达出工作成果，如“能对常见模块电路进行功能分析”，它只表达出了要做什么，却没有表达出要做出什么，要达到什么要求。那么，如何修改呢？在分析技能时，课程开发者应反复对照这一要求检验所提出的技能。当然，除以结果形式表述的技能外，纯操作技能也应予以分析，如“能操作 Protel 软件绘制 PCB 图”，所分析的技能应当是课程学习的技能。

2) 技能内容与知识内容的联系

科学细致的技能分析不仅使得教学有针对性，并且也是知识内容与要求的主要参考来源，为了避免出现理论与实践脱节的现象，必须要强调知识来源于技能，即先确定要求学生会做什么，然后根据会做什么来确定要求学生知道什么。

3) 技能表述中的因素

技能内容与要求的表述看似简单，实则复杂，它包含了以下一些因素。

(1) 条件：即人是在什么条件下做这些任务的，例如，采用哪些工具，在什么环境下完成。

(2) 动作表述：如操作、采集、挑选、安装、检测、排除等。

(3) 结果：没有结果的行为活动只是机械的动作，每一条都要表述出工作成果。

例如，通过阅读原理图，能使用万用表检查 PCB 中的短路线与断路线，并能进行简单修复。

4) 技能内容与要求的撰写

技能内容与要求的撰写不是简单的“能做”“会做”的叠加，简单的表述中实际上包含了很多因素，在撰写过程中要注意这些因素，可使课程内容与要求具有科学性与指导性。技能表述的注意因素见表 3-5。

表 3-5　技能表述的注意因素

步　骤	要　求	方　法	易 错 点	样　例
第一步：进行技能分析	技能分析应细致、深入	从多方面确定任务对技能的要求	没有清楚地表达出对技能的要求，对教材编写和教学的指导价值受限	“能进行电源系统检测与排故”这种表述不对。应分解为：①能指认电源系统元件；②会使用电源检测仪器；③能识读典型电源系统电路图；④会检测电源系统主要零部件；⑤能编制故障排除流程图；⑥能运用检测仪器诊断并排除故障；⑦会填写维修过程记录表
第二步：分析技能的条件	要表述出该技能的表现条件	关注该技能操作的过程	简单的表述出要做什么，对其具体条件不加以限制	“能绘制给定的电路原理图”与“能操作 Protel DXP 软件绘制给定的电路原理图”的区别就在于后者说明了该技能是采用一种新的软件完成的
第三步：分析操作专用词汇	能反映出企业、行业的从业人员要做的事，并且必须是能普遍接受的术语	关注技能操作的过程	与专业内容不相符	常用词汇：①基本操作类。常见动词有操作、采集、配置、标定、使用、挑选、估算、计算等。②调试维护类。常见动词有连接、调整、调试、维护、安装等。③资料处理类。常见动词有阅读、摘录、寻找、编制、分析等。④问题解决类。常见动词有设计、诊断、排除、选择、布置等。⑤管理组织类。常见动词有计划、组织、管理、指导、协调、监控等
第四步：分析技能的标准	技能需要掌握到什么程度	与国家职业资格标准相挂钩	对熟练、熟悉等词语的随意使用容易使学生误判教学中各知识点的重要性	“能在规定的时间内完成 20 个元件电路的装配与焊接”与“能在规定的时间内准确地完成 20 个过孔元件的装配与焊接，不良焊点不超过 2 个”的区别在于后者充分体现了学习者应达到的程度
第五步：表述出技能的结果	要求技能的表述展示出成果(产品服务)	条件要素齐全	格式正确，却没有结果	“能对负反馈电路的类型进行判断”与“能根据不同特征的电路判断反馈的类型，分析其交直流的主要性能指标”的区别在于后者不仅表达出了要做什么，而且表达出了要做出什么，要达到什么程度

4. 知识内容与要求的确定

技能内容与要求确定后，下一步要逐条针对每条技能确定要获得这条技能学习者应当“知道”的内容，即知识内容及其要求。知识分析过程中，不要简单地剪裁原有的学科知识，要完全依据技能形成对知识进行分析，否则，项目课程开发也就失去了其原有的意义。

1) 项目课程知识的划分

项目课程的知识可划分为实践知识和理论知识。实践知识指完成某工作任务必须具备的应用知识，如操作步骤、工艺、工具设备名称等。理论知识指完成该工作任务必须具备的解释性知识，用于解释“为什么要这样操作”。

2) 项目课程知识的选择标准

教学过程中教师要讲解的主要知识点，均应清楚地表达出来。知识内容应当大于等于技能形成对知识的要求，即一方面所确定的知识应能完全满足技能形成对知识的需要，另一方面可以在此基础上对知识有所扩充，让学生获得更加全面的知识。知识分析过程中，尤其要注意对实践知识的分析，如图样的标注方法、各种资料的格式、工具的使用方法等。

3) 项目课程知识的掌握程度

用了解、熟悉和理解这三种水平来描述对知识的要求。了解指对知识有基本印象，讲过或演示过，但不要求学生熟记的知识，且不要求作为考核内容。熟悉指能熟练记住所学习过的知识，能把它们熟练地复述出来。理解指能把握事物运行的原理，或者进行特定技术操作的理由。不能用“相关知识”“基础知识”等概念来表达知识内容，“……概述”“……导论”等表述方式则是更加要避免的，应当仔细地列出每条知识内容，并根据技能形成要求、教育层次和学时容量，认真甄选每条知识。

4) 知识内容与要求的撰写

知识内容与要求的撰写要根据技能内容逐条分析，并不是简单的文字转换，表 3-6 对撰写中的注意因素进行了分析，表中从知识内容要求、方法和步骤解释了撰写的过程，这样形成的知识内容与要求就具有了科学性与指导性。

表 3-6 知识内容与要求的注意因素

步　骤	要　求	方　法	易 错 点
第一步：根据技能内容逐条分析	知识内容应大于等于技能形成对知识的要求	分析技能，确定获得这条技能应当“知道”的内容——知识内容与要求	知识分析不全面
第二步：确定知识掌握的不同程度	准确表达出对学习者的要求	熟悉三种掌握程度的用语“了解”“理解”“熟悉”	不熟悉常用词汇的表达；对用语使用不当
第三步：判断是否已经涵盖理应掌握的知识	以学生真正达到岗位要求为准则	不断反思是否达到要求，还有哪些欠缺，欠缺的原因是什么	知识分析较浅

课程内容分析中，除知识内容和技能内容外，还有一项重要内容，即职业素养。职业

素养指在职业道德、职业规范等方面对从业人员的要求。要培养合格的职业人才，职业素养是不可缺少的，在学生就业中，职业素养的重要性已成为共识。职业素养分析也是课程标准开发中的一个难点，课程开发者往往只能描述一些共同的、具有普遍性的职业素养，如团队合作、爱岗敬业、规范操作等，却描述不出专业所特有的职业素养，而在描述各门课程的具体素养要求时则更感困难。若只有普遍性描述，那么教学中将难以真正落实职业素养的培养。

3.2.4　实施建议的编制

良好的课程理念是否能促进职业教育发展，增强学生职业能力，其关键是在课程实施的环节中是否真正地将项目课程的要求融入进去。项目课程实施过程的几个关键环节如下。

1. 教材的编写

课程标准是教材编写的依据，因此在教材编写的过程中要强调必须依据每门课程标准编写教材，并建议教材内容的呈现方式、文字表述要求等。

2. 教学方法的改革

传统课程中，教师教学方法以讲授法为主，即使是实训课教学也把重点放在教师的讲解和演示上，学生的操作仅仅是对理论知识粗略的尝试，很难形成完整的职业能力。职业教育项目课程的发展，突出工作实践，注重学生的自主学习。因此，教师需要探讨相应的教学方法，才能真正发挥项目课程的效果，并根据项目情况综合运用各种教学方法。教学方法建议要体现各课程在教学方法上的特殊性。

3. 课程评价方式的探索

传统的教学评价多采取终结性评价，这种评价方式忽视了学习过程，使得学生不能真正完全掌握需要的知识，而采用项目教学后，更应该结合学生在完成一个任务或者完成一个典型产品后，就进行评价，以检验是否真正地学会了这项任务所需的职业能力，项目教学要采取多种评价方式，评价通常要突出阶段评价、目标评价、理论与实践一体化评价。

4. 积极开发教学资源

教学资源指教学所需要的所有材料、手段、器具、设备、场地等的总和，师资属于教学资源，甚至学生现有的知识结构也可看作教学资源，因此教学资源是个范围非常宽广的概念。项目课程作为一种以实践为核心的课程模式，其实施需要丰富的教学资源加以支持，包括相关教辅材料、实训指导手册、信息技术应用、工学结合、网络资源、仿真软件等。

为了更清晰地说明课程体系的形成与课程标准的开发，以下两节给出了面向电子制造业的电子技术应用专业的课程体系案例与主要课程的课程标准案例。

3.3 面向电子制造业的课程体系案例

以某中职校开发的教学标准，阅读材料，分析中等职业教育的电子技术应用专业的课程体系。

电子技术应用专业教学标准(节选)

1. 培养目标

本专业培养德、智、体、美、劳等全面发展，具有良好的思想品德和职业道德，面向电子应用技术产业的制造、服务与管理第一线，掌握一定的专业理论知识、具有较强的实践能力；具备电子产品分析测试、工艺设计和生产管理能力；电子产品组装、维护、维修、销售和制造能力；并具有一定的综合素质，能够通过职业培训、继续教育、自学等继续学习的渠道达到各方面要求的技术应用性人才，能顺利地从事电子应用的相应岗位就业。学生通过本专业的学习训练，能够获得计算机操作证、电路CAD绘图证、电子产品装配工等岗位证书。

2. 职业面向及职业能力要求

主要就业单位：电子产品制造企业及相关行业。

主要就业部门：生产部门；调试、检测部门；质检部门；维修部门；营销部门等。

可从事的工作岗位：电子产品装配、电子产品质量检测、电子产品维修、电子产品营销等。

(1) 职业能力分析(表3-7)。

表3-7 职业能力分析

序号	核心工作岗位及相关工作岗位	岗位描述	专业职业能力要求
1	电子产品装配	能根据装配图对零部件、电器元件进行装配；熟悉产品安装工艺和生产流程；能够熟练掌握电子产品元器件的焊接，能够处理生产上产品调试的简单问题	电路图的识读能力；元器件测量能力；元器件的识别能力；手工焊接能力；计算机操作能力；仪器仪表的操作使用能力；元器件的分拣与插装能力；波峰焊设备的操作能力
2	电子产品质量检测	能根据质量标准和检测工艺、运用检测设备、工具软件等对一般电子产品进行质量检测，并形成检测报告	电路图的识读能力；元器件测量能力；元器件的识别能力；检验仪器使用与维护能力；产品质量的检验与鉴别能力；数据分析软件的使用能力；检测报告编写能力
3	电子产品调试	质检要求的工作任务； 熟悉调试所需仪器及调试方法，根据原理图及产品调试说明书对设备进行安装、调试	电路图的识读能力；元器件测量能力；元器件的识别能力；仪器仪表的操作使用能力；手工焊接能力；电子产品检验与调试能力；电路的分析与计算能力；电路故障的分析与处理能力；计算机操作能力；成本核算与控制能力；维修报告编写能力；技术培训能力

续表

序号	核心工作岗位及相关工作岗位	岗 位 描 述	专业职业能力要求
4	电子产品维修	电路识图，询问故障，目测，通过仪器分析故障现象及原因并检修，整机测试记录	元器件的识别能力；计算机操作能力；设备调试能力；产品加工能力；观察力、想象力、判断力

(2) 能力结构总体要求(表 3-8)。

表 3-8　能力结构总体要求

专 业 能 力	社 会 能 力	方 法 能 力
专业知识与技能(识别、挑选和使用常用电子元器件、工具、检测仪器及焊接印制板等基本操作能力)； 知识、技能的运用与创新能力(单元电子电路的分析和测试能力；安装与调试电子、电器整机的能力；家用电器的安装、调试和维修能力)； 工作工具使用能力(万用表、示波器、电容器、电桥等的原理、结构及使用方法；波峰焊等设备的操作与使用)； 与工作岗位相关的法规、条例运用能力(了解相关法律法规，各种生产设备和生产过程的安全操作规范、环保规范)	团队协作能力、人际交往能力(具有团队协作精神和较强的协调能力及独立工作的能力)； 自信心(能够自己独立处理问题，在面对困难的时候能够克服)； 社会责任心(具有社会主义和共产主义的理想信念，具有改革开放的意识和强烈的竞争意识)； 法律意识(具有良好的行为规范和社会公德及较强的法制观念； 职业道德具(有良好的职业道德和质量服务意识)	再学习能力(具有不断学习、不断创新的进取精神，具有健康的体魄和良好的心理素质)； 自我控制与管理能力(能严格要求自我，处理事情具有条理性)； 做决定和计划的能力(具有策划的能力，能够在执行之前做好详细的计划，有一定的管理能力)； 评价(自我、他人)能力； 时间管理能力； 职业生涯规划能力； 资料查找能力

(3) 资格证书要求(表 3-9)。

【参考图文】

表 3-9　资格证书要求

分　　类	资格证书名称	颁 证 单 位	等　　级
英语	中等学校英语应用能力考试证书	省教育考试中心	一级以上
计算机	中等职业学校计算机应用能力考试	省教育考试中心	一级以上
核心岗位资格证书	电子产品维修工	省劳动厅	初、中级

3. 典型工作任务及其工作过程

典型工作任务及其工作过程见表 3-10。

表 3-10　典型工作任务及其工作过程

序号	典型工作任务	工 作 过 程
1	电子产品装配	识图→选取元器件→元器件检测→元器件组装→焊接
2	电子产品质检	识读工艺文件→电路检测→调试
3	电子产品调试	调试产品准备工作(接线、连接仪器等)→外观直观检查→测试关键点→记录数据
4	电子产品维修	询问送检人员故障现象→目测→拆装→观察故障现象→分析故障原因→确定故障范围→测试关键点→排除故障→整机测试→记录维修日志

3.4　课程教学标准案例

此案例选取了浙江省中等职业学校电子技术应用专业教学指导方案中的项目课程标准，以“电子基本电路安装与测试”“Protel 2004 项目实训及应用”与“电子技术综合应用”的课程标准为例。

可从事的工作岗位：电子产品装配、电子产品质量检测、电子产品维修、电子产品营销等。

电子基本电路安装与测试课程标准

一、课程名称：电子基本电路安装与测试

二、适用专业：三年制中等职业学校电子技术应用专业

三、学时：238

四、学分：14

五、设计思路

本课程是中等职业学校应用电子技术专业的一门专业核心课程。本课程的目的和任务是通过学习和实践，使学生实际接触常用电子元器件、电子材料及常用功能电路的组装与调试；掌握常用功能电路的工作原理；了解电子工艺的一般知识；学会基本的焊接、组装技能；熟悉电子工艺的基本流程和管理知识；对学生进行职业意识培养和职业道德教育，提高学生的综合素质与职业能力，增强学生适应职业变化的能力，为学生职业生涯的发展奠定基础。

六、课程目标

具备分析、组装、检测和调试功能电路的核心技能；初步具备查阅电子元器件手册和合理选用元器件的能力；会使用常用电子仪器仪表；了解电子技术基本单元电路的组成、工作原理及典型应用；初步具备识读电路图、功能电路板和分析常见电子电路的能力；具备制作和调试常用电子电路及排除故障的能力；掌握电子工艺实训，安全操作规范。培养运用电子技术知识和工程应用方法解决生产生活中相关实际电子问题的能力；强化安全生产、节能环保和产品质量等职业意识，养成良好的工作方法、工作作风和职业道德。

七、教学内容

具体的教学内容见表 3-11。

表 3-11　电子基本电路安装与测试课程教学内容

教学项目	任　　务	技能要求	知识要求	参考学时(238)
项目 1：单相整流滤波电路的安装与测试	任务 1：单相半波整流电路的安装与测试	学会元器件的成型与插装技术； 能进行手工焊接； 能安装、测试单相半波整流电路	明确电子元器件的成型标准； 知晓手工焊接工艺要求； 能绘制单相半波整流电路、分析其工作过程、估算其相关参数	9
	任务 2：单相桥式整流电路的安装与测试	能安装、测试单相桥式整流电路	能绘制单相桥式整流电路、分析其工作过程、估算其相关参数	8
	任务 3：滤波电路的安装与测试	会按工艺流程安装电容滤波电路； 能测试滤波电路的主要参数	能识读相关的技术文件； 会分析滤波电路的工作过程	8
项目 2：小信号放大电路的安装与测试	任务 1：函数信号发生器常用的输出波形调节	会调节函数信号发生器常用输出波形	掌握函数信号发生器的面板结构及用途	6
	任务 2：基本放大电路的安装与测试	能安装、焊接基本放大电路； 能测试基本放大电路的参数	能用估算法分析基本放大电路的静态工作点； 掌握基本放大电路的动态分析法	9
	任务 3：分压式偏置放大电路的安装与测试	能安装、焊接分压式偏置电路； 能测试分压式偏置电路的参数； 能调整分压式偏置放大电路的失真	能估算放大电路的相关参数； 能分析放大电路的失真	10
项目 3：集成放大电路的安装与测试	任务 1：反相输入比例运算电路的安装与测试	能插装、焊接集成电路； 会安装、检测和调试反相输入比例运算电路	能根据反相输入比例运算电路的特点、功能进行相关电路分析	6
	任务 2：同相输入比例运算电路的安装与测试	会安装、检测和调试同相输入比例运算电路	能根据测试数据，分析同相输入比例运算电路的功能和特点； 能应用同相输入比例运算电路的特点、功能，分析相关电子电路的工作原理	7

续表

教学项目	任务	技能要求	知识要求	参考学时(238)
项目3：集成放大电路的安装与测试	任务3：加法运算电路的安装与测试	会安装、检测和调试加法运算电路	能根据测试数据，分析加法运算电路的功能和特点； 能应用加法运算电路的特点、功能，分析相关电子电路的工作原理	6
	任务4：减法运算电路的安装与测试	会安装、检测和调试减法运算电路	能根据测试数据，分析减法运算电路的功能和特点； 能应用减法运算电路的特点、功能，分析相关电子电路的工作原理	6
项目4：稳压电源电路的安装与测试	任务1：稳压二极管并联型稳压电源电路的安装与测试	能按工艺流程安装与测试稳压二极管并联型稳压电源电路	会分析稳压二极管并联型稳压电源电路的工作过程	8
	任务2：晶体管串联型稳压电源电路的安装与测试	会安装与调试晶体管串联型稳压电源电路； 会分析、检测、排除晶体管串联型稳压电源的常见故障	熟悉晶体管串联型稳压电源电路的组成； 会分析晶体管串联型稳压电源电路的工作过程	8
	任务3：集成稳压电源电路的安装与测试	能识别三端集成稳压器的引脚； 会安装、测试集成稳压电源电路	能识读集成稳压电源电路图，熟悉其典型应用电路； 会分析开关型稳压电源电路的结构框图	9
项目5：功率放大电路的安装与测试	任务1：OTL功率放大电路的安装与测试	会调试OTL功率放大电路的静态工作点； 能测试功率放大电路的性能指标	能识别OTL功率放大电路	10
	任务2：TDA2030集成功率放大电路的安装与测试	能应用TDA2030组装功率放大电路； 会调试集成功率放大电路和测试其性能指标	能识别OCL功率放大电路，了解其工作原理	12
项目6：简单逻辑门电路的安装与测试	任务1：数字信号的认识	会使用Matlab软件；能识别数字信号处理品	认识数字信号； 了解数字信号的进制关系； 学会数字信号的逻辑运算方法	6
	任务2：74系列集成门电路逻辑功能的测试	掌握74系列集成门电路的逻辑功能测试方法	认识基本逻辑门电路及原理； 认识组合逻辑门电路及原理； 能进行逻辑门电路的化简	8

续表

教学项目	任　务	技能要求	知识要求	参考学时(238)
项目 6：简单逻辑门电路的安装与测试	任务 3：逻辑笔的制作与测试	能对数字集成电路进行成型与插装，并能进行手工焊接； 能完成逻辑笔的制作和调试	掌握数字集成电路的成型标准和手工焊接的工艺要求； 会分析逻辑笔电路的工作原理	8
项目 7：组合逻辑门电路的安装与测试	任务 1：编码电路的安装与测试	能利用 74LS148 集成芯片制作 8 线-3 线编码电路	了解编码器的编码原理； 认识典型集成编码电路	8
	任务 2：译码显示电路的安装与测试	学会使用典型集成译码电路及译码显示器	了解译码电路的基本功能； 了解常用典型集成译码电路功能	8
	任务 3：三人表决器的安装与测试	学会安装电路、实现逻辑功能	学会根据功能要求设计逻辑电路的方法	9
项目 8：简单时序逻辑电路的安装与测试	任务 1：基本 RS 触发器的安装与测试	能安装与测试基本 RS 触发器	了解基本 RS 触发器的逻辑功能； 掌握触发器的功能描述方法	8
	任务 2：JK 触发器的安装与测试	能正确使用常用触发器	掌握常用触发器的基本功能； 了解典型集成触发器电路的引脚功能	8
	任务 3：四路抢答器的安装与测试	能制作四路抢答器，并掌握时序逻辑电路的应用	了解时序逻辑电路的分析方法	9
项目 9：复杂时序逻辑电路的安装与测试	任务 1：顺序脉冲发生器的安装与测试	能安装与测试顺序脉冲发生器，掌握几种常见寄存器的应用方法	了解基本寄存器的构成、逻辑电路图； 学会基本寄存器工作过程的分析方法	6
	任务 2：五进制计数器的安装与测试	能安装与测试五进制计数器，学会使用集成计数器的方法	了解基本计数器的电路构成； 掌握计数器的工作原理	8
	任务 3：秒计数器的安装与测试	学会秒计数器安装与测试的方法	掌握计数器和译码显示电路的工作原理和应用方法； 能识读较复杂的时序逻辑电路	8
项目 10：555 时基电路的安装与测试	任务 1：单稳态触发器的制作与测试	学会判断 555 时基电路的质量； 学会用 555 时基电路制作单稳态触发器和对电路进行测试	了解 555 时基电路的外形和工作原理； 掌握 555 单稳态触发器的工作原理和特点	5
	任务 2：多谐振荡器的安装与测试	掌握 555 时基电路构成的多谐振荡器的安装与测试方法	了解 555 时基电路构成的多谐振荡器的工作原理和特点	5

续表

教学项目	任　务	技能要求	知识要求	参考学时(238)
项目10：555时基电路的安装与测试	任务3：施密特触发器的安装与测试	通过施密特触发器的安装与测试，了解施密特触发器的功能	了解施密特触发器的工作原理和特点	4
	任务4：数字时钟的安装与测试	学会识读数字时钟电路图； 能够使用Protel软件绘制原理图、设计PCB图； 学会数字时钟电路的安装与测试	了解如何用数字集成电路实现计时； 了解基准脉冲电路的工作原理； 了解译码器显示电路的工作原理； 了解时间校正电路的工作原理	8

八、教材编写建议

教材编写应以本课程标准为基本依据。

(1) 应体现以就业为导向、以学生为本的原则，将典型功能电路的装配与调试和生产生活中的实际应用相结合，注重实践技能的培养，注意反映电子技术领域的新知识、新技术、新工艺和新材料。

(2) 应符合中职学生的认知特点，努力提供多介质、多媒体、满足不同教学需求的教材及数字化教学资源，为教师教学与学生学习提供较为全面的支持。

(3) 建设一支能够适应以就业为导向、实施理实一体化教学的高素质“双师型”教师队伍。

九、教学方法与建议

(1) 以学生发展为本，重视培养学生的综合素质和职业能力，以适应电子技术快速发展带来的职业岗位变化，为学生的可持续发展奠定基础。教学过程中，应融入对学生职业道德和职业意识的培养。

(2) 坚持“做中学、做中教”，积极探索理论和实践相结合的教学模式，综合运用项目教学等多种教学方法，使电子技术基本理论的学习和基本技能的训练与生产生活中的实际应用相结合。

(3) 通过功能电路装配与调试等，提高学习兴趣，激发学习动力，掌握相应的知识和技能，学会查阅相关资料，学会分析典型功能电路，并能运用到生产生活实践中。

(4) 学校可根据自身条件和当地区域经济特点，积极开发符合本课程标准的教学项目，体现自身特色。

十、教学资源开发

(1) 为激发学生学习兴趣，应创设形象生动的工作情境，尽可能采用现代化教学手段，制件和收集与教学内容配套的多媒体课件等，加深学生对知识和技能的理解和掌握。

(2) 教学活动应在理论与实践一体化教学场所进行，一个学生一个工位。

(3) 发挥网络资源的作用，充分利用网络信息资源。

十一、评价方法与建议

(1) 考核与评价要坚持结果评价和过程评价相结合，定量评价和定性评价相结合，教师评价和学生自评、互评相结合，使考核与评价有利于激发学生的学习热情，促进学生的发展。

(2) 考核与评价要根据本课程的特点，改革单一考核方式，不仅关注学生对知识的理解、技能的掌握和能力的提高，还要重视规范操作、安全文明生产等职业素质的形成，以及节约能源、节省原材料与爱护工具设备、保护环境等意识与观念的树立。

《Protel 2004 项目实训及应用》课程标准

一、课程名称：Protel 2004 项目实训及应用

二、适用专业：三年制中等职业学校电子技术应用专业

三、学时：93

四、学分：6

五、设计思路

本课程是中等职业学校应用电子技术专业的一门专业核心课程。本课程的任务是使学生掌握应用电子技术专业必备的 Protel 应用基础知识和基本技能，具备分析和解决生产的实际问题的能力，具备学习后续专业核心课程的能力；对学生进行职业意识培养和职业道德教育，提高学生的综合素质与职业能力，增强学生适应职业变化的能力，为学生职业生涯的发展奠定基础。

课程完全采用项目教学的方法，贯彻“做中学，做中教”的理念，学习如何使用 Protel 2004 DXP 软件进行原理图设计和 PCB 设计。本教材共 13 个项目，将涉及的 Protel 2004 DXP 基础知识、原理图设计、PCB 设计、原理图库设计、PCB 封装库设计等内容分解后有机地融入相应的项目中。

六、课程目标

会熟练识读常用电子电路原理图，识读电子工艺图；会熟练应用 Protel 软件，绘制常用电子电路原理图，设计 PCB 图。

结合生产生活实际，熟练应用 Protel 软件，培养学习兴趣，形成正确的学习方法，有一定的自主学习能力；通过参加 Protel 操作实践活动，培养运用电路基础知识和工程应用方法解决生产生活中相关实际问题的能力；强化安全生产、节能环保和产品质量等职业意识，养成良好的工作方法、工作作风和职业道德。

七、教学内容

具体的教学内容见表 3-12。

表 3-12　Protel 2004 项目实训及应用课程教学内容

教 学 项 目	任　　务	知识、技能要求	学时 (93)
项目 1：熟悉 Protel 软件	任务 1：了解 Protel 的组成与作用 任务 2：简单操作 Protel 软件 任务 3：熟悉 Protel 界面 任务 4：设计 PCB 准备工作	(1) 了解 Protel 的组成及作用； (2) 会启动、关闭软件，会对软件设置中文操作环境； (3) 熟悉软件的操作界面； (4) 会为 PCB 设计做准备工作； (5) 了解项目文件、原理图文件和 PCB 文件的关系	10
项目 2：整流滤波电路原理图绘制	任务 1：完成准备工作 任务 2：放置二极管器件 任务 3：放置电容器 任务 4：放置接插件 任务 5：放置导线	(1) 熟悉原理图编辑界面； (2) 会创建项目及项目中文件的保存； (3) 会打开、关闭、切换文件； (4) 会对元器件进行操作，包括选中、拖动、放置、旋转、翻转、删除、复制、剪切、粘贴等； (5) 会加载、删除元件库的操作，会对导线进行放置、删除、拉长、转弯等操作； (6) 会对图纸进行放大、缩小、移动等操作	10
项目 3：直流稳压电路原理图绘制	任务 1：完成准备工作 任务 2：放置元器件 任务 3：放置导线 任务 4：修改元器件属性	(1) 了解改变导线线型的方法； (2) 熟练放置原理图元器件； (3) 会对元器件属性(标识符、注释)进行修改	10
项目 4：三角波、方波发生器电路原理图绘制	任务 1：完成准备工作 任务 2：设置原理图图纸 任务 3：放置元器件 任务 4：修改元器件属性 任务 5：电路的电气连接 任务 6：文字编辑	(1) 会对图纸的图幅、颜色、边框、字体、各种网格、标题框等进行设置； (2) 会用电源、接地符号进行电气连接； (3) 会用网络标号进行电气连接； (4) 会字符串、文本框的编辑与放置； (5) 会查找、使用没有加载的元件库中的元件； (6) 会使用多组件元件	10
项目 5：单片机电路原理图绘制	任务 1：完成准备工作 任务 2：放置元器件 任务 3：电路的电气连接 任务 4：修改元器件属性 任务 5：全局编辑	(1) 会用调整工具对元器件进行对齐、等距分布等操作； (2) 会用总线放置进行电气连接的操作； (3) 会用全局编辑的方法修改元器件(标识符、注释、封装等)的属性	5

续表

教学项目	任　务	知识、技能要求	学时(93)
项目 6：PCB 设计初步	任务 1：完成准备工作 任务 2：完成原理图绘制 任务 3：了解实际 PCB 任务 4：熟悉 PCB 编辑窗口 任务 5：设计电路的 PCB 图 任务 6：元器件的封装	(1) 了解 PCB 的相关知识及其与软件 PCB 设计界面的关系； (2) 会把原理图电路的信息导入到 PCB 设计界面中； (3) 会手工布局 PCB； (4) 会利用软件进行自动布线； (5) 熟悉元器件的封装	8
项目 7：直流稳压电源电路的 PCB 设计	任务 1：完成准备工作 任务 2：完成原理图的绘制 任务 3：设计电路的 PCB 图	(1) 会修改元器件的封装； (2) 会调整元器件引脚的编号； (3) 会对布线层面进行设置； (4) 会对布线的宽度进行设置； (5) 了解布线的基本规则	5
项目 8：三角波、方波发生器电路的 PCB 设计	任务 1：完成准备工作 任务 2：完成原理图的绘制 任务 3：设计电路的 PCB 图 任务 4：生成材料清单	(1) 会进行 PCB 编辑区域的调整； (2) 会对已布导线进行修改； (3) 会安全距离的设置； (4) 会放置安装孔和尺寸标注； (5) 会生成材料清单； (6) 会对 PCB 覆铜	10
项目 9：自建集成元件库	任务 1：完成建立集成元件库的准备工作 任务 2：建立电解电容器原理图库 任务 3：建立电解电容器的封装库 任务 4：建立电解电容器的集成元件库	(1) 会建立、保存集成元件库项目； (2) 会建立、保存原理图库； (3) 会建立、保存 PCB 库； (4) 会建立电容器的原理图库、PCB 库； (5) 会完成自建的集成元件库集成	5
项目 10：自建 LM324 集成元件库	任务 1：建立 LM324 原理图库 任务 2：建立 LM324 封装库 任务 3：建立 LM324 集成元件库	(1) 会建立多组件原理图库； (2) 会在自建集成元件库中增加新的元件封装库； (3) 会采用复制的方法构建元件封装	5
项目 11：自建 AT89C51 集成元件库	任务 1：建立 AT89C51 原理图库 任务 2：建立 AT89C51 封装库 任务 3：建立 AT89C51 集成元件库	(1) 会对已有的集成元件库抽取源； (2) 会利用抽取源中的原理图库构建新的原理图库； (3) 会用元器件向导建立 DIP 封装库	5
项目 12：自建继电器集成元件库	任务 1：建立继电器原理图库 任务 2：建立继电器封装库 任务 3：建立继电器集成元件库	(1) 会重置坐标原点； (2) 会利用系统坐标确定图元位置及间距； (3) 会用手工绘制 PCB 封装； (4) 会用测量距离工具检查封装的尺寸、间距	5

续表

教学项目	任　务	知识、技能要求	学时(93)
项目 13：综合练习	任务 1：自建元件库 任务 2：完成 PCB 项目准备工作 任务 3：完成原理图绘制 任务 4：完成 PCB 图绘制 任务 5：完成后期工作	(1) 会把独立文件调整至项目文件； (2) 会建立多封装的元件库； (3) 会生成项目集成库	5

八、教学方法与建议

(1) 本课程教学过程中应立足于加强学生实际操作能力的培养，采用项目教学，通过任务驱动型项目提高学生的学习兴趣。

(2) 本课程教学过程中的关键是“教”与“学”互动，教师示范，学生提问，教师解答与指导，使学生通过实践操作过程来掌握原理图的绘制与 PCB 图的设计方法和技巧。

(3) 要创设工作情境，加强操作训练，紧密结合国家职业技能资格证书的考核来开展教学。

(4) 在教学过程中，应充分利用多媒体等辅助教学手段，帮助学生掌握绘制和设计方法。

(5) 在教学过程中应以学生发展为本，重视培养学生的综合素质和职业能力，以适应电子技术快速发展带来的职业岗位变化，为学生的可持续发展奠定基础。

(6) 建议教师从学生实际出发，因材施教，引导学生通过学习过程的体验或应用电路的制作，充分调动学生对本课程的学习兴趣，掌握相应的知识和技能。

九、教学条件

应组建 Protel 应用与 PCB 制作实习(实训)室，配备一定数量的计算机、Protel 正版软件、雕刻机或制板机等。

十、课程资源开发与建议

(1) 为激发学生学习兴趣，应创设形象生动的工作情境，尽可能采用现代化教学手段，制件和收集与教学内容配套的多媒体课件等，加深学生对知识和技能的理解和掌握。

(2) 教学活动尽量在理论与实践一体化教学场所进行，一个学生一个工位。

(3) 发挥网络资源的作用，充分利用网络信息资源。

十一、评价方法与建议

(1) 考核与评价要坚持结果评价和过程评价相结合，定量评价和定性评价相结合，教师评价和学生自评、互评相结合，使考核与评价有利于激发学生的学习热情，促进学生的发展。

(2) 考核与评价要根据本课程的特点，改革单一考核方式，不仅关注学生对知识的理解、技能的掌握和能力的提高，还要重视规范操作、安全文明生产等职业素质的形成，以及节约能源、节省原材料与爱护工具设备、保护环境等意识与观念的树立。

电子技术综合应用课程标准

一、课程名称：电子技术综合应用

二、适用专业：三年制中等职业学校电子技术应用专业

三、学时：130

四、学分：8

五、设计思路

本课程针对中等职业学校学生的实际情况，通过典型教学项目的学习，使学生懂得电子产品制造的一般过程，了解现代电子技术新技术、新工艺、新器件的最新发展和最新应用，学会结合生活实际问题，分析、设计、安装、调试电子电路。通过本课程 7 个教学项目的学习，使学生进一步掌握电子产品的安装、调试和检测等核心技能，同时掌握单片机、传感器、集成运算放大器、无线遥控等知识。切实提高学生分析和解决生产、生活中的实际问题的能力，提高专业技能，提高综合素质与职业能力，为学生职业生涯的发展奠定坚实的基础。

依据各学习项目内容总量及在该门课程中的地位分配各学习项目的学时数。具体教学时先后顺序可根据实际情况做适当调整。

六、课程目标

本课程是电子技术应用专业核心技能课，课程要求实施项目教学法，根据实施项目教学法的具体要求，精心设置了“音频功放电路”“三角波、方波发生器”“单片机车位提示器”“无线传感隧道栏杆电路”“线圈绕线机计数器”“红外线电扇遥控器”“电子产品制造技术”7 个项目，将传感器技术、数字电子技术、单片机技术、电子产品制造装配工艺等知识有机地融合到项目的教学过程中。通过设置现实场景，合理导入项目提出、项目目标、项目分析，从而提出方案、拟定措施、小结评价等教学过程，使学习过程贴近工程实际，具有实践性，并且可以使学生具备根据工艺文件进行电子产品的组装、调试和检测等核心技能，掌握电子产品生产的安全操作规范。强化学生安全生产、节能环保和产品质量等职业意识，养成良好的工作方法、工作作风和职业道德。

在教学过程中，以学生为中心，学生在教师的指导下自主学习，教师只起指导作用，项目任务由学生独立完成(或学生间合作完成)。通过激发学生的学习主动性和学习热情，培养学生的学习方法、相互合作精神和专业的工作方法。最终达到培养学生的综合能力的目的。

七、教学内容

具体的教学内容见表 3-13。

表 3-13 电子技术综合应用课程教学内容

教学项目	任　务	技能要求	知识要求	学时(130)
项目 1：音频功放电路	任务 1：电路的设计与安装	(1) 能使用 Protel 软件绘制电路原理图和 PCB 图； (2) 按图样指定位置、孔距插装、焊接各元器件； (3) 完成对电路的外观检查	理解音频功放电路工作原理	20
	任务 2：音频功放电路的调试	(1) 学会用万用表测电压、电流、电阻等参数，并判断电路功能是否正常； (2) 通过调试，使音频功放电路的功能正常	理解用万用表测电压、电流、电阻等参数的物理意义	
	任务 3：电声基础	了解扬声器与音箱的种类，学会合理选择使用扬声器与音箱	(1) 了解声音的产生过程，理解音量、音调和音色的含义； (2) 理解立体声的形成过程，掌握音频功率放大器的工作过程和技术要求	
项目 2：三角波、方波发生器	任务 1：电路的设计与安装	(1) 根据项目技术要求电路完成原理图的设计； (2) 按图样指定位置、孔距插装、焊接各元器件； (3) 完成对电路的外观检查	理解三角波、方波发生器的工作过程	20
	任务 2：三角波、方波发生器的调试	(1) 学会用示波器观察和测量电压、电流的波形； (2) 通过调试，使三角波、方波发生器功能正常	理解三角波、方波发生器波形图的形成机理	
	任务 3：认识集成运算放大器	掌握常用运算放大器的典型线性电路的应用	了解理想集成运算放大器的特性与种类	
项目 3：单片机车位提示器	任务 1：电路的设计与安装	(1) 根据项目技术要求电路完成原理图的设计； (2) 按图样指定位置、孔距插装、焊接各元器件； (3) 完成对电路的外观检查	理解单片机车位提示器的工作过程	20
	任务 2：单片机车位提示器的调试	(1) 学会使用仿真器结合电路硬件调试软件的方法； (2) 通过调试，使车位提示电路的功能正常	理解车位提示电路的功能正常工作原理	

续表

教学项目	任　务	技能要求	知识要求	学时 (130)
项目 3：单片机车位提示器	任务 3：认识单片机	(1) 了解单片机的产生与意义； (2) 了解 AT89C51 汇编语言指令系统及常用指令符号定义	掌握 AT89C51 单片机功能与应用	
项目 4：无线传感隧道栏杆电路	任务 1：电路的设计与安装	(1) 根据项目技术要求电路完成原理图的设计； (2) 按图样指定位置、孔距插装、焊接各元器件； (3) 完成对电路的外观检查	理解无线传感隧道栏杆电路的工作过程	20
	任务 2：无线传感隧道栏杆电路的调试	(1) 学会用万用表、示波器判断电路功能是否正常； (2) 通过调试，使无线传感栏杆电路的功能正常	掌握无线传感器的工作过程	
	任务 3：认识传感器	(1) 理解传感器定义，认识传感器的组成、分类与基本特性； (2) 掌握传感器测量电路的类型、特点与组成	掌握红外线传感器的基本特性与应用	
项目 5：线圈绕线机计数器	任务 1：电路的设计与安装	(1) 根据项目技术要求电路完成原理图的设计； (2) 按图样指定位置、孔距插装、焊接各元器件； (3) 完成对电路的外观检查	理解线圈绕线机计数器的工作过程	20
	任务 2：线圈绕线机计数器的调试	(1) 学会测量霍尔元件输出信号，熟练掌握用示波器观察波形法测试电路； (2) 通过调试，使绕线机计数器电路的功能正常	了解霍尔元件输出信号的特点	
	任务 3：霍尔元件与计数器译码器	了解译码器的种类，掌握常用译码器的工作过程	(1) 了解霍尔元件传感器的霍尔效应与主要特性； (2) 了解计数器的种类，掌握常用计数器的工作过程	
项目 6：红外线电扇遥控器	任务 1：电路的设计与安装	(1) 根据项目技术要求电路完成原理图的设计； (2) 按图样指定位置、孔距插装、焊接各元器件； (3) 完成对电路的外观检查	理解红外线电扇遥控器的工作过程	20

续表

教学项目	任　务	技能要求	知识要求	学时(130)
项目6：红外线电扇遥控器	任务2：红外线电扇遥控器的调试	(1) 学会用万用表、示波器等仪器判断电路功能是否正常； (2) 通过调试，使红外电扇遥控器电路的功能正常	了解万用表、示波器等仪器判断电路功能的原理	
	任务3：认识无线遥控系统	掌握无线遥控系统的应用	(1) 了解无线遥控技术的产生与意义； (2) 掌握无线遥控系统的种类与一般原理	
项目7：电子产品制造技术	任务1：电子整机产品生产线设计	了解电子产品的生产线系统组成	掌握电子产品的生产线设计与设备选型	10
	任务2：通孔插装技术	(1) 介绍通孔插装技术在电子整机产品制造中的工艺要求； (2) 掌握自动插装生产流程	掌握THT焊接技术	
	任务3：电子产品制造过程	(1) 介绍电子产品制造的一般过程； (2) 掌握表面装配技术的工艺流程	掌握PCB的焊接技术	

八、教材编写建议

教材编写应以本课程标准为基本依据。要充分领会和掌握本课程标准的基本理念、课程目标、基本内容和要求，并整体反映在教材之中。

(1) 应体现以就业为导向、以学生为本的原则，将典型电子产品的组装、调试与检测和生产生活中的实际相结合，注重实践技能的培养，注重反应电子技术领域的新知识、新技术、新工艺和新材料。

(2) 应符合中职学生的认知特点，努力提供多介质、多媒体，满足不同教学需求的教材及数字化教学资源，为教师教学与学生学习提供较为全面的支持。

(3) 以“工作任务”为主线设计教材，将本课程知识分解成若干项目，再将项目分解成若干任务，按完成工作任务的需要确定内容。

九、教学方法建议

(1) 以学生发展为本，重视培养学生的综合素质和职业能力，以适应电子技术快速发展带来的职业岗位变化，为学生的可持续发展奠定基础。为适应不同地区及学生学习需求的多样性，可通过对教学项目灵活选择，体现课程的选择性和教学要求的差异性。教学过程中，应融入对学生职业道德和职业意识的培养。

(2) 在教学过程中，应立足于加强学生核心技能的培养，采用项目教学法，坚持“做中学、做中教”，积极探索理论和实践相结合的教学模式，使基本理论的学习和核心技能的训练与生产生活中的实际应用相结合。引导学生通过学习过程的体验或典型电子产品的

制作，提高学习兴趣，激发学习动力，掌握相应的知识和技能。对于课程教学内容中的典型电子产品，要引导学生通过查阅相关资料分析其工作原理和功能。

十、教学资源建议

(1) 教师应重视现代化教育技术与课程教学的整合，充分发挥计算机、互联网等现代信息技术的优势，提高教学的效率和质量。

(2) 应充分利用数字化教学资源，积极引入行业企业电子产品生产过程中的视频，创建适应个性化学习需求、强化实践技能培养的教学环境，积极探索信息技术条件下教学模式和教学方法的改革。

(3) 应积极创造条件，带领学生到现代化电子企业参观、实训(顶岗实习)。

十一、评价方法与建议

(1) 考核与评价要坚持结果评价和过程评价相结合，定量评价和定性评价相结合，教师评价和学生自评、互评相结合，使考核与评价有利于激发学生的学习热情，促进学生的发展。

(2) 要积极引入行业企业电子产品生产过程中的考核、管理办法。

(3) 考核与评价要根据本课程的特点，改革单一考核方式，不仅关注学生对知识的理解、技能的掌握和能力的提高，还要重视规范操作、安全文明生产等职业素质的形成，以及节约能源、节省原材料与爱护生产设备，保护环境等意识与观念的树立。

思考与实践

1．试说明工作任务分析对课程标准开发的影响。

2．课程标准开发中，第三方是指谁？说明第三方对课程标准开发的作用。

3．阅读本章 3.3 节的面向电子制造业的课程体系案例，分析该课程体系的优缺点，并对部分不足之处加以修改。

4．阅读本章 3.4 节提供的课程标准，说明课程标准与工作任务的对应关系，能否满足职业能力的要求，结合中职学校(选定一所中职进行调研)的实际条件对课程标准进行二次开发。

第 4 章
电子技术专业教学项目的设计

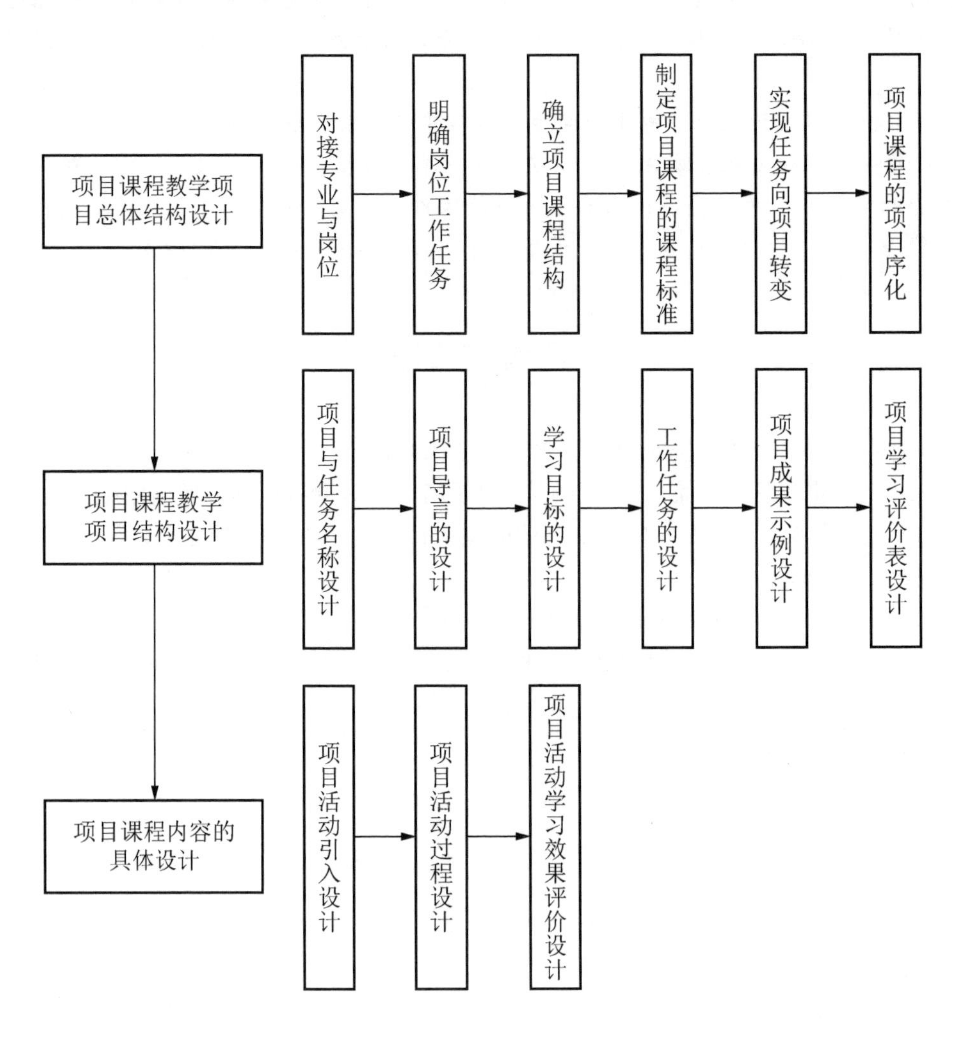

在职业技术教育项目化教学模式的广泛影响和深入推进下，项目课程建设日渐成为职业技术教育领域的热点和难点。项目课程建设关键之一是课程教学项目的设计。教学项目是为了将学习整合到项目之中，借助项目以更有效地达到学习目标；借助项目将职业能力所需的知识、技能和态度等相关要素嵌入其中，搭建项目团队协作的平台，提供学生职业能力生成所需的激发因素，引导学生在项目活动过程中，获得与职业能力相关的必要经验，实现职业能力的习得与完善。因此，教学项目是实现职业能力生成、发展和应用迁移的承载平台，教学项目设计与选择的优劣直接关系到项目课程建设的成败。

4.1　教学项目总体结构设计

4.1.1　项目课程特色观点

项目课程不仅仅是一种实在性的课程形态，它还包含了一些具有自身特色的观点，可以将其概括为以下四个方面。

1. 知识与工作任务要密切相关

职业教育课程是形成学生职业能力的“生产线”，但是“生产线”有落后和先进之区别。学科课程可以看作一条老生产线，它先让学生积累知识，然后应用知识，知识的积累和应用是时空分离式的，知识和工作任务之间是割裂的。这些知识并不是在完成工作任务的过程中习得的，而是通过教师的讲授和学习书本获得的，具有经典性，但是缺乏实用性，缺少与工作任务的衔接性，往往只是库存在大脑中而得不到应用。

项目课程是一种新式的“生产线”，它最突出的特点就是“做中学”，即在践行工作任务的过程中学习相关知识，在做的过程中理解知识的价值和意义，使知识的学习和工作任务的实施真正融合，在做工作任务时主动学习有关知识，而不是被迫接受一些与工作任务无关或关联性低的惰性和僵死的知识。项目课程的这种理念要在项目课程中得到体现。

2. 知识的组织要依据工作逻辑

传统职业教育专业的课程内容是“理论＋实践”叠加式的，它遵循“储备知识→应用知识”的逻辑，这种逻辑最为明显的特征就是突出知识内部关联，这有利于形成学习者完整的知识结构和便于学生掌握系统的知识，但是这种叠加式课程内容具有封闭性，它使知识和行动呈现分离和断裂状态，这会导致出现学生掌握了大量的知识而职业能力却较为低下的问题。

项目课程为解构知识之间的封闭式结构而建构知识和行动的动态关联性结构提供优选方案。它遵循知识和行动的产生式的工作逻辑。这种逻辑使知识和行动不再是分段进行，而是促使二者组织成一个个职业能力形成点，有利于促成学生职业能力的提升。

3. 工作任务的完成要遵循工作过程的完整性

工作任务与职业能力分析法引入任务课程后，破解了在内容选择方面出现的实用性差的难题，但是，这种分析方法只能对课程内容进行分解，却没有为课程内容的再度综合提供指导。因此，利用工作任务与职业能力分析技术开发的任务课程增强了课程内容的清晰度，但是，由于把整个工作过程进行分割和剖解，致使相应的课程内容呈现条块分割的零散状态。在任务课程中，学习者只是在完成一系列关联性较低的孤立任务，这致使学习者无法真正地认识和体会学习这些孤立任务的价值，从而导致学习过程变得无趣味，此外，学习者通过对这种课程的学习具备的只是获得某一段工作过程的能力而不是驾驭完整工作过程的能力。

针对这一问题项目课程提出要聚合这些工作任务使之具有整体性，为了整合孤立的工作任务，项目课程引入项目这一抓手，使项目成为聚合相关工作任务的“磁铁”，从而使学习者的学习遵循工作过程的完整性。

4. 以项目成果引导和驱动学习

在职业技术教育课程中，学习过程被人为地划分为知识储备(理论课)和技能训练(实训课)两个阶段。在上理论课时，教师往往以“现在的学习能在日后派上用场”的劝导和自身的威严来维持学生对抽象知识学习的短暂兴趣。在技能训练时，学生只是根据实训指导书对理论课的知识进行验证或者针对某种技能进行反复的练习，学生的学习结果在于获得分数或证书，这种结果让学生感受不到所学的知识和技能对以后工作的意义，其学习兴趣也随之下降。

项目课程要重视学习结果对学生的引导和激励作用，不过学习结果不是唯一的分数，而真实和可视的项目成果才是主要分数。学生在完成项目过程中除了获得与项目实施有关的知识与技能外，还能切实地看到自己亲手做出的项目作品，这是学习者判断职业能力提升的最有效的证据，也是增强学习乐趣的主要抓手之一。

以上项目课程的四大观点既是对项目课程思想的概括性阐释，也是开发项目课程必须遵循的基本原则。只有把这四个观点落实到项目课程中，才能使开发的项目课程具有自身特色。

4.1.2 项目课程教学项目的总体结构设计

教学项目总体结构设计考察的是项目总体结构的主要构成部分，以及按照某种逻辑关系使项目构成部分进行衔接、序化和整合，使原本无序和孤立的部分形成一个结构良好的整体。教学项目的总体结构设计主要从两个方面展开：教学项目确立和教学项目序化。

教学项目确立是项目课程总体结构形成的基础，而教学项目序化是使确立的教学项目建立合适的逻辑，更好地发挥其教学功能。

1. 项目课程总体结构设计的基础——教学项目确立

项目课程总体结构是由一个个项目组成的，教学项目的质量直接影响项目课程的教学功能和效果，因此在确立教学项目时要谨慎。确立项目应从三方面着手，即了解项目的类型、明确项目的开发步骤和对项目的教学化改造。

了解项目类型是为项目开发提供目标，使项目课程开发人员明确可选择的项目类型及它们具有的特点；明确项目的开发步骤是为项目课程开发人员提供项目获得的方法与程

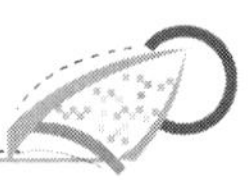

序；对项目的教学化改造主要是使项目课程开发人员明确项目要具备哪些条件才是合乎项目课程要求的。通过这三方面的探讨才能确立项目课程中的项目。

1) 项目的类型

(1) 项目的分类及特点。项目课程的教学项目应该以结构性项目为主体，但是，除此之外需要开发一些其他类型的项目，而在开发项目之前还需要了解可纳入项目课程中项目的类型，表4-1给出了课程项目的分类标准及其特点。

表4-1　课程项目的分类标准及其特点

分类标准	项目类型	特　点
学生的项目设计自主性	封闭性项目	预先设定项目目标、具体操作和所需要的知识，学生无需对这些要素进行设计
	开放性项目	学生需要自行制订项目的目标和工作过程，并搜集资料，承担设计者和实施者的角色
项目覆盖工作任务的程度	单项项目	项目覆盖部分工作任务，有助于养成单一性的职业能力，用于项目学习的入门阶段
	综合项目	项目覆盖整个工作过程，可以促进学生的整体性的职业能力，用于项目学习的成熟阶段
项目的真实性	模拟性项目	根据真实境况下的项目而模拟和创造的项目，真实性不够，但是可以根据教学进行调整
	真实性项目	是真实工作情境下的产品或服务实例，真实性强，可以使学生有真实的工作体验
项目的持续时间	长期项目	一个项目需要持续一学期
	中期项目	一个项目需用10～50学时
	短期项目	一个项目需要6～10学时
项目的活动范围	校内项目	项目的实施场所是学校
	校外项目	项目实施是在企业、社区等校外场所
项目的参与人数	集体项目	项目的规模或难度高，需要学生以集体的形式完成
	个体项目	项目需要学生自行负责和独立完成
项目的成果形式	制作类项目	以材料制作而成的，如模型、电子电路、电子实用装置等作品形式的项目
	书面类项目	以调查报告、计划书、海报和流程图等书面性的作品形式的项目
	技术和媒体类项目	与计算机技术和类似媒体有关的并且以网站、录音带、绘画和技术制图等形式的项目
	展示类项目	以声音、视频或书面方式呈现学生想法的展示性的项目，项目作品的形式有演讲、舞蹈、戏剧、辩论和角色游戏等

(2) 项目类型选择的建议。由于项目课程一般会包含多个项目，因此不同标准下和不同类型的项目只要设计得当都是可以被选入项目课程，因为不同项目各具特点和优势，它

们在项目课程中具有不同的功能。

在选择项目类型时，课程开发人员要考虑项目课程实施的要求和学生的特点，不要偏狭于其中一种或几种项目。例如，当学生处于初学状态时，要选择一些封闭性和单项项目，这样的项目内容比较确定和详细，可以为学生提供系统的辅助，而对于高年级的学生，要适当地做一些开放性和综合性的项目，使之形成一定的项目设计能力、合作能力和独立能力。当企业的真实项目符合教学需要并且可以获取时，要尽量选择真实性项目，反之则考虑采用模拟性项目。

除此之外，其他标准下的项目类型的选择也要基于多方面的考虑，以保证所选项目具有教学的适宜性。

2) 项目的开发

项目课程中的项目并不都是现成的，需要按照一定的方法和程序对其进行开发。当前，人们在开发职业教育课程时通常利用工作任务分析法，这个方法也可用于项目课程中的教学项目开发。具体来讲，项目的开发主要包括五个步骤，如图 4.1 所示。

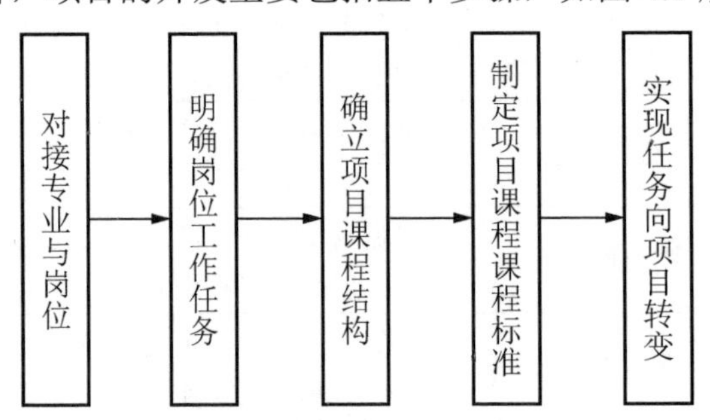

图 4.1 项目开发的步骤

(1) 对接专业与岗位。这一步骤表面上与项目的选择关系疏松，但是与专业对接的岗位确定是包括项目开发在内的整个项目课程开发工作的基础。只有使专业和岗位良好对接，才能较好地定位专业的人才培养目标和开发项目课程。在这个环节中，要考虑学校的办学层次、办学特色和职业发展空间等多个方面，结合实践专家的岗位定位建议和历届毕业生的就业去向，使专业和工作岗位良好对接。

(2) 明确岗位工作任务。在明确专业的面向岗位的基础上，要对岗位的任务(职责)进行剖解和梳理，工作任务是形成项目课程的基础，也是构成项目课程中项目的要件，工作任务分析结果的质量直接关系到其后的项目课程的设置和课程标准的制定等，因此，必须重视岗位工作任务分析。

(3) 确立项目课程结构。确立项目课程结构主要是探讨项目课程应设置的数量、课程名称及课程之间的关系。首先，应使工作领域中的任务和课程相对应。这种对应是多元化的，如可能是一个任务对应一门课程、多个任务对应一门课程或一个任务对应多门课程。其次，根据学习者经验发展的需要和工作任务的逻辑对这些课程进行序化。最后，将学习项目以图表的形式表达出来，使课程相关者对所设的项目课程有清晰的了解。这一过程使得工作任务和课程得以对接。

(4) 制定项目课程课程标准。课程标准的功能是根据教学需要对工作任务分析表中的

原始任务进行甄选，剔除那些在学校不可能实现的及不具有教育价值的工作任务，确保剩余的工作任务是符合人才培养目标要求的，它使各科目对应的工作任务明确、具体和可行，使师生明确在该科目中所要学习的知识与技能及最终的能力状态。课程标准没有限制选择哪些具体的项目，只是提供一些设计项目的建议，以使项目选择更为自由和灵活，但是这并不表示项目的选择是随意的，在项目选择时必须满足课程标准的要求。因为被选入项目课程的项目必须要涵盖课程标准中所规定的完成工作任务所需要的知识内容和技能内容，因此课程标准是项目选择的必然参照。

(5) 实现任务向项目转变。课程标准中明确了所要完成的工作任务，不能逐条地做工作任务以免回到任务本位课程，而应使工作任务聚合化和具体化，同时对项目的范围加以确定，这就需要使工作任务向项目转化。任务向项目的转化存在三种基本情形。

第一，循环型。当工作任务之间的关联较为紧密而且工作过程具有一致性的情况下，要采用多个项目来完成不同工作内容的工作任务，其中一个项目对应一个完整的工作过程。项目的复杂性和难度逐渐递增，这种情形可使学生有机会做一些形式上相同但内容上不同的工作任务，增强学生对不同工作情境的适应力。

第二，分段型。即当一个项目涵盖所有的工作任务时，总项目又分化为子项目，通过不同阶段的项目活动完成工作任务。

第三，对应型。当各工作任务的关系较为疏松甚至独立时，可以围绕着单个工作任务设计项目，项目的数量依据任务的复杂性。

这三种对接方式并不是完全分离的，有时在同一门课程中会交叉运用。通过以上三种对接方式，实现了工作任务向项目的转变，使工作任务聚合到项目中。

以上这五个步骤为项目开发提供了行动的框架，为了进一步地确定项目，还需要讨论怎样确保开发出的项目是真正符合教学需要的，即项目的教学化转置。

3) 项目的教学化转置

教学项目设计时，需要对选择的项目进行一定的教学化转置，使之符合教学需要。在项目教学化设计时需要使项目达到以下几方面的要求。

(1) 课程中的项目来源应以企业的日常项目为主而以临时项目为辅。项目课程中的项目从来源上主要分为两大类，一种是模拟性的项目，这类项目具有明显的人工设计特征，它们是按照教学需要设计的，所以不需要对其进行教学性设计的探讨；另一种是真实性项目，这类项目包括两种类型，即企业中的日常项目和临时项目。所谓日常项目是指存在于工作岗位中常规性和长期性的工作项目，而临时项目是指由客户提出的一次性和不重复的活动，它们真实地存在于企业中，在项目选择时应该倾向于哪一方需要对这二者进行深入分析，因为这两者的区别是比较大的，表 4-2 给出了企业日常项目与临时项目的比较。

表 4-2　企业日常项目和临时项目的比较

标　　准	日 常 项 目	临 时 项 目
来源	源于日常可重复性的“作业”	来自于客户
存在时间	连续不断	一次性
目标	常规性	满足客户的特定要求，具有独特性

续表

标　准	日 常 项 目	临 时 项 目
产品	重复流程或产品	新流程或新产品
标准性质	遵循常规性标准	新式的标准
确定程度	比较确定	不确定，具有风险性
负责者	部门经理	项目经理
所需资源	具有固定的支持资源	资源不确定
任务要求	具有普遍性	具有特殊性
从事人员	较为固定的工作人员	临时性项目团体(总经理、项目经理和项目成员)
评价指标	以工作的效率和有效性为主	以客户满意度为主

通过比较可以看出日常项目与临时项目具有很大的不同，二者并列地存在于企业中。

由于日常项目在工作岗位中具有常规性，是工作过程中持续存在的实例，有助于帮助学习者应对岗位上的常规工作的任务要求，因此，日常项目应该是构成教学项目的主要来源。而临时项目可以使学生形成对特殊任务要求的应变能力、探索精神及合作意识，但是，它是暂时的、非常规的和偶然的，可以作为教学项目的辅助来源。通过这样的项目选择可以使学生在形成常规情境下的岗位职业能力，也可以培养学生应对非常规任务的能力。

(2) 项目的设计要针对典型工作任务。有些企业中的日常项目和临时项目并不能直接纳入课程，因为企业项目存在的价值是为了获取利润，而不是培养职业能力，它们中的一些工作任务极其零碎、关联性低，而且结构性不强，这与教学项目的结构化要求是不符的，因此，需要对这些原生态项目进行教学化设计。

首先，需要明确项目要覆盖的工作任务是哪些，因为学生的学习时间和学习能力是一定的，不能把所有的工作任务都网罗进项目中，而是需要剔除一些零碎的、与职业能力培养关联小及不需要教学即能实现的工作任务，保留一些关键的、常规的及合乎教学目的的工作任务，即典型性工作任务。

其次，根据工作任务之间的关联性及教学的便利性加入项目，使这些工作任务以不同的组合形式纳入项目中。只有基于典型工作任务来设计教学项目才能确保项目最大限度地反映岗位的工作内容，才能有针对性地培养职业胜任力，尽可能地减少由学校向工作过渡时的能力缺失的危险。

(3) 项目要有均衡性。项目的均衡性是指项目的大小和构成成分要保持一个适当比例，虽然没有衡量项目均衡性的确切标准，但是可以从项目难度、完成项目所需要的学时和课程容量等方面来实现项目的均衡性，避免项目失衡。

如果选择的项目过大，它承载的课程内容量过大，也会占据过多的学时，这使学生不能及时得到项目成果的强化，从而降低学习兴趣。如果选择的项目过小，项目就有退化成任务的危险，小项目对知识点和技能点的覆盖率低，致使学习变得较为零碎。一般，一门项目课程的课程容量保持在 100 学时左右。项目中的每个任务的容量限于 2～4 学时，如果选择的项目过大就需要对其进行分解，而如果选择的项目过小可以考虑将项目合并。

另外，在项目的构成成分上也要注意均衡性，这主要指的是知识点和技能点的均衡，

知识点的数量要足以支持技能点习得的需要，甚至要大于技能点的数量，当然知识点的数量要以完成工作任务的需要为准。项目的均衡性可以预设，但是它更多的需要在实际的教学中逐渐生成。

(4) 项目要有趣味性。兴趣是激发学习者投入学习活动的重要引擎，因此在选择项目时也要注意项目的趣味性，使学生由“要我学”变成“我乐意学”。例如，在数字显示控制制作中，有教师以点阵和七段数码管的显示控制作为项目，把学习内容分配到显示控制器的制作中，通过制作不同的显示方式获得职业能力。趣味性项目吸引注意力的同时也减少了对复杂任务的畏难情绪，使其快乐地学习。

(5) 项目要有地方特色。职业技术教育的发展与其所处的当地社会环境紧密关联，其中与地方经济的关联最为直接。地方经济的发展理念、产业结构与规模、企业经济效益、技术水平及对就业人口的吸纳能力等方面都深刻地影响着本地职业教育的办学定位、人才培养规格、专业设置和课程开发等方面。

职业技术教育必须和地方经济保持密切关联，及时地了解区域经济的发展动向和对人才需求的变化，并据此进行调适，既可以充分利用本区域内的优势办学资源以降低办学成本，同时又可以使所培养的人才在本地适销，从而提高本地的就业率和入职匹配度。

同样，教学项目的选择要根据本地区的经济发展及对就业者的职业能力要求，具有明显的地方特色的项目，在组织项目教学时可以获得较为充足的素材和案例，而且通过学习特色项目学生在就业时就减少对真实岗位任务的陌生感，增强了就业竞争力和工作适应力。

(6) 项目要有实施的可行性。职业技术教育的课程实施需要师资、设备、场地及资金等多元化的课程资源作为支撑，但是国家为职业教育提供的财政资助较为有限，职业教育课程实施的资源消耗性较大及大部分的课程资源还处于潜在状态，这些问题致使职业技术教育中可利用的课程资源较为缺乏，因此在选择项目时必须考虑这些项目在学校实施的可能性。如果选择的项目没有充分的校内或校外课程资源作为支撑，其教学价值再高或构想再巧妙也是无效的，因为这样的项目不具备现实的可操作性。因此，在选择项目时要充分考虑可以利用的课程资源的状况，尽量选择一些易于操作的，现实课程资源条件允许的项目。

通过对项目的类型、项目的开发过程和项目的教学化转置等方面的了解，项目课程开发者可以确立项目课程中的项目，在项目确立之后需要对项目开展序列化工作。

2. 项目课程总体结构设计的关键——教学项目序化

1) 项目序化的原由

项目序化是指对已经确立纳入项目课程的教学项目进行垂直方向上的合理安置和排列。项目序化的原由主要有以下两点。

第一，项目序化可以增强项目课程的功能。项目的确立只是明确了课程结构的构成部分，但是这些项目缺乏组织性，甚至是凌乱的，要使课程的功能充分发挥就必须对这些项目进行有机的组织，使它们达到有序化的状态，即要使项目之间的关系由离散走向整合、

由间断走向持续、由割裂走向衔接，使项目之间建立逻辑性和结构性，以使学习有序进行。

第二，项目课程以项目为单位，它们不是纯粹知识的负载，它们含有的知识是以任务为中心分布的，这些知识缺乏系统性，项目序化需要参照工作过程或客观逻辑，不能搬用惯用的直线式或螺旋式的序化方式。

2) 项目序化的模式和要求

有关研究者提出项目课程中项目序化的三类基础模式。

(1) 递进型序化模式。递进型序化模式中项目的序化依据是项目学习的难度等级，把简单易学的项目置于学习难度高的项目之前，使学生在完成难度低的项目后再应对难度高的项目，这样逐级增强项目学习的难度，使学生的职业能力得到不断的提升，这些项目之间存在具有累积效应和迁移功能的要素，即前面项目的实现在一定程度上降低了后面项目实现的难度，如图 4.2 所示。

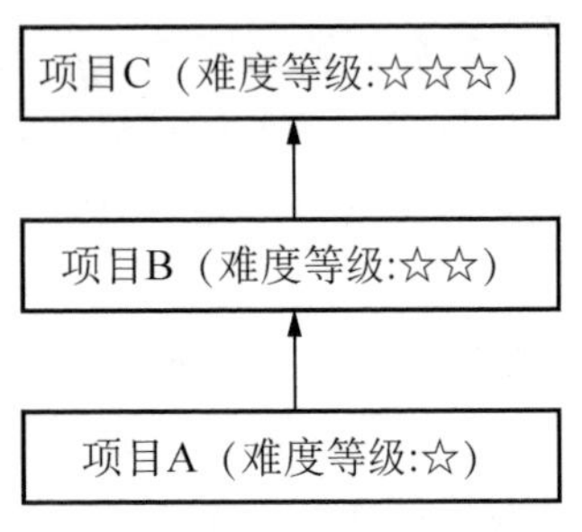

图 4.2　递进型项目序化模式

(2) 并列型序化模式。并列型序化模式的形成原因是各个项目在学习难度上相当，而且它们在真实工作中的依存关系较小，即无论先学习哪一个项目对项目学习都不会造成很大的影响，它们之间是“兄弟关系”，因此，在课程中这些项目以并列形式存在，如图 4.3 所示。

图 4.3　并列型项目序化模式

(3) 流程型序化模式。流程型序化模式的特点是各项目中的工作任务安排依据明确的先后工序，当然这种先后关系并不等于简单的线性关系，因为在流程的某一环节会存在同等级的多个项目，而这些项目又具有不同的项目关系，这些具有明确的工作顺序的项目是不能随意置换它们的实施顺序的，否则会使项目的学习中断甚至混乱，如图 4.4 所示。

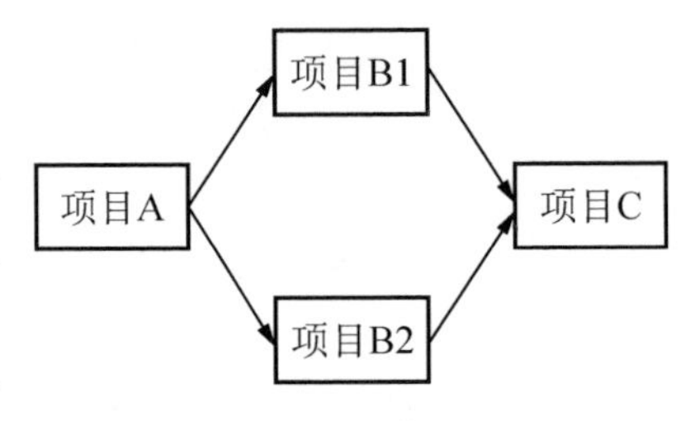

图 4.4　流程型项目序化模式

在项目课程开发中，三种项目序化模式是最基础性的，在项目序化时要注意以下几点。

首先，这三种基本的项目序化模式是可以共存和兼容的，而不是非此即彼的，往往它们以交叉、组合和嵌套等结合方式存在于同一项目课程中。

其次，项目的序化不能走形式。课程开发人员在序化项目时，要以职业能力培养为导向，深入思考教材中各个项目之间的关系，使项目序化的逻辑和真实的工作过程保持一致。

再次，项目的序化要具有本专业课程的特色。课程开发人员要对一些可能的项目序化线索进行比较，找到最佳的项目序化线索，使项目的序化便于教学实施。

最后，项目的序化逻辑要与学习者心理保持一致。例如，简单的项目要放在复杂项目之前，单项项目要放在综合项目之前，封闭项目要放在开放性项目之前等，这样可以使学生的职业能力逐渐提升。

总之，项目序化时不能僵化，更不能形式化，否则项目序化就脱离了其本意，这会导致教学的僵化和低效。

4.2　教学项目结构设计

教学项目结构设计即项目的体例设计，主要探讨如何围绕着项目来组织项目课程内容，涉及两个方面的问题：项目主要由哪几部分构成，以及项目构成部分的具体设计方法和要求。

4.2.1　项目的基本构成

项目课程开发中，教学项目要比传统课程的“章”在构成上复杂得多，项目不再是各“节”的“知识点＋习题”这样的陈述形式，而是项目与任务的文本呈现。为了有效呈现，教学项目的一般构架见表 4-3。

表 4-3　项目的基本构成

总项目名称(序号＋题名)
【项目导言】
【学习目标】1．最终目标：　　　　　2．促成目标：
【工作任务】1．　　　　　2．　　　　　3．
【项目成果示例】
子项目名称(序号＋题名)
【任务】
【项目活动】
【相关知识】
【习题】
【总项目学习评价表】

通过表 4-3 可以明确地看出项目课程的教学项目是一种嵌套式结构，它主要包括四部分，即总项目、子项目、任务和总项目学习评价表。有些简单的项目采用总项目、任务和项目学习评价表，没有分化出子项目。

4.2.2　项目构成部分的具体设计

1．项目名称和任务名称的设计

项目和任务的名称，即标题，是对项目或任务内容的概括性的语句，可以使学习者明确将要学习的对象。项目名称的设计分为两种情形：一种是项目涵盖整体工作任务时，即项目处于任务之上，要以项目成果作为项目的名称，如“晶体管多谐振荡器”“负反馈放大电路”等类似的表达方式；另一种是以工作任务的名称作为项目的名称，用于项目和工作任务之间呈现对应和分段关系时，如“设计和制作稳压电源”“小功率高保真放大器的设计与调试”，项目名称和任务名称的表达形式是“动词＋名词”或“名词＋动词”。

此外，要避免以下几种不合适的项目名称和任务名称的命名方式。首先，不能以学科化的知识进行命名，如“电子技术基础”；其次，不能以技能来命名，如“模块电路返修”；再次，不能用一般性能力来命名，如“产品质量意识教育”；最后，也不能以口号来命名，如“服务地区经济发展”。

项目名称应该注意呈现工作成果，而任务名称中既要具有工作成果也要突出行动。除此之外，项目名称和任务名称要简短和明确，不能用复杂的和模糊的词语来表述。

2. 项目导言的设计

项目导言就是对实施项目的必要性或意义的说明。其目的是引起学习者对项目价值的认可，激发学习者对项目的兴趣。项目导言的设计要精练和概括，不能长篇大论，因为拖沓的表述会增加学生的阅读负担，而且项目导言在课程中只是一个“引线”，只要使学生对项目有大致的了解即可。另外，项目导言的设计也不能理论化、抽象化，要使学生产生联想和共鸣。

例如，项目“制作和调制音乐门铃”的导言表述为：

随着生活水平的日益提高，住宅的形式已经由单层向多层甚至高层发展，门铃已经变成一种楼宇房间设施必备的配置。让我们来一起 DIY 一款简单实用的音乐门铃。

又如，项目“程控稳压电源电路设计与制作”的导言表述为：

程控电源电路作为目前先进的工业生产方式，具有有效降低工业成本、提高生产效率、降低传统产品能耗等优点。随着电子技术的成熟，程控电源电路的应用领域也越发广泛，不仅仅是传统的工业，像电镀业、高科技精密电子业等也都有着程控电源电路的应用。现在，综合运用所学的电子技术应用知识，来实现一款实用的程控稳压电源。

3. 学习目标的设计

学习目标是对预期性和应然性学习结果的一种表征和说明，在项目课程中有四大主要功能。

第一，使人才培养目标具体化的功能。职业技术教育的人才培养目标是一种观念性和概括性愿景，它不能直接实现而是需要被具体化，而学习目标就是人才培养目标具体化的重要方式。

第二，提示功能。学习目标提示教和学的主要内容，使教与学的方向更为明晰。

第三，激励功能。学习目标可以使学生明确最终的学习结果，减少学习的弥散性、盲目性、机械性和被动性，激发学习动力。

第四，评价与鉴定功能。学习目标是评价者判断学生学习成效、评价和鉴定学生能力水平的依据。

项目课程的学习目标设计可从学习目标的构成与构成要素的具体设计两方面着手。

1) 项目课程学习目标的结构

项目课程的学习目标由最终目标和促成目标组成，学习项目由子项目构成，所以，项目课程学习目标可以用图 4.5 所示的结构图表示。

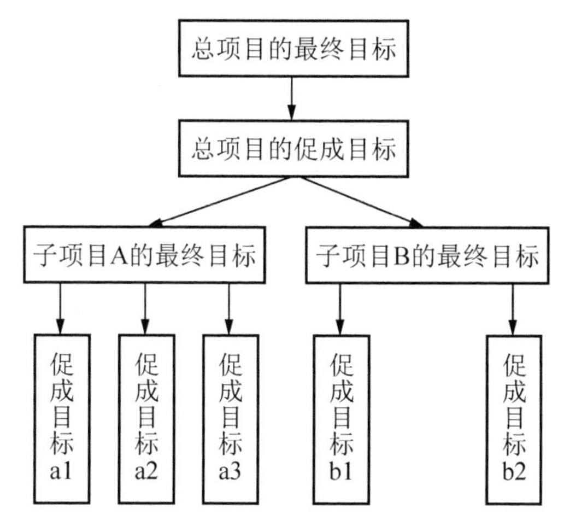

图 4.5　项目课程学习目标的结构

项目和子项目中的目标主要包括最终目标和促成目标，最终目标是指学生做完项目后需要达到的预期目标，促成目标是指促进最终目标达成的一系列分目标。总项目中的促成目标和子项目中的最终目标是承接的，且它们的表述格式为“能＋动词＋名词”。例如，在项目“程控稳压电源电路设计与制作”中，总项目的最终目标是“能利用稳压电源模块和数字控制 DAC 模块设计程控稳压电源电路，并制作出相应电路”，总项目的促成目标和子项目的最终目标分别是“能设计与制作稳压电源模块”和“能设计与制作电压控制模块”。子项目的最终目标又可分化为更细的促成目标，如子项目“能设计与制作稳压电源模块”的子目标为“能识读稳压电路原理图”“能按原理图画出 PCB 图”“能按要求规范装配电路”“能正确选择调整管”“能正确调节采样电路”“能正确测试电路的相关参数，并能分析电路工作情况”。由此可以看出，项目课程中的目标具有明显的层次性，课程开发人员要注意它们之间的差异，同时使之进行良好的对接。

2) 项目课程学习目标设计的具体要求

(1) 学习目标的选取要以课程标准为依据。项目课程中学习目标的选取不是课程开发人员主观臆想出的，而是需要参照课程标准的。课程标准呈现了课程的目标，例如，根据第 3 章介绍的电子技术综合应用课程标准，其课程目标就是培养学生根据工艺文件进行电子产品的组装、调试和检测等核心技能，使学生掌握电子产品生产的安全操作规范，强化学生安全生产、节能环保和产品质量等职业意识，养成良好的工作方法、工作作风和职业道德。学习目标要落实课程目标就需要依据课程标准，并且这些课程标准来源于企业人士做出的岗位任务分析结果，以课程标准为依据设计的学习目标更符合岗位的能力要求，以这样的学习目标为依据选择的学习内容也更具实用性。

(2) 学习目标的构成要有全面性。在项目课程中，学习目标既可以用整体性的职业能力要求进行表述，也可以将职业能力分解为知识、技能和职业素养三类目标分别进行表述。但是一些项目课程中的学习目标是不全面的，有的项目的学习目标纯粹是知识目标，这样的学习目标设计出的项目是纯粹的知识单元，它只是以项目之名向学生灌输知识的手段而已。而有些项目的学习目标缺少知识目标，如“音响设备检测与维修”课程中的“排除音响设置故障”项目，学习目标不能仅表述技能目标，还需要陈述相应的知识目标，即除了“指认音响装置元件”“会使用音响检测仪器”“会检测音响设置”等技能目标外，还应该包含如“能描述音响装置功用、组成、结构并理解其工作原理”与“能识读典型音响装置电路图”等知识目标，而且要使知识目标满足技能目标实现的需要。

除此之外，项目课程开发人员应该根据专业特点和岗位要求，挖掘具有专业特色和职业情境性的职业素养目标。项目课程在职业素养目标表述方面问题较为突出，一些纳入项目课程的职业素养目标多是较难落实的一般性目标，这些一般性的职业素养目标形同虚设，而有些项目课程就不设置职业素养的目标，这使学习目标范围狭隘化。

项目课程的学习目标的全面性关乎学生职业能力的全面性，偏狭的和人为窄化的学习目标会误导学习者，必须对学习目标构成的全面性给予重视。

(3) 学习目标的表述要以学习者为主体。在项目课程中，学习目标是对学习者提出能力要求，并使学习者明确需要学习的内容，学生是学习目标的主要受众，但是一些项目课程的学习目标是以教师为表述主体。例如，使学生掌握某操作方法、向学生介绍某知识点、示范某种操作、使学生运用某原理及提高学生的某方面的能力等，这些学习目标的表述方式适用于教案，会使学生感觉这些学习目标是老师要做的任务，会出现事不关己的心态，这样就不能有力地激发学生的学习动机，因此，在设计项目课程的学习目标时要以学生为表述主体，使其明确自己的学习任务，为此需要用“能……”的表达方式，而要避免诸如“使学生……”“让学生……”或“向学生介绍……”的表述方式。

(4) 学习目标的表述要有完整性。在项目课程中，学习目标表达的是一系列的学习活动，它应该是一种动宾式结构，表达出学生要做什么及怎样去做。“做什么”就是学习内容，而“怎么去做”就是学习行为，在设计学习目标时不能仅用学习内容来表达学习目标，这样的学习目标只是一些学习结果的罗列，并没有告知学生获得这些学习要素的方式和途径，这样的学习目标是不完整的，要用“动词＋名词”的形式来表述，例如，在“贴片元件安装”项目中学习目标不能表述为“贴片机的操作与维护方法”，而应表述为“能熟练操作贴片机并了解其维护方法”。此外，学习目标还要有学习结果，不能仅表达学习过程。例如，在“LED手电筒装配”项目中，学习目标表述为“元器件识别、PCB制作、电路安装等操作”，学习目标表述的只是一种学习行为，只是说要做什么，但是并没有说明做的结果，这样容易导致学习的机械性和无目的性。因此，在表达学习目标时要包含三部分，即学习行为、学习内容和学习结果，这样的学习目标才是完整的。

(5) 学习目标的表述要具有明确性。学习目标的明确性有利于课程内容的合理选取和学业成绩的有效评价，但是当前有些项目课程中的学习目标在表述上缺乏明确性，例如，在“程控电压源设计与制作”项目中，学习任务的目标表述为“培养学生的资料分析能力、团队合作能力、沟通能力和写作能力”等，这些学习目标虽然指出了学生的能力要求，但是这种表述不够明确，是一般性的能力，一个项目达成这样的目标也不现实，而且它并没有确定任何学习的内容，这样表述的学习目标对教学的指导价值不大，因此我们必须使学习目标明确化和具体化。

学习目标应包括行为、情境和标准。行为就是学生经过学习后的外显性的表现，对行为的表述要有利于量化，在此需要注意用一些具体性的行动动词来表述，如采用“列出”“制订”“选出”及“描述”等动词，而不能利用一些表意不清的动词，如“掌握”“学会”和“喜爱”等动词。情境就是引发行为的条件，它涉及时间、材料、设备和特别提示等，如“根据电气安全规则加工电路”“根据元器件的几何形状选择合适的封装”和“能使用返修工具更换贴片元器件”。标准就是判断学生学习成果是否达到教学要求的一种预先规定，它涉及操作的时间限定、精度及产品的规格等方面，这些规定为学生营造一种真实的工作情境，由于在学习标准中加入标准会给教师和学生造成一定的束缚，可以将其放入评价或练习部分，这样运用行为动词、学习内容和条件来实现学习目标的明确化。

4. 工作任务的设计

在项目课程中的工作任务是实现项目目标的手段，也是构成项目的核心部件。按照表述的详尽程度，可以把项目课程中的工作任务划分为“清单式”工作任务和“展开式”工作任务。“清单式”工作任务紧随项目学习目标，它采用清单的表述方式，即把项目中要做的工作任务按照实施的先后顺序罗列，不深入探讨工作任务的内部构成。“展开式”工作任务是对“清单式”工作任务的展开，呈现完整的、详细的和具体的工作任务。一个完整的“展开式”工作任务主要包括项目任务书、项目活动和与项目中任务相关的知识与习题。项目任务书主要是呈现要做的任务，起到提示和引导学习的作用；项目活动主要是为了达到任务目标要求而需要学生参与和实施的活动；相关知识主要是帮助学生更好地理解任务，并在完成任务的基础上建构对知识的理解，拓展学生的视野；习题主要是为学生提供巩固和深化学习的机会。

5. 项目成果示例的设计

项目成果示例就是把总项目成果和分项目成果在项目课程中展示出来，但是在目前项目课程中很少看到项目成果，这主要有以下三方面原因。第一，当前教学中多媒体得到了较广的应用，而且它们对项目成果的展示更有表现力，所以没必要在教材中呈现这些成果。第二，有些项目成果比较复杂，会占用过多的教材空间。第三，有些项目的成果无法展现，如项目“团队管理能力的训练”，这种项目的成果并不明确，当然这样的项目本身就存在问题。但是，应该尽量在项目课程中展示出项目成果，因为项目成果把各个工作任务的所得直接呈现给学习者，这使学习者明确了所做项目最终的形态，这些示例成果给学习者一种激励和引导；另外，学习者可以把自己做的项目成果和示例进行比较，以发现自己成果的问题。项目成果示例要有真实性，必须是所做项目的真实成果，最好以图形、图像的形式加以呈现。

6. 项目学习评价表

1) 项目学习评价表的设计背景

学科化教材很少设置学习成绩评价的工具，对学习成绩的评价主要采用纸笔测验，这种评价手段存在很多缺陷。

第一，评价效度低。纸笔测验主要是利用试卷来测评学生，能测出的只是学生对知识的掌握程度而不是学生真实的实践能力，在评判学生的职业能力方面是乏力和低效的。

第二，会加剧职业技术教育专业课程的学问化。评价具有导向功能，纸笔测验的知识再现式的评价方式使职业教育课程实施不自觉地偏倚于对理论知识的关注，使学生为了应试而死记硬背，由此加重职业技术教育课程的学问化。

第三，导致与学习过程的分离评价。纸笔测验的实行是在课程终结时，即使评价后发现了一些问题也不能进行矫正，游离于学习过程之外，只是单纯地发挥了学业成绩鉴定的作用。

第四，扭曲了学习成绩评价的目的。纸笔测验以分数为依据给学生进行“优、良、中和差”的排序，分数的重要性被扩大，忽视了职业能力的把握和提升的评价目的，伤害了学生的自信心，又对改进学习无益，是异化的评价。

第五，评价主体过于单一。纸笔测验的评价主体是单一化的教师评价，学生的自我评价和同学互评是空缺的，评价的主体单一。

第六，评价的真实性不足。纸笔测验具有较强的学术性，是脱离真实工作任务而进行的知识测验，它并没有为学生提供展示其真实能力的平台。

在项目课程中，要采用一种比纸笔测验有效的学习成绩评价方法，即真实性评价。真实性评价就是依据学生完成真实或模拟性的工作任务的情况而给予评判的一种评价理念，它是使成绩评价标准和现实工作的期望保持一致的重要手段，它具有以下特征。

第一，评价的目的是诊断学生真实的能力状况，并针对存在的问题给予补救，以促成学生更高水平的职业能力的养成。

第二，评价的内容是完成现场实际工作任务的成绩，是学生整体性的工作表现，使评价摆脱学术性走向职业性。

第三，评价主体在构成方面包括教师、学生本人及学习同伴等，他们都具有评价的资格，使评价主体由单一性构成走向多元化的共同体形式。

第四，评价的依据是职业能力标准，它使评价依据与实际工作要求保持一致，更具有真实性。

第五，评价的方法主要是选取典型的工作任务让学生来完成，然后根据职业能力标准对任务的完成过程和最终的任务产品做出评判，从而对学生的工作能力水平给出评价，评价方式比较直观、可信和有效。

第六，评价的组织主要是采用小组式和个体式，这样的评价更有针对性和精致性。

真实性评价的具体方式是多样的，如学生的项目日志、学习成果展示、口头或者书面报告等，而适合设置在项目课程中的是项目学习评价表。项目学习评价表是对项目中各项工作任务完成情况的分析性、阶段性和汇集性的评价工具，是项目学习成绩的记录和证据。通过项目学习评价表，学生能明确评价内容及评价要求，可以引导和激发学习，并及时地反馈学习结果。

2) 项目学习评价表的设计

项目学习评价表的设计可以参照真实性评价的五个维度框架，在这个框架中提出评价

的真实性程度依赖于以下五个方面的特征：评价的任务、评价所处的客观环境、评价的社会环境、评价结果或形式的界定和评价的标准。

据此，可以把项目学习评价表划分成：评价表头(项目学习的基本情况登记)、评价项、评价内容、评价标准与赋值、评价主体和评分权重等。

(1) 评价表头。项目学习评价表是对学生学习过程和学习结果的记录，它需要具备学生本人及其所参与的项目的基本信息，这些基本信息主要呈现在项目学习评价表的表头中，评价表头中的内容主要包括学生姓名、班级、所参与的项目名称和完成项目的时间等细目。

(2) 评价项。项目学习主要是通过完成一系列的任务活动实现的，在考察学生的项目学习成绩时，不能仅仅评价最终的项目作品，而是要对项目学习中的任务完成情况及参与情况进行考察，这样可以对学生的学习进行深刻的了解，可以及时地发现任务完成中出现的问题并对此采取改进对策。例如，“防空警报电路”这一项目的评价项就分为元器件的识别和检测、元器件的成形、插装和排列、导线连接、焊接质量和电路调试等。这些评价项是形成评价内容的基础，放在项目学习评价表最左边的一列。

(3) 评价内容。评价内容是项目学习评价表构架的主体，主要是对所要测量的每个工作任务和任务成果的具体化分解，其基本构成为任务完成关键点、任务参与表现及作品质量三部分。它既不是考察所有的工作任务完成过程，也不是仅限于最容易看到、数的清和容易评分的学生表现部分，而是考察任务完成过程中的一些关键点。

评价内容具有重要的作用，既可以使学生更清楚应该学习哪些东西，有助于明确判断工作任务的完成质量，同时也可以衡量小组内的合作状况或个体在项目完成中的贡献程度。

(4) 评价标准与赋值。评价标准在项目学习评价表中起到解释和说明的作用，是告知学习者合乎要求的工作任务过程和学习成果的应然状态，它一般利用不同等级的形式来表示学生对任务要求的达成水平，等级的数量根据任务的复杂程度而定，一般分级数量为 3～6 级，复杂的任务评价需要的层级会相对多一些，同时表达等级的词要反映学生表现和评价标准的关系。例如，哪种表现是表示“不达标”“接近标准”“达标”和“标准以上”等水平。

为了使评价结果更为清晰，会给不同等级的评价标准赋予分值，赋予分值的目的不是纯粹地给学生的成绩排序，而是给学习者一种提示，使其明确自己的任务完成情况。评价标准除了要具有等级性之外还要有清晰性和具体性，含糊和宏观的评价标准不能有效地对项目学习做出评价。

(5) 评价主体、评分权重和评价得分。项目成绩评价的主体为教师、学生本人和小组成员三方，这种多元化的评价可以更真实和多方位地反映学生的任务完成情况，这三方评价的权重之和为 100%，但是权重的分配没有固定值，为了评价的公正性，三方的权重分配应该均衡，不能严重地偏向某一方评价。评价得分包括任务得分和项目得分，这两个得分都是直接来源于教师、学生本人和组员三方的评价结果。任务得分是使学习者明确每个任务的完成情况，而项目得分是使学习者明确在某个完整的项目学习中的学习情况。

针对上述项目学习评价表构成的陈述，表 4-4 给出了构成项目学习评价表的基本样态。

表 4-4 项目学习评价表

班级　　　　　姓名　　　　　项目名称　　　　　项目学习时间　　　　　项目组成员

评价项	评价内容	评价标准	评价主体和评分权重			任务得分	项目得分
			教师评价/%	本人评价/%	组员评价/%		
任务一							
任务二							
任务三							

注：评价标准部分主要包括两大部分内容，即等级和评分细则。例如，等级 A 表示“标准以上”，它包括该等级的评价标准细则和分值；等级 B 表示“合格”，它包括该等级的评价标准细则和分值。

4.3 教学项目内容设计

教学项目内容设计是“破”和“立”结合的过程，只有对传统职业技术教育课程内容设计的问题进行解剖和破除，才能更好地确立教学项目内容的设计思路。项目内容设计应围绕两个方面展开，即项目活动设计和知识设计。

4.3.1 项目活动设计

1. 设计项目活动的原因

从项目课程的定义可以看出，项目课程要改变静听、去情境、被动的授受型学习方式，转向以学生为主体的、情境性的、活动型的学习方式。要实现这一重大转变需要找到合适的抓手，项目活动是唯一选择，这是因为项目活动对项目课程的实施具有重要的教育价值，表现在以下几个方面。

首先，可以改善职业技术教育课程实施效果。将活动引入课程中，使职业技术教育的课堂成为教学的主阵地，教师成为从旁协助者和指导者，学生成为完成活动的主体，学习由“等、靠、要”转向积极参与，学习积极性得到调动，职业教育课程实施效果得到改善。

其次，有利于促进课程的理论和实践的整合。为改变理论学习和实践学习缺少共时性(表现在：场所、负责人、内容的分离)，项目活动可以有效改善这种状况，这是因为项目活动不是纯粹的理论学习，也不是纯粹的强化操作，而是做学的一体化。在做的过程中理解理论、应用理论，甚至充实欠缺的理论，同时在活动中形成的对理论的深刻理解和掌握有助于更好地实践，这样两种学习不再存在断裂，成为有机的整体。

最后，有利于学生职业能力的培养。项目活动不仅改变了学习中的角色，为理论性和实践性学习提供了整合的可能，而且是培养职业能力的重要手段。因为项目活动要么是根据岗位上的工作要求设计的，要么直接就是岗位上的工作任务，项目活动使学生的学习真正地和岗位工作需求相联系，为职业能力的培养提供了现实条件。

此外，通过项目活动的完成产出作品，通过对作品质量的考察可以较为准确地判断学

生的能力发展状况，并且提出有针对性的纠正建议，这无疑对职业能力的养成具有重要的促进作用。

基于上述原因，在项目课程中设计项目活动是非常必要的，以此为学生的项目活动学习提供支持。

2. 设计项目活动的方法

项目活动的设计应该包括项目活动引入的设计、项目活动过程的设计和项目活动学习效果评价的设计，由于项目活动学习效果评价的设计已经论述过了，因此在此主要围绕项目活动引入的设计和项目活动过程的设计两个方面。

1) 项目活动引入设计的关键：项目任务书的设计

在设计项目活动时，不是直接让学生按照项目要求就开始做项目，而是先要告诉学生做这个项目要解决什么问题，要完成哪些任务，让学生带着这些问题进入活动，这就是项目活动的引入环节，在这个环节中需要设计的教材内容就是项目任务书。项目任务书不是对活动的方法和过程的说明，而是对需要完成哪些任务的提示，包括活动的结果，当然这些结果是一种留白性的未完成状态，学生要在活动的实施过程中将这些结果补充完整。在设计项目任务书时，要注意活动中的任务要求陈述要清晰、简练并有顺序性，表达方式可以采用文字叙述、图形图像形式或表格形式，如下面的电子产品装配与调试任务书实例。

可编程放大器及波形变换电路装配与调试任务书

说明：本项目工作任务共有五个项目内容，要求学生在规定的时间内独立完成，完成的时间为四学时。

【参考图文】

安全文明生产要求：

仪器、工具正确放置，按正确的操作规程进行操作，操作过程中爱护仪器设备、工具、工作台，防止出现触电事故。

一、电子产品装配(本大项分3项，第1项5分，第2项15分，第3项10分，共30分)

1. 元器件选择

要求：根据给出的图4.6，在PCB焊接和产品安装过程中，正确无误地从赛场提供的元器件中选取所需的元器件及功能部件。

2. PCB焊接

根据图4.6，选择所需要的元器件，把它们准确地焊接在赛场提供的PCB上。其中包括贴片焊接和非贴片焊接。

要求：在PCB上所焊接的元器件的焊点大小适中，无漏、假、虚、连焊，焊点光滑、圆润、干净，无毛刺；引脚加工尺寸及成形符合工艺要求；导线长度、剥线头长度符合工艺要求，芯线完好，捻线头镀锡；连接器焊接正确，插接正确。

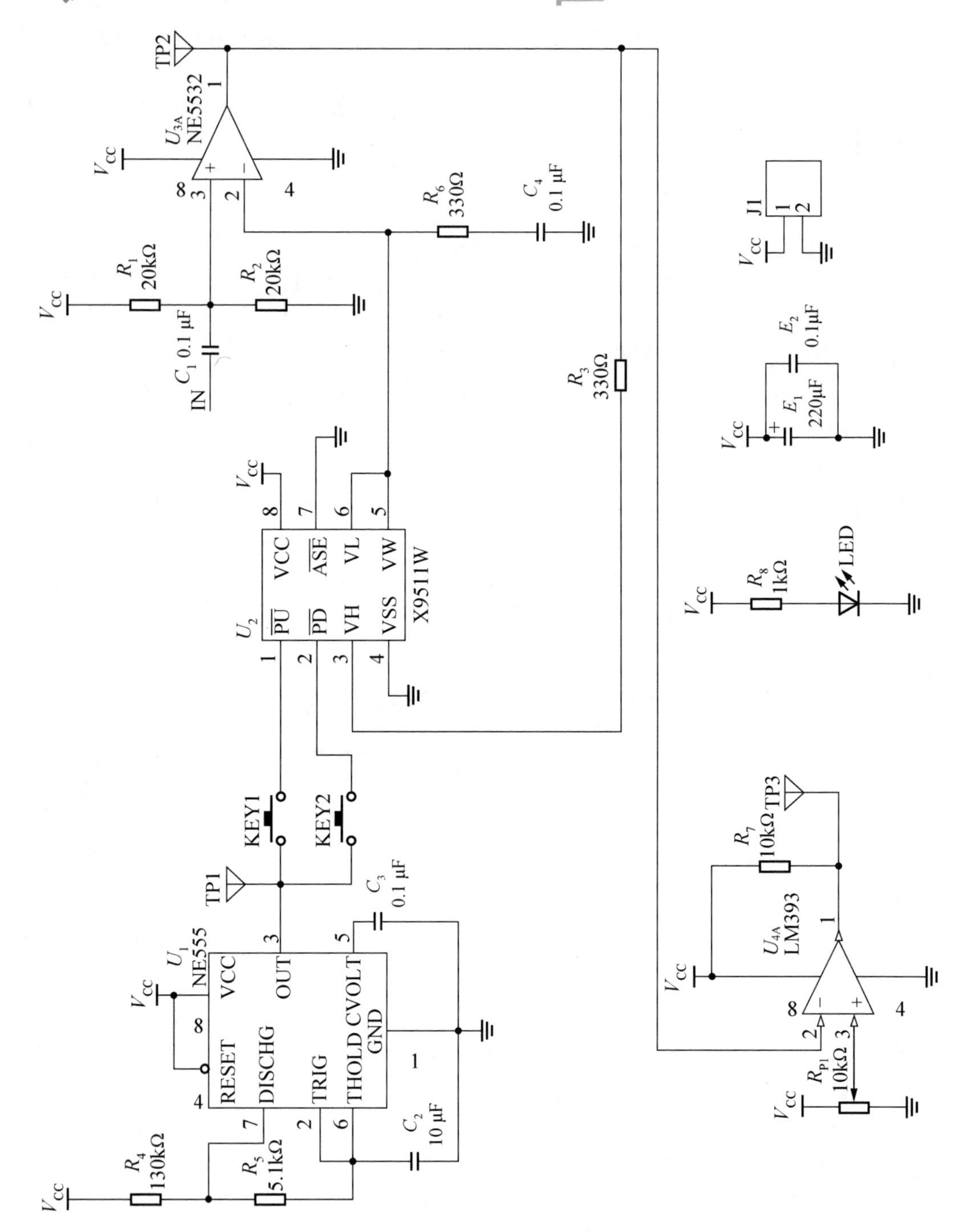

图 4.6　可编程放大器及波形变换电路

3. 电子产品安装

根据图 4.6，把选取的电子元器件及集成电路正确地装配已完成的 PCB 上。

要求：元器件焊接安装无错漏，元器件、导线安装及元器件上字符标示方向均应符合

工艺要求；电路板上插件位置正确，接插件、紧固件安装可靠牢固；电路板和元器件无烫伤和划伤处，整机清洁无污物。

二、电子产品功能调试

要求：将已经焊接好的电路板进行调试并实现电路工作正常。

(1) 电源电路工作正常。在 J1 上连接＋5V 直流电，LED 发光，则表示电源加载正确。

(2) 用示波器测量 TP1 端，有方波信号输出，表示 NE555 工作正常。

(3) 调节信号发生器使它输出峰峰值为 500mV、频率为 1kHz 的正弦波信号，接入 IN 端，用示波器测量 TP2 端，按下 KEY1 或 KEY2，示波器上显示的信号幅度发生变化。

(4) 调节 R_{P1} 的值之后，用示波器测量 TP3 端，有交变信号输出。

三、电路知识

根据图 4.6 及已经焊接好的电路板，回答下面的问题。

(1) 在电路中 NE5532 工作在什么状态？

(2) 通过读图，写出可编程放大器的组成部分。

四、参数测试

要求：使用给出的仪器仪表，对相关电路进行测量，把测量的结果填在相应的表格及空格中。

根据图 4.6 及已经焊接好的电路板，在正确完成电路的调试后，对相关电路进行测量，把测量的结果填在相关的表格及空格中。

(1) 系统接上电后，测量测试点 TP1 波形。

测试点	波　　形	数　　据	
TP1		挡位	周期挡位
		峰峰值	周期

在 IN 端接入峰峰值为 500mV、频率为 1kHz 的正弦波信号之后，按下 KEY1，用示波器测量 TP2 点波形，TP2 点波形幅度__________(增大/减小)，按下 KEY2，用示波器测量 TP2 点波形，TP2 点波形幅度__________(增大/减小)；在电路之中 R_1 和 R_2 的作用是__________________________；在电路中 NE5532 构成的是__________(交流/直流)放大电路。

测试点	波　　形	数　　据	
TP2		挡位 峰峰值	周期挡位 周期

(2) 系统接上电后，在 IN 端接入峰峰值为 500mV、频率为 1kHz 的正弦波信号之后，按下 KEY1 或 KEY2 使 TP2 点信号的幅度最大，调节 R_{P1}，使输出波形占空比为 50%，测量 TP3 点波形。

测试点	波　　形	数　　据	
TP3		挡位 峰峰值	周期挡位 周期

TP2 点波形频率与 TP3 点波形频率________(一致/不一致)；电路中 LM393 是________(同相/反相)过零比较器，R_7 作用__________；如果没有 R_7，LM393________(能/不能)正常工作。

五、原理图与 PCB 设计

(1) 在计算机桌面上新建一个文件夹，文件夹名称为姓名工位号，所有文件均保存在该文件夹下。

各文件的主文件名如下。

① 工程文件：工位号。

② 原理图文件：sch＋××。

③ 原理图元件库文件：slib＋××。

④ PCB 文件：pcb＋××。

⑤ PCB 元件封装库文件：plib＋××。

其中：××为工位号。

(2) 在自己建立的原理图元件库文件中绘制以下元件符号。图 4.7 所示为 X9511W 原理图符号。

(3) 绘制原理图，如图 4.6 所示。

(4) 在元件封装库文件之中，绘制以下元件的封装。

U1 元件封装(图 4.8)。

焊盘水平间距：100mil(1mil=0.0254mm)

焊盘外径：80mil

焊盘孔径：35mil

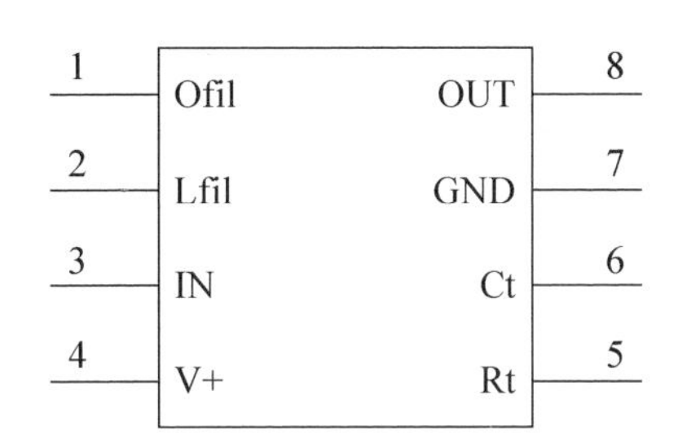

图 4.7　X9511W 原理图符号

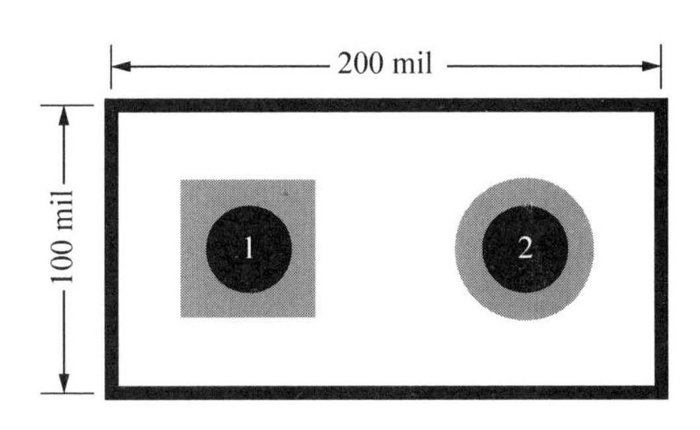

图 4.8　U1 元件封装

(5) 绘制双面电路板图。

要求：

① 电路板尺寸不大于 3000mil×3000mil。

② 信号线宽为 20mil，电源线宽为 40mil，接地线宽为 50mil。

③ 在电路板边界外侧注明自己的工位号。

六、安全文明

在实训期间，应做到安全文明。

(1) 遵守纪律，听从指挥。

(2) 认真自觉，在规定时间内完成。

(3) 操作规范，安全生产。

(4) 严禁他人代做，独立完成。

(5) 保证质量。

2) 项目活动设计的关键：活动实施过程的设计

项目任务书只给学生呈现项目活动的具体对象和需要取得的成果，但是它并没有详细地指导学生应该怎样做，这就需要课程开发人员对项目活动的实施过程进行具体和详细的展开，从而为学生提供操作性较强的指导。项目活动实施过程的设计主要涉及以下几个方面，如活动的对象，主要包括产品、服务、文献和控制程序等，活动实施的步骤、技术、所需要的资源(如工具、器材、设备和材料等)、所要达到的工作要求(如企业标准)、规范的操作方法和注意事项。在设计项目实施过程的时候，项目课程设计者应该注意以下几点。

首先，各个活动的展开要根据工作过程，要具有逻辑性。在项目中，各个任务的存在不是孤立的而是相互联系的，它们共同致力于项目目标的完成，项目课程开发人员在设计活动实施过程时要根据工作过程的逻辑进行编排。

其次，注意和活动实施报告书的区别，尽量不要呈现执教教师、上课时间、活动场所、学生分工与协作情况(独立工作或团组合作)及活动起始时间这些要素，因为现实中具体的教学组织所涉及的问题，会根据不同的教学状况而进行调整，这些要素一般会在学生的项目实施报告中涉及。

最后，尽量不要将项目任务书中使学生获得的学习结果呈现在活动实施中，否则就会让学生失去探究的动力，致使项目任务书形同虚设，而要利用项目活动过程这个“渔具”来钓出项目任务书中要的“鱼”。

3) 项目活动的重要形式：案例的设计

【参考图文】

案例是根据教学需要选择和编制的包含人物、情节和问题等要素的一种叙述性和真实性的教学材料。之所以将之纳为项目活动的重要形式，是因为它有重要的功能。

(1) 案例可以促使学习者学习方式的转变。把案例引入项目课程有助于转变学习者的学习方式，这是因为案例本身不是学习者的掌握对象而是一种学习介质，案例不直接呈现知识，而是通过理解案例、分析案例提出的问题、提出可行的解决措施、讨论和修改问题解决措施等复杂学习过程来获取知识。案例没有提供直白式的现成答案，相反还设置了获取答案的障碍，学习者要获取答案就需要寻找破除这些障碍的方法，使得学习方式由被动性和待哺性转变为主动性和建构性。

(2) 案例是连接理论和实践的重要纽带。项目课程中加入案例可以有助于理论和实践紧密结合，这是因为案例本身就来源于实践一线，案例中的问题解决需要有理论的指导，根据案例问题解决的需要进行理论的反省和思考，领悟到案例中隐含的理论也使理论或原则得到检验与印证，加强了理论和实践的对话，同时案例具有一定的范畴性，通过对某一案例问题的解决，可以形成一定的经验，在面临类似的情境时可以把从案例中获得的经验和理论加以应用，促使理论和实践的连接。

(3) 案例是激发学习兴趣的重要推动力。案例学习可以提高学习兴趣，是因为案例是来源于实践的事件，具有相对完整的情节，这些情节没有造成记忆的负担，相反会引导学习者进入情境，使其进入到学习中，在趣味情节的推动下学习者会对案例的问题进行深入的思考，案例在有趣的学习体验中形成对知识和技能的建构。

(4) 案例有助于形成合作和对话的教学氛围。案例引入项目课程后可以有效地改变教学氛围，因为一方面案例不是陈述性的知识而是包含着一些待解决的问题，在案例教学时不能把案例直接传授给学生，而是要引导学生参与案例的探讨，加强了师生之间的对话。另外，案例的答案通常不是唯一的而是多元的，不同的学生对案例有不同的看法，通过相互讨论，有助于检验彼此的观点，激发新的灵感，形成新的问题解决思路，而且也在对案例的探讨中形成合作和对话的关系，这样就使师生与生生之间形成以案例为轴心的对话关系，教学氛围也变得活跃和具有生机，在自由和开放的课堂氛围中教师不再是孤独的表演

者，学生也不再是温驯的听众，他们是紧密的合作者和对话者，这样的教学氛围是职业技术学校急需构建的。

通过对案例功能的考察，将案例纳入项目课程活动是可取的。在设计项目课程中的案例之前，需要明确优质案例应该具有的特征。优质案例应该具备以下三大基本特征。

(1) 案例要有真实性。案例来自于实际生活中真实事件的片段，真实性是案例最为基本的要求。案例的一些构成要素都需要具有真实性，即使在有些情况下出于保护案例中的隐私信息而需要对原案例进行适当的保密性处理，这种情形下也要尊重事实而不能杜撰和篡改案例。

案例的真实性可以增强对案例的认同度和学习兴趣，同时通过对真实性案例的问题的解决，可以在类似的真实情境中应用所获得的案例经验，但是如果案例是虚假的，在实际工作中找不到类似的情境也不能应用所获得的经验，如果学习者认识到案例的虚假性会使案例的作用不能有效地发挥。

(2) 案例要符合学习者的特点。在项目课程中设置案例主要是为了更好地促进学习者的学习，学习者在案例学习中是主角，如果选择的案例不考虑学习者的特点，那这种案例就失去了存在的必要性。

要使选择的案例符合学习者的特点需要注意以下几个方面。

首先，案例的内容和主题能被学习者理解。职业教育中学生知识素质情况并不乐观，因此，不能选择过于晦涩和深奥的案例，应该选择一些表达清晰和深入浅出的案例。

其次，案例要有一定的新颖性。要使所选择的案例具有时代感，让学习者耳目一新，当然也不排除采用经典案例，但是尽量避免选择已经过时的案例，因为这样的案例缺乏吸引力。

最后，案例要有适度的挑战性。具备一定挑战性的案例可以激发寻求应对挑战的解决方案，通过完成案例，会具有一定的成就感和自信心。

(3) 案例要符合课程实施的需要

案例引入项目课程的目的并不仅仅是增强教材的趣味性，而是使之成为支持课程实施的有力手段。案例要满足课程实施的需要，必须具备以下几点。

首先，案例必须符合课程目标。案例要有核心主题，如果该主题与课程目标差异较大，或者根本不相关，则不能被选择。

其次，案例的长短要在课程实施允许的时间之内。课程实施的基本时间单位称为学时，如果案例较为复杂并且议题多，案例的实施需要占用大量的学时，就会难以维持持久性的学习动机。

最后，案例的选择也要考虑现有的教学条件。如果案例的实施对教学条件的要求过高，超出现实教学条件的要求也不能将其选入教材。

在了解案例特征的基础上，需要对案例进行具体的设计，一般来讲案例的设计包括以下三个方面。

(1) 案例标题的设计。标题是案例的重要组成部分，它是对案例内容的凝练性的概括，也是对案例主题最直观的表达。有些案例没有标题，则需要花费时间阅读案例才能明确案例的主题，而且案例标题的缺失还会减弱深入探究案例的兴趣。如果案例的标题使用不当，

一方面降低了案例的品质，另一方面会误导对案例的理解。因此，需要重视案例的标题设计。案例标题的设计要注意以下几点。

首先，标题要和主题紧密相关，不能偏离主题。

其次，标题要简洁，不能使题目冗长，在必要的时候可以加用副标题。

再次，标题要有吸引力，要别出心裁以增强案例的趣味性。

最后，标题不能给学习者提示案例的答案，也不要先入为主地摆明立场，这样会影响学习者的判断和思考。

(2) 案例正文的设计。案例的正文部分主要包括引言、背景和过程情景等要素。

引言是案例中的先行组织者，它主要是隐晦地阐述事件的主题，对案例有基本的认知，引言的设计要言简意赅，利用一个小段落甚至几句话就可以。

背景是指对案例所处的特定时空境况的说明，是案例事件产生的重要动因，使案例具有情境性，使案例原貌得以还原，这有利于对案例的深入了解。案例背景的设计要忠实于事实，另外背景要围绕案例的主题不能扩大化，要使案例和主题密切相关。

过程情景就是在案例背景的基础上对主题的详细描述，主要交代完整的过程，其中最关键的部分就是对条件和问题的阐述，必须突出存在的问题困境，明确案例中的问题是什么，以激发学习者，使其进行思考并寻求可能的问题解决对策。

(3) 案例附录的设计。案例的正文设计只是把案例本身进行了叙述，而案例的目的不是叙述一个事实，而是要通过对事实的解读进行思考和讨论，这就需要针对正文提出一些研究问题，或者是为正文的问题提供一些解决的方案或评论等，这些内容需要附录来承载。对附录应该包含两种内容设计，即案例问题设计与评论设计。

首先，案例问题设计应遵循以下原则。

① 问题之间要有顺序性。因为所设计的问题在难度和性质上是有差异的，这需要对其进行逻辑安排。一方面根据问题的难度差别实行从易到难和从简到繁的梯度安排，另一方面根据问题的性质差异采用“事实性问题→分析性问题→策略性问题”的设计逻辑。事实性问题主要包括对案例的主题、问题困境及人物行为等方面的考察；分析性问题主要是对事实性问题背后的原因进行挖掘和解释；策略性问题主要是针对这些问题和困惑提出一些方案或者与原有经验中的类似境况进行比对总结经验。

② 问题要突出重点。在设计案例问题时要围绕着主题进行设问，使问题在有限的教学时间内得以解决，一些非核心的问题可以根据学时和学习者的能力进行随堂提问。

③ 研究问题的表述要清晰。案例问题的使用者主要是学习者，如果设计的研究问题表达不清晰，这会使学习者产生认知模糊，因此问题要简洁、清晰和明确。

④ 问题要有中立性和开放性。案例的研究问题是学习者有待思考和解决的，不能在问题中表现出某种暗示或者是个人观点的倾向，这样学习者的思路会受问题设计者的观点左右。另外，所设计的研究问题要有开放性，不能仅停留于“是和非”这样的问题层面，而是应该设计一些具有思考空间更大和复杂性更强的问题。

其次，评论设计要注意以下三个方面的要求。

① 案例的评论要简明扼要。在项目课程中案例只是其中的一个组成部分，案例的正

文已经占用一定的篇幅，为了不增加学习者的学习负担就需要使评论简明扼要，减少学习者对其的畏难情绪。

② 案例的评论要有不同的声音。这就要求对同一主题设计多者评论，不能仅仅陈述一家之言，而是要采纳不同评论者的多元角度的观点，能为学习者提供更多的参考和启发。

③ 案例评论的呈现可以根据需要而定。案例的呈现到底是应该紧跟正文还是单独成册，是让学习者直接参阅还是为教师所持有，这些问题尚无定论，这需要根据评论的性质和讨论的目的而定，如果评论不是替案例问题提供答案而是提供了分析案例的角度和方法，就可以将其附在问题之后，相反的情况下就可以考虑将评论与案例分开设计。

4.3.2　项目知识设计

1. 知识在项目课程中存在的合法性

项目课程反对职业教育课程存在学问化倾向，而传统课程之所以产生学问化的问题，其重要诱因在于它对知识处理不当，如课程中的理论知识自成一体、理论和实践分离、理论知识和工作任务需求联系疏松等。

项目课程反对学问化现象，但是并不因此否定知识的合法性，因为项目课程不是训练学生执行性的操作技能，它要学生知行合一，兼具操作技能和智慧技能，这就要求项目课程中不能仅有实践操作的内容，还要包括那些支撑活动开展的知识，因此，知识在项目课程中有存在的必要，需要对其进行新的设计。

2. 项目课程中知识的内涵与具体设计要求

项目课程中的知识主要涉及三方面，即技术实践知识、技术理论知识和拓展性知识。下面分别对这三方面知识的内涵与具体设计要求进行阐述。

1) 技术实践知识的设计

技术实践知识应该包括与技术实践紧密相关的规则性、情境性与判断性三类知识，三类知识的内容如图 4.9 所示。

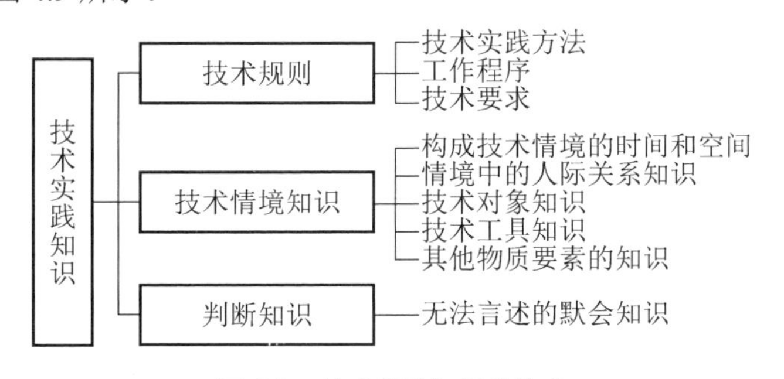

图 4.9　技术实践知识的构成

三类实践知识为项目课程设计提供了框架，在具体设计相关实践知识时要注意三方面的要求。

(1) 以课程标准为选择技术实践知识的依据。在项目课程中，课程标准包含课程中要完成的工作任务、所需要的技能和知识的内容与要求。工作任务会被设计到项目课程中，要保证工作任务的完成就需要选择技术实践知识进入课程，且这些知识不是凭空想象的，它需要参照课程标准中相应工作任务所需要的技能和知识的要求，因此，必须以课程标准为技术实践知识选择的现实根据。

(2) 确保技术实践知识在项目课程中的核心地位。如果将项目课程内容看成是带有圆环的同心圆，那么处于中心的应该是项目活动，环绕中心的部分就是技术实践知识，技术实践知识对项目活动的完成具有直接意义。

(3) 重视对“原始”知识的引入。所谓原始知识就是指工作一线正在利用的、鲜活的材料和知识。例如，电子生产企业使用各种工艺文件、工艺卡、电子产品设计任务书及装配图等。将这些工作现场使用的知识和材料充实到项目课程中，会使课程内容真正地与现实岗位的任务内容相一致。将这些原始的知识引入到项目课程中，还可对学生的职业能力培养起到事半功倍的功效。

2) 技术理论知识的设计

项目活动的过程不是纯粹的机械操作，而需要智慧参与其中，例如，要明白某一项目活动为什么能这样做而不是那样做、某一机器是怎样运作起来的、某一技术规则起效的原理是什么等这类问题，都需要技术理论知识。对此进行解释和分析，以对活动过程和活动中的要素有更深刻的把握。

在技术理论知识的设计中应注意以下几点。

(1) 不能将技术理论知识置换成科学知识。技术理论知识和科学知识有着密切的关联，但是二者不能等同。技术理论知识和具体的任务紧密相关，打上了情境的烙印，而科学知识则具有自在性，是去情境的，与工作任务或许有关联，但相对较为疏松。例如，直流稳压电源，技术理论知识涉及直流稳压电源电路组成和各部分之间的协调工作过程等，而科学知识则会更关注能量关系、参数估算等的知识。如果将二者等同，项目课程内容的实用性将大大降低。

(2) 技术理论知识与技术实践知识的关系。首先，技术理论知识要围绕着技术实践知识来选择。技术理论知识不能直接作用于项目活动，只能通过对技术实践知识的解释来实现和项目活动的关联，因此，技术理论知识的选择不能随意，必须紧密围绕着技术实践知识，才不会冗杂和缺乏目标性。

其次，注意二者的逻辑安排。在项目课程中，技术理论知识是为了实践活动更为理性，对实践活动有更深的了解，能具备分析和解释活动的能力和迁移能力。技术理论知识不能灌输，只能在实践的基础上，产生需要了解的情况下，才能更好地发挥效用，因此技术理论知识要呈现在技术实践知识之后。

(3) 正确看待技术理论知识的零碎性。长久以来，“系统”“条理”和“体系化”是人们对课程内容设计质量的褒扬，但是，项目课程中的理论知识将打破这一常规，它会出现零碎性。因为技术理论知识是根据项目活动的实施选择的，会由众多与项目活动相关的、不在同一体系下的知识组成，这样就出现技术理论知识零碎的现象。需要正确看待这一问题。其实技术理论知识呈现零碎性，并不代表无逻辑性，也不是混乱的，根据项目活动的需要选择，根据活动的工作过程安排。它由知识本身的内在逻辑性转换成工作过程的逻辑性，项目课程开发者不必担心技术理论知识的零碎性。

3) 拓展性知识的设计

拓展性知识就是对项目课程中已有的知识在范围和深度上进行扩展，它的存在具有重要的意义。

(1) 克服了项目课程中知识量不足的问题。项目课程中的知识是根据项目活动的需要选择的，这些知识主要用于保障一些主要技能的完成，而对于一些次要的或者简单的任务则缺少一些知识的辅助，拓展性知识可以针对这些任务进行知识补遗，使课程内容更为完整。

(2) 满足了不同的学习需要。职业技术学校的学生也有不同的学习需求，尤其是优秀的学生不再满足于围绕着项目活动选择的知识学习，而具有更高的学习要求。在此，拓展性知识作为一种“选学”性质的知识可以在一定程度上满足需求。

设计拓展性知识的时候，可以采用以下方式。

① 直接呈现式，即将拓展知识完整地呈现。

② 采用间接的方式，如提供某网站的地址或书目供查找和学习。

③ 采用以上两种方式的混合，即量少的知识采用直接呈现，而量大和不容易呈现的知识采用间接式提供。

4.4　电子技术专业教学项目案例设计主要技术

4.4.1　电子技术专业教学项目案例来源

项目教学法充分体现了以学生为主体的教学理念，有利于激发学生的学习兴趣；培养学生自主探究、分析问题、解决问题的能力，将理论知识运用于实践的能力及合作能力。而教学过程中，项目的确定是项目教学成功的关键，在明确的教学目标指导下，综合考虑项目的统筹设置、项目间的联系和层次递进。项目案例的选择还要以教学内容为依据，既要与理论知识紧密结合，又要能够充分体现当前工程的实际情况，还要有一定的创新空间，使学生既能运用已有知识，又可以创造发挥，最后，还必须是现实可行、有条件完成的项目。

项目案例来源主要有几条途径：一是来自企业的真实项目；二是来自经典示例项目；三是通过设计的教学项目。

4.4.2　电子技术专业教学项目案例选取

项目案例的选取必须针对教学对象和教学内容。

首先，项目案例的难易度要针对学生实际的认知水平和能力水平，符合学生的“最近发展区”，项目案例要被大多数学生喜爱，使学生有自我发挥的空间，通过自己的努力也有能力完成项目的任务，使学生有机会体验到成功的快乐。同时也应给学生一定的压力，否则学生很容易放任自由，难以保证教学质量。具体标准可根据具体项目、学生的实际情况制定，不提倡制定得很高，如果很难达到要求，学生很容易知难而退，不利于自信心、成就感、学习兴趣的培养。

例如，电子制作是专业技术实践知识课程，针对实际情况，由浅入深地将电子制作教学内容设置了四个教学项目案例。利用四个项目案例有次序地进行项目教学，设定元器件识别、电路图认知、电子产品安装基本技能等目标，每个项目逐渐增加知识与技能，项目从易到难。项目案例选取实际产品，分别为多路交替闪烁彩灯、可调光 LED 灯、4 路抢答器、感应路灯。项目案例进行了教学转化设计。

其次，项目案例要包含全部教学内容，并尽可能自然、有机地结合多项知识点，合理地综合若干教学模块，这样有利于学生学会运用所学的知识解决具体的问题，使技能和知识得到迁移，从而调动学生学习的积极性，提高学生学习效率。

项目案例的选取要使学生有适合的切入点，教师和学生共同参与项目的选取，并且教师要注意启发学生去主动发现身边的素材，选择难度适合的项目。

第一，项目案例要有明确的目标。要求教师在学习总体目标的框架上，把总目标细分成一个个的小目标，并把每一个学习模块的内容细化为一个个容易掌握的项目，通过这些小的项目来体现总的学习目标。

第二，项目案例要符合学生的特点。不同的学生，他们接受知识的能力往往会有很大的差异。教师进行项目选取时，要从学生实际出发，充分考虑学生现有的文化知识、认知能力、年龄、兴趣等特点，做到因材施教。考虑到学生对交通灯十分熟悉，可以将“十字路口交通灯控制系统”列为教学项目，要求学生写出 I/O 分配表、I/O 接线图、程序并作注释，完成操作。

第三，项目案例设计要注意分散重点、难点。掌握电子技术知识和技能是一个逐步积累的过程，项目设计时要考虑项目的大小、知识点的含量、前后的联系等多方面的因素。

第四，以布置项目的方式引入有关概念，展开教学内容。在传统的教法中，引入有关概念时，往往是按“先提出概念，再解释概念，最后举例说明”的顺序。在新的教学方式中，应以学生的认知规律为依据，以“先布置项目，再介绍完成项目的方法，最后归纳结论”的顺序引入有关概念，展开教学内容。

例如，二极管、晶体管的工作原理通过看不见、摸不着的载流子运动讲解，既抽象，又难以让人信服。引入项目课程后，可以尝试根据元器件的伏安特性的测量，用测量的结果说明特性，分析工作原理中的结论部分。教师的工作主要集中在项目设计、教学组织、结果分析，学生通过测量类的教学项目认识器件，包括封装、器件特性。

另外，项目案例的选取要紧跟电子技术专业的更新和发展，使学生能够提升专业技能和提高职业能力。以劳动力市场分析为主的社会需求分析，是确定电子技术培养目标的先决条件，也是电子技术相关专业教学项目选择的重要步骤。

当然，项目案例的选取需要结合不同的教学阶段进行选择。在教学实习阶段，可以选取小项目，通过完成小项目掌握相应的知识点，选取的项目案例的功能相对单一，贴近生活实际，能充分发挥学习的主动性。在课程教学阶段，可以选取相对复杂、结合生产生活实际的项目案例，通过完成教学项目体验到成功的喜悦，同时积累实际工作的经验。因此，项目案例的选取既要有切入点，又要使各教学项目之间有联系点，还要使其能够最终形成一个大作业，即综合应用系统的模块设计。通过项目教学，在完成一个个项目的同时，提高了分析问题、解决问题的能力和综合职业能力。

4.4.3　电子技术专业项目课程案例设计的主要技术

1. 电子技术教学项目案例设计思考

对教学项目案例解构与重构的思考有以下几点。

(1) 教学项目案例解构的本质：把一个较为复杂的电子系统分解成若干个简单的子电路，以便于对电路的功能进行分析与测试。

(2) 与解构过程相反，教学项目案例重构的本质：把若干个简单电路，通过接口电路设计，组成一个较为复杂的电子系统，以便于组成新功能或具有新功能的电子系统。

(3) 通过解构与重构过程能有助于电子技术教学项目开发。

(4) 通过解构与重构过程能增加教学项目的灵活性。

(5) 通过解构与重构过程能使项目课程的多个项目形成综合实训项目。

例如，稳压电源电路是电子产品中重要的模块电路，其主要的组成如图 4.10 所示。其中，稳压部分主要由调整、采样、基准电压、比较、放大等电路组成。把一个相对完整的电路作模块化分解的过程，就是解构过程。

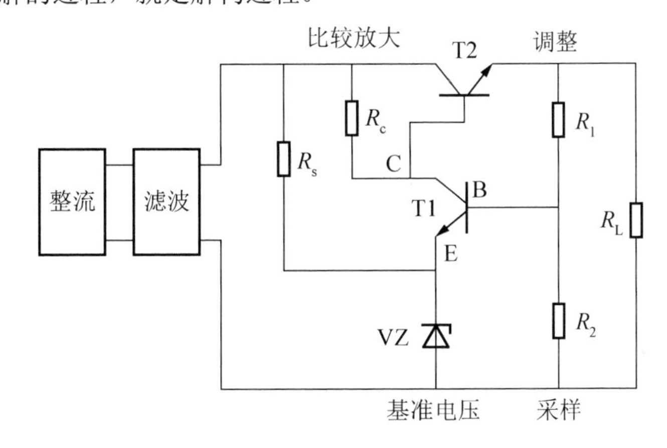

图 4.10　稳压电源电路的组成

对基本串联型稳压电路制作并进行测试，主要关注的是负载输出电压与哪些因素有关，例如，改变 R_1 与 R_2 的比例，输出电压如何变化？改变 VZ 的稳压值，输出电压如何变化？

要深化讨论的问题，体现现代电子技术，可以考虑数控电源的项目拓展。例如，将串联式稳压电源改装为数控稳压电源的问题就引入课程，应从哪儿入手？只有分析清楚前面串联稳压电路，才能分析数控电源的结构，图 4.11 所示为实际使用的数控稳压电源。

为了使控制简便，在上述数控稳压电源的基础上，加上单片机控制，即以单片机为控制核心的程控直流稳压电源，图 4.12 所示的直流电源是目前企业生产的程控直流稳压电源的主要结构。

这个教学项目案例设计，主要验证从单一模块电路的直流稳压电源教学项目案例，经过项目解构与重构的设计，还原了程控电源的发展思路，以典型的串联稳压电路为起点设计了综合实训项目程控稳压直流电源的案例。如果框图中相应的模块电路准备完整，其重构过程也会很方便，项目课程活动设计也可按该过程设计。另外，从实例可以发现，单元电路模块化成了电子电路教学项目解构与重构的基础。

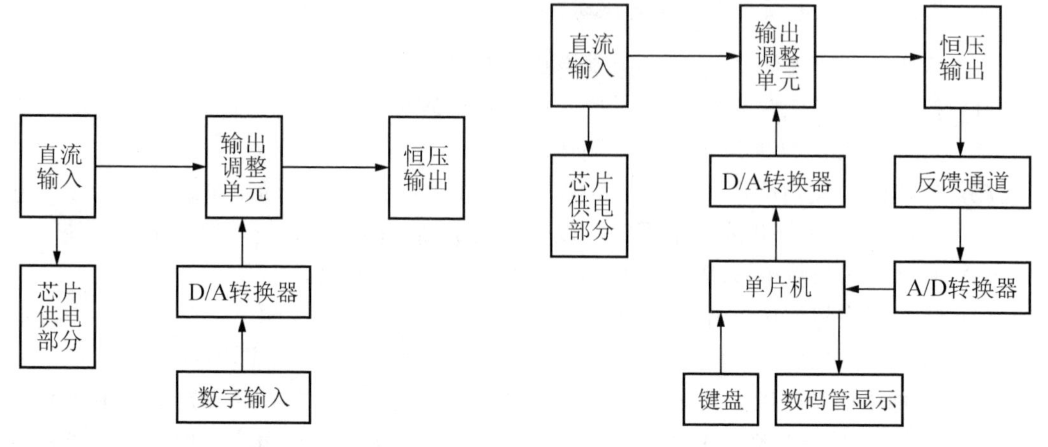

图 4.11　数控直流稳压电源项目框图　　　　图 4.12　程控直流稳压电源

2. 电子电路模块化设计步骤

【参考图文】

电子电路模块化教学项目设计步骤如图 4.13 所示。

(1) 解构目标电路。挑选出一般目标电路中的那些常用的电路部分，并分析其是否有必要进行模块 PCB 的制作。

(2) 规划模块电路。模块 PCB 上的元件及布局规划，确定各模块上所需的电子元器件及接口。

(3) 电路设计。制作 PCB，使设计成型。

(4) 接口设计。分别测试各模块的功能实现情况，试验接口是否灵活可靠。

(5) 系统构建与测试。将模块搭建成一个曾经已经稳定成型的设备，并测试模块搭建出的设备功能是否和已成型的设备相同。

(6) 编写测试报告。讨论当前模块电路的使用情况及优缺点，并持续改进模块，以适应更多系统。

3. 基于解构与重构技术的项目案例设计基本结论

通过专业实践，采用解构与重构方式的项目案例设计，对职业技术教育电子技术专业课程开发至少有以下几点好处。

(1) 解决了多个项目之间包含关系的教学项目案例拆分。

(2) 方便了重构项目的序化设计，如图 4.14 所示，提供了适用于综合实训项目开发的方法，同时，项目的活动设计非常分明。

(3) 使知识和技术的学习与技能训练得到很好的融合。

(4) 降低了电子线路分析难度。当然，解构的模块可大可小，模块最小单元为基本单元电路，所以这种方法为电子技术的专业教学的项目划分提供了合理的手段。

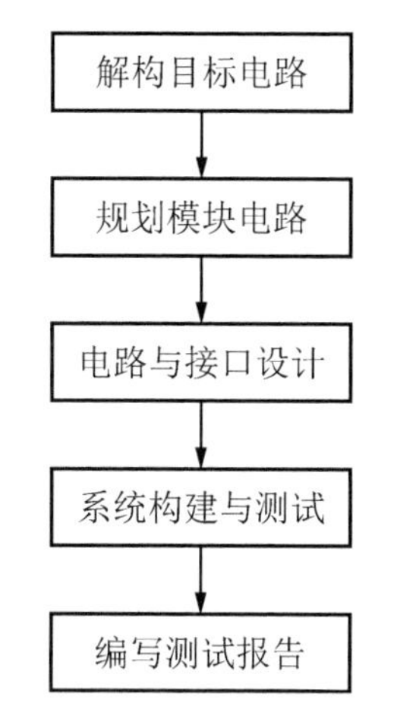

图 4.13　电子电路模块化教学项目设计流程

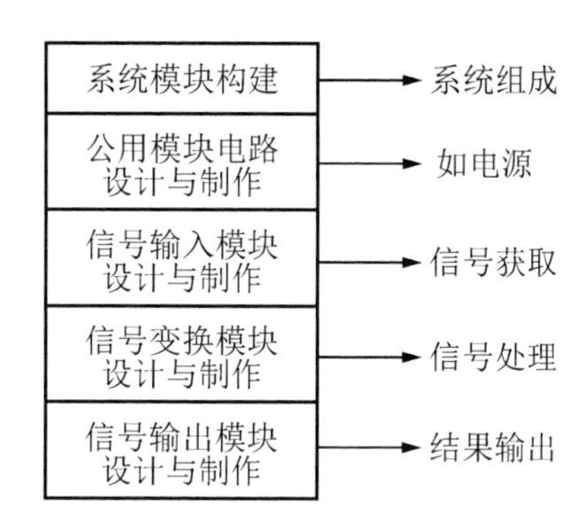

图 4.14　重构项目的序化设计

4. 电子技术专业教学项目案例设计的重复使用特性

为了读图方便和电路设计任务的划分，功能复杂的电路常常采用层次化设计方法。层次化设计中的子电路，也称模块，在原理图设计中可以根据任务要求具有重复使用的特性，这种特性成为重用性。

模块化电路设计则在层次化设计的基础上更进一步，即将子电路的原理图与其物理设计(PCB)对应起来做成物理模块。模块不仅在原理图设计中可以方便地被其他设计重复利用，而且在 PCB 设计中，模块电路可以像调用器件封装一样方便，模块电路不需要重新布局布线。

模块化电路有以下优点。

(1) 简化设计过程：将复杂的电路分解成可重复利用的模块，对模块进行独立的测试，提高电路设计质量。

(2) 实现团队协同设计：将大的电路划分为较小的模块，各个部分的设计者可以根据策划，并行原理图设计、PCB 的布局布线设计，最后整合到一个 PCB 上，缩短单板的设计周期。

(3) 便于设计的重利用：模块化的电路，其原理图和 PCB 可以方便地用于其他设计中，不仅省时，同时可以避免重新设计可能引入的差错。

(4) 模块化电路设计，不仅可以对模块直接利用，而且可以很方便地对模块部分进行修改利用，如更换器件、改变连线关系。模块电路可以嵌套。

例如，模块重用下，高频电子电路课程教学项目案例设计。用模拟信号最基本的单元电路设计通信电路的主要单元电路，使得通信电路课程项目任务建立在原有知识基础上，为通信电路的项目教学设计提供参考。

按照解构与重构方案看，组成通信电路中的单元电路，其最基本的模块有加减法电路、乘法电路、滤波电路，这些都是电子技术专业基本模块电路。在不同的通信电路多次重复使用，在教学项目案例设计中收到明显成效。

调谐放大电路是对某一频率的信号进行放大，而其他频率信号受抑制的电路。这种电路可以理解为先对各种频率的信号进行放大，称为宽带放大，再选取所需频率信号，该电路即为带通滤波电路，或称为选频网络。

混频电路是对某一频率的信号进行频率变换，就是载波信号频率的变换。该项目需要解决如何实现频率变换的问题，需要三角函数的数学基础，这对数学等工具课程的开发有指导作用。经过频率变换后，有多种频率的信号，如何从中选取所需的信号？还是选频网络。

根据调谐放大电路与混频电路的模块分析，得到图 4.15 所示的调谐放大电路与混频电路的模块框图。

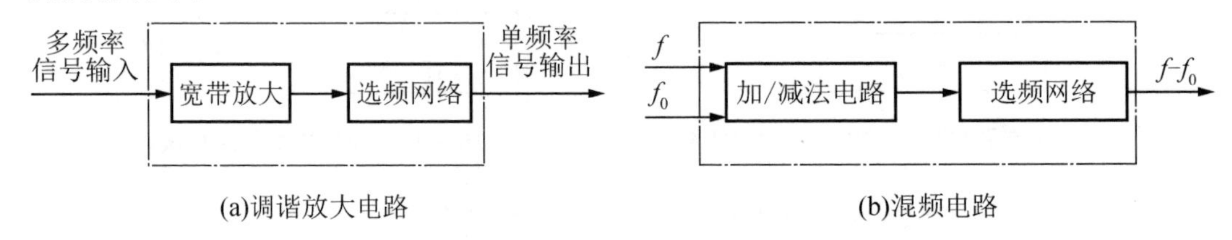

图 4.15 基于重用性设计的调谐放大电路与混频电路的组成模块框图

采用相同的方法，实现了基于重用技术的调制电路与解调电路的组成模块，分别如图 4.16(a)、图 4.16(b)所示。

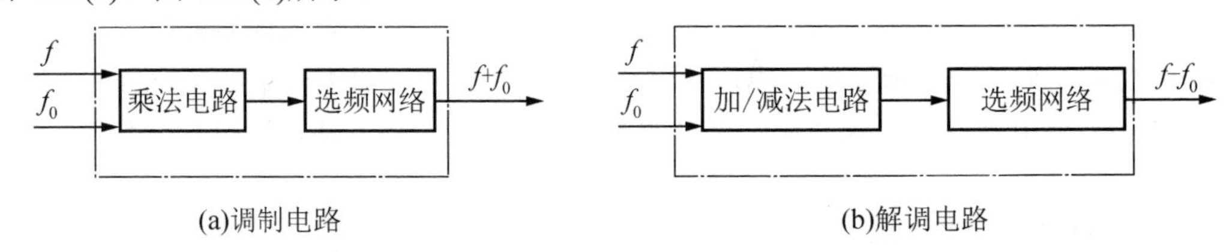

图 4.16 基于重用性设计的调制电路与解调电路的组成模块框图

用电子电路的重用技术解决了通信电路中的主要单元电路的项目设计内容与案例设计。

4.4.4 电子技术专业项目课程案例设计方法

1. 项目课程案例设计的基本原则

项目课程案例设计时，应当遵循的基本原则如下。

(1) 满足功能和性能指标要求。设计必须能完全满足要求的功能特性和技术指标，这是项目课程案例设计时必须满足的基本条件。

(2) 电路简单。在满足功能和性能要求的情况下，简单的电路不仅是经济的，同时也是可靠的，所以电路应尽量简单。值得注意的是，系统集成技术是简化系统电路的最好方法。

(3) 电磁兼容性好。电磁兼容特性是现代电子电路应具备的基本特性，所以一个电子技术专业项目课程案例应当具有良好的电磁兼容特性。设计时，必须能满足给定的电磁兼容条件，确保案例能正常工作。

(4) 可靠性高。项目课程案例的可靠性要求与实际用途、使用环境等因素有关。任何

一种工业级产品的可靠性都是以概率统计为基础的，因此，项目课程案例的可靠性只能是一种定性估计，所得到的结果也只能是具有统计意义的数值。实际上，项目课程案例的可靠性计算方法和计算结果与设计人员的实际经验有相当大的关系，项目案例设计人员应当注意积累经验，以提高可靠性设计的水平。

(5) 系统集成度高。最大限度地提高集成度，是项目课程案例的设计应当遵循的一个重要原则。高集成度的项目案例，必然具有电磁兼容性好、可靠性高、制造工艺简单、质量容易控制及性能价格比高等一系列优点。

(6) 调试简单方便。这要求电子电路设计者在设计案例时，必须考虑调试的问题。如果一个项目案例不易调试或调试点过多，则这个案例的质量是难以保证的。

(7) 加工工艺简单。加工工艺是项目案例设计人员应当考虑的另一个重要问题，无论是批量还是样品，加工工艺对电子电路的制作与调试都是相当重要的一个环节。

(8) 操作简便。操作简便是项目课程案例的重要特征，难以操作的案例是没有生命力的。

(9) 性能价格比高。尽可能选择重用性高的模块电路。

2. 项目课程案例设计的方法

根据项目课程案例的功能和结构的层次性，通常有如下三种设计方法。

1) 自顶向下的设计方法

所谓自顶向下的设计方法，就是根据案例提出的指标或需求，从整体上规划整个电路的功能和性能，然后对电路进行划分，分解为规模较小、功能较简单且相对独立的模块，并确立模块之间的关系。这种划分过程可以不断地进行下去，直到划分得到的单元可以映射到物理实现，这种物理实现，可以是具体的部件、电路和元件。

2) 自底向上的设计方法

所谓自底向上的设计方法，就是设计人员根据功能，首先从现有的通用元件中选出最适合的核心元件设计模块，当一个模块不能直接实现功能时，就需要设计由多个模块组合实现。该过程一直进行到要求的功能全部实现为止。

这种方法的优点是可以继承使用经过验证的、成熟的模块，从而可以实现设计重用，减少设计的重复劳动，提高设计效率。其缺点是设计过程思想受限于现成可用的元件，故不容易实现系统化、清晰易懂及可靠性高、易维护的设计要求。

3) 以自顶向下的设计方法为主导，并结合使用自底向上的设计方法

随着电子设计新器件的出现，为了实现设计重用及电路模块化测试，通常采用以自顶向下的设计方法为主导，并结合使用自底向上的设计方法。

这种方法既能保证实现系统化、清晰易懂及可靠性高、易维护的设计要求，又能充分利用现有模块，减少重复劳动，提高设计效率，因而得到普遍应用。

3. 项目课程案例设计的流程

借鉴电子系统设计流程，给出项目课程案例设计流程，如图 4.17 所示。由于电路种类较多，设计的步骤有所差异，因此，图 4.17 中所列各环节往往需要交叉进行，甚至出现多次反复。

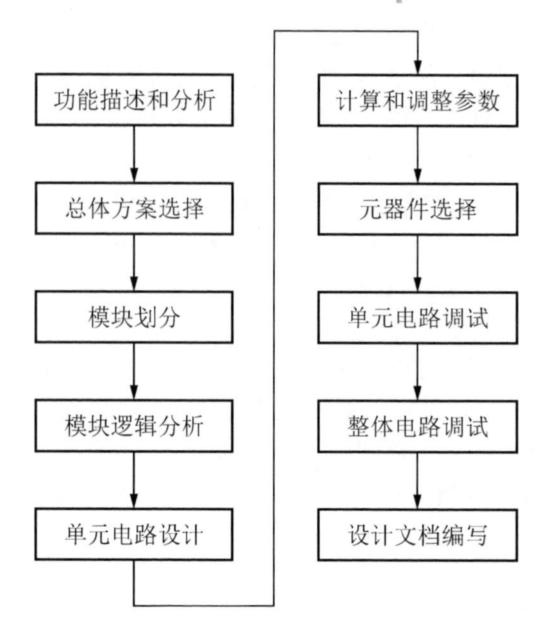

图 4.17　项目课程案例设计流程

1) 功能描述和分析

一般项目案例设计给出的是案例功能、重要技术指标，这些是项目案例设计的基本出发点。但仅凭给出的要求还不能进行设计，设计人员必须对各项要求进行分析，整理出系统和具体电路设计所需的更具体、更详细的功能要求和技术性能指标数据，这些数据才是进行项目案例设计的原始依据。同时，通过分析，设计人员还可以更深入地了解案例的基本特性。

2) 总体方案选择

总体方案的拟定主要针对所设计的任务、要求和条件，根据所掌握的知识和资料，从全局出发，明确总体功能和各部分功能，并画出一个能表示各单元功能和总体工作原理的框图。通常符合要求的总体方案不止一个，设计人员应仔细分析每个方案的可行性和优缺点，并从设计的合理性及技术的先进性、可靠性和经济性等方面反复比较，选出最合适方案。

3) 模块划分与模块逻辑分析

当总体方案明确后，应根据总体方案将设计划分为若干个部分，并确定各部分的接口参数。如果某一部分的规模仍较大，则需进一步划分，划分后的各个部分规模大小应合适教学需要，便于项目课程的开展。划分好模块后，对其进行逻辑分析。

4) 单元电路设计

设计单元电路前必须明确对各单元电路的要求，详细拟定出单元电路的性能指标，主要包括电源电压、工作频率、灵敏度、输入/输出阻抗、输出功率、失真度、波形显示方式等。根据功能和性能指标，查找有关资料，看有无现成电路或相近电路。若没有，则需要设计。不论是采用现成的单元电路，还是自行设计的单元电路，都应注意各单元电路间的配合问题，注意局部电路对整体电路的影响，要考虑是否易于实现、检测，以及性能价格

比等问题。因此，设计人员平时要注意电路资料的积累。在设计过程中，尽量少用或不用电平转换接口电路，并尽量使各单元电路采用统一的供电电源，以免造成总体电路复杂，并导致可靠性、经济性均差等缺点。

另外，具体设计时，可在符合设计要求的电路基础上进行适当改进或进行创造性设计。

5) 计算和调整参数

在电路设计过程中，必须对某些参数进行计算后才能挑选元器件。只有深刻地理解电路工作原理，正确地运用计算公式和计算图表，才能获得满意的计算结果。在设计计算时，常会出现理论上满足要求的参数值不唯一的问题，设计者应根据价格、体积和货源等具体情况进行选择。计算电路参数时应注意下列问题。

(1) 各元器件的工作电流、电压和功耗等应符合要求，并留有适当的裕量。

(2) 对于元器件的极限参数必须留有足够的裕量，一般应大于额定值的 1.5 倍。

(3) 对于环境温度、交流电网电压等工作条件应按最不利的情况考虑。

(4) 电阻、电容的参数应选计算值附近的标称值。

(5) 在保证电路达到功能指标要求的前提下，应尽量减少元器件的品种、价格、体积、数量等。

6) 元器件选择

根据所设计电路的元器件参数要求选择电阻、电位器、电容、电感等元器件，以及选用集成电路。所选集成电路不仅应在功能、特性和工作条件等方面满足设计方案的要求，而且应考虑到封装方式。

7) 单元电路调试

在调试单元电路时应明确本部分的调试要求，按调试要求测试性能指标并观察波形，调试顺序按信号的流向进行。这样，可以把前面调试过的输出信号作为后一级的输入信号，为最后的整体调试创造条件。通过单元电路的静态和动态调试，掌握必要的数据、波形、现象，然后对电路进行分析、判断、排除故障，最终完成调试要求。

8) 整体电路调试

整体电路调试应观察各单元电路连接后各级之间的信号关系。主要观察动态效果，检查电路性能和参数，分析测量的数据和波形是否符合设计要求，对发现的故障和问题及时采取处理措施。

整体电路调试时，应先调基本指标，后调影响质量的指标；先调独立环节，后调有影响的环节，直到满足系统的各项技术指标为止。

9) 设计文档编写

实际上，从设计的第一步开始就要编写设计文档。设计文档的组织应当符合系统化、层次化和模块化的要求；设计文档的文句应当条理分明、简洁、明白；设计文档所用单位、符号及设计文档的图样均应符合国家标准。设计文档的具体内容与设计步骤是相呼应的，即①任务和分析；②方案选择与可行性论证；③单元电路的设计、参数计算和元器件选择；④参考资料目录。

总结报告是在组装与调试结束之后开始撰写的，是整个设计工作的总结，其内容应包括以下几点。

(1) 设计工作的进程记录。
(2) 原始设计修改部分的说明。
(3) 实际电路图、实物布置图、实用程序清单等(成果)。
(4) 功能与指标测试结果(含使用的测试仪器型号与规格)。
(5) 操作使用说明。
(6) 存在问题及改进意见等。

思考与实践

1．教学项目设计的逻辑起点是什么？与课程项目设计有什么关联？

2．项目课程的教学项目总体结构设计需要哪几个阶段？简单说明各阶段的主要任务与对应成果。依据以上过程完成教学项目总体结构设计(课程标准件第 3 章)。

3．项目课程的项目结构设计包括哪些内容？分别选取 Protel 2004 项目实训及应用、电子技术综合应用课程的一个项目，完成项目结构设计。

4. 根据项目课程结构设计要求，完成通信电路中基本电路(选其中一项)项目结构设计。

选定教学层次，教学对象模拟，课程标准自行查找，项目标题自拟，任务书完整、合理，评价表可以根据内容自行设计。

5．在项目课程中，教学项目设计中的项目案例是项目课程载体，如何设计项目案例？在电子技术专业应用于项目案例设计主要有哪些技术？现有一个电子测量系统框图(图 4.18)，设计其教学项目案例，并完成该项目的结构设计。

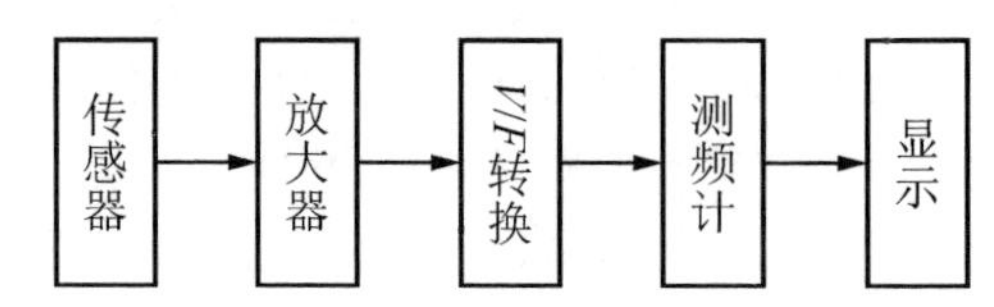

图 4.18　电子测量系统框图

第 5 章
电子技术专业项目课程教学设计

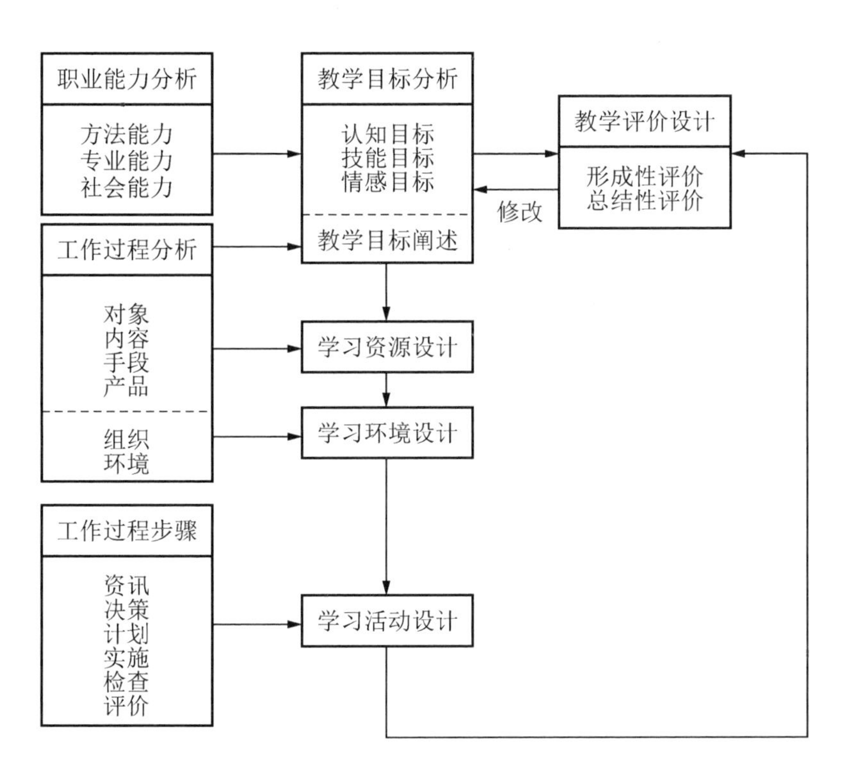

项目课程按照岗位工作任务、工作过程及工作情境组织和开发课程，形成围绕工作需求的新型教学项目，在教学过程中按岗位的职业能力要求组织教学。其课程结构，从应用到基础、从一般到具体、从实践到理论。其课程内容的组织，是以工作任务为中心来组织技术理论知识和技术实践知识的。知识按照“工作任务完成的需要”来组织，学习者通过完成工作任务的过程来学习知识，使学与做融为一体。

借鉴项目学习教学设计的成果，根据工作过程分析的职业能力、构成要素和实施步骤，可以导出工作过程的分析结果与项目课程的教学设计要素的转换关系，以此为依据，开展项目课程各要素的教学设计。

5.1　项目课程教学设计概述

【参考图文】

职业教育已不再是为培养学生胜任某一特定的工作以满足社会的人力需求的“终结性教育”，而是一种终身学习与终身教育。因此，其课程目标更应该注重个体职业能力的培养，包括方法能力、专业能力及社会能力等，培养学习者可持续发展的关键能力。职业教育重视知识的处理和转换，以工作任务为中心，注重解决问题能力的培养，强调学习者创新能力、职业素养、服务意识与职业道德等素质教育。图 5.1 给出了项目课程职业能力方面教学目标定位的过程。

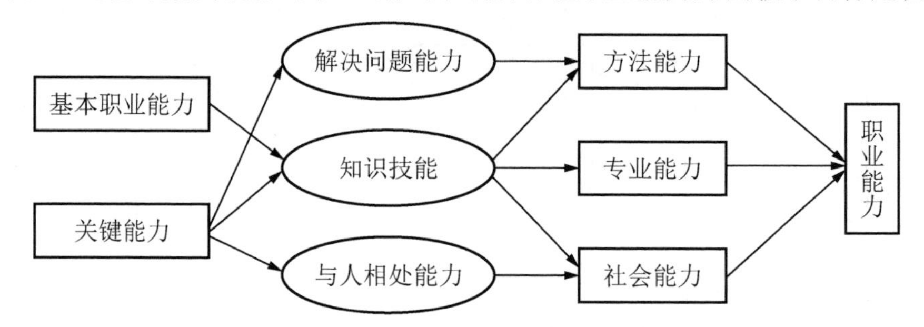

图 5.1　项目课程目标定位示意

根据工作过程的分析，把工作过程中的职业能力、构成要素和实施步骤转换为项目课程的设计要素。图 5.2 所示为基于工作过程分析导出的项目课程教学设计过程和教学设计要素，即以工作过程要素分析来完成课程的教学系统设计，导出工作过程项目课程的教学设计方法与步骤。

由图 5.2 可以看出，基于工作过程的项目课程的教学设计具有以下特点。

(1) 项目课程的教学目标以认知、技能和情感目标分类，体现了方法、专业和社会能力三种工作能力要求。

(2) 基于工作过程的六要素：对象、内容、手段、产品、组织和环境，可以进行教学目标的阐述；

(3) 工作过程的四要素：对象、内容、手段、产品，体现了学习资源的设计，学习资源的设计也应包括这四个方面。

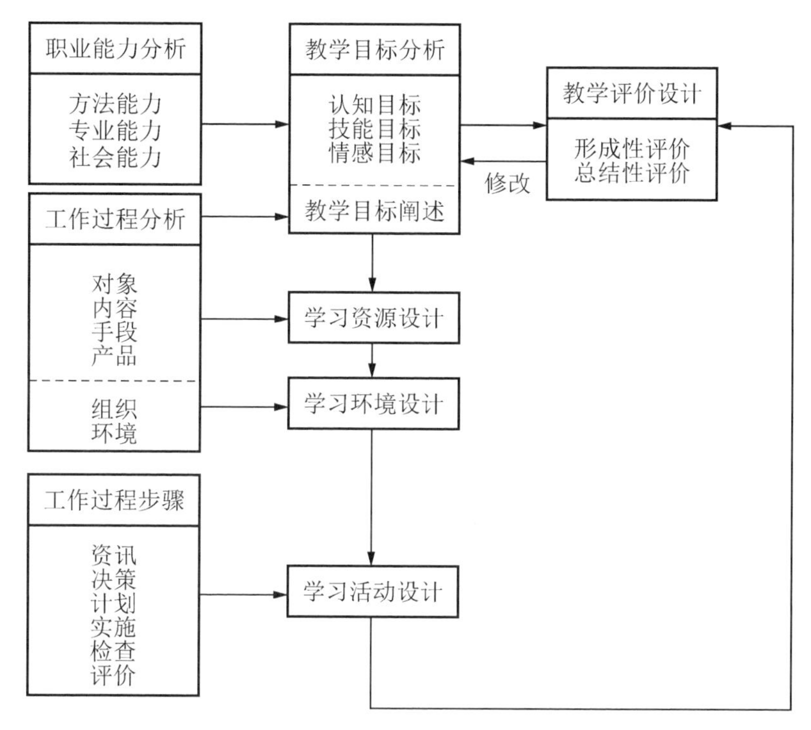

图 5.2　项目课程教学设计

(4) 工作过程实施的六个步骤：资讯、决策、计划、实施、检查和评价，是学习过程中的主要活动，根据完整的工作过程步骤进行学习活动设计。

(5) 工作过程中的组织与环境主要用于指导学习环境的设计，因此，项目课程学习环境设计主要关注两个方面：其一，如何呈现职业活动必须经历的典型情境；其二，如何创设自主、探究和协作的学习环境，以激发参与课程项目学习者的积极性。

(6) 将教学目标作为学习评价的重要依据进行学习评价设计。

5.2　项目课程教学设计的过程

5.2.1　教学目标分析

教学是促使学习者朝着目标所规定的方向产生变化的过程，因此。在教学系统设计中，教学目标是否明确、具体、规范，直接影响到教学是否能沿着预定的、正确的方向进行，而要使总的目标落实到整个活动体系的各个部分中去，必须对实际的教学活动水平做出具体的规定，即分析与编写具体的教学目标。

1. *教学目标的分析方法*

【参考图文】

教学目标是对学习者接受教学后所应展示行为的清晰描述。作为教学设计活动的出发点和归宿，教学目标具有导向、控制、激励、中介、测度等功能。根据教学目标分类理论与学习结果分类理论，教学活动所要实现的整体目标分为认知、动作技能、情感三大领域，其中认知领域对应于加涅的学习结果分类中的言语信息、智慧技能与认知策略。

而根据对职业能力的定义，其中

(1) 方法能力：具备从事职业活动所需要的工作方法和学习方法，是劳动者在职业生涯中不断获取新知识、新技能，掌握新方法的重要手段。

(2) 专业能力：具备从事各专业都必须要具有的基础能力，是劳动者胜任职业工作的核心能力。

(3) 社会能力：具备从事职业活动所需要的行为能力，包括人际交往、公共关系、职业道德等。因此，根据职业能力模型导出其与学习目标和学习结果的对应关系，如图 5.3 所示。

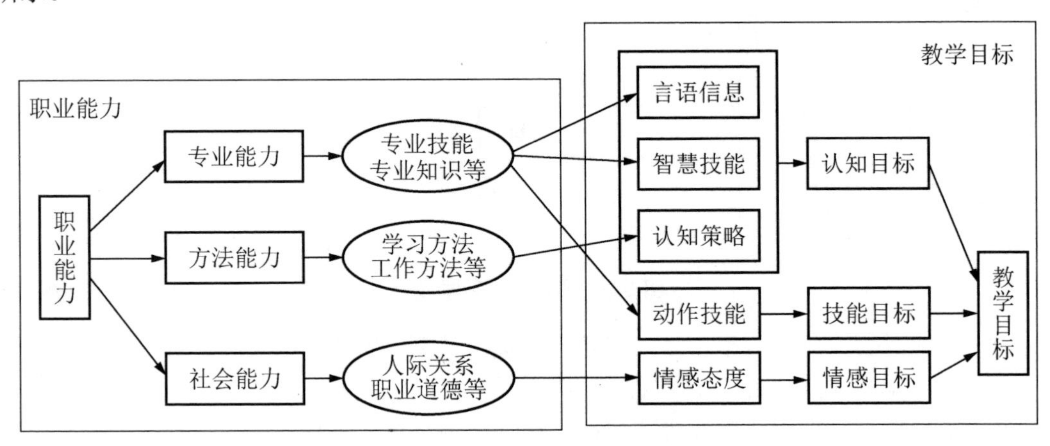

图 5.3　根据职业能力导出项目课程教学目标

由图 5.3 可以看出，项目课程的教学目标中应包括以下三点。

(1) 认知目标：培养学生获取和处理信息、语言与文字表达等言语信息能力，运用科学的思维方式与学习方法分析问题与解决问题的能力，使其能够独立学习、获取新的知识、分析与解决问题。

(2) 技能目标：培养学生适应岗位所需要的专业动作技能及分析和解决问题技能，在给定工作任务后，独立寻找解决问题的途径，把已获得的知识、技能和经验运用到新的实践中等。

(3) 情感目标：培养学生的思想道德，包括其世界观、人生观、价值观、社会责任感及职业道德等，特别需要关注的是其职业认同感的培养，同时，也要加强培养其与他人交往、合作、共同生活和工作的能力。

2. 教学目标的阐述

项目课程教学目标的阐述就是要描述工作过程的职业能力——方法、专业和社会三种能力，如何量化为学生通过项目教学后表现出来的可见行为，即阐明认知目标、技能目标与情感目标。通过职业能力分析，明确教学目标，确定学习者应知、应会、应悟的东西，

清晰地陈述目标，描述预期的教学结果，以此为基础评价教学成功与否。

虽然教学目标最为重要的方面是关于学习者能够做什么的描述，但一个完整的项目教学目标陈述应该包含以下几方面。

(1) 对象：学习者。

(2) 行为：通过学习以后，学习者在情境中应该能做什么。

(3) 条件：运用所学技能的情境，在行为情境中学习者可用的工具。

(4) 标准：要求学习者达到的程度。

根据工作过程分析，从工作任务到工作结果完整的工作过程共有六个基本元素组成。可以得到图 5.4 所示的工作过程之间要素间的关系模型，具体包括以下六个方面。

(1) 工作对象：如人、原材料、产品等。

(2) 工作内容：如生产、服务、操作等。

(3) 工作手段：如工具、仪器、计算机等。

(4) 工作组织：如小组、团队、岗位等。

(5) 工作产品：如物质产品、服务产品等。

(6) 工作环境：如劳动场所、产业部门等。

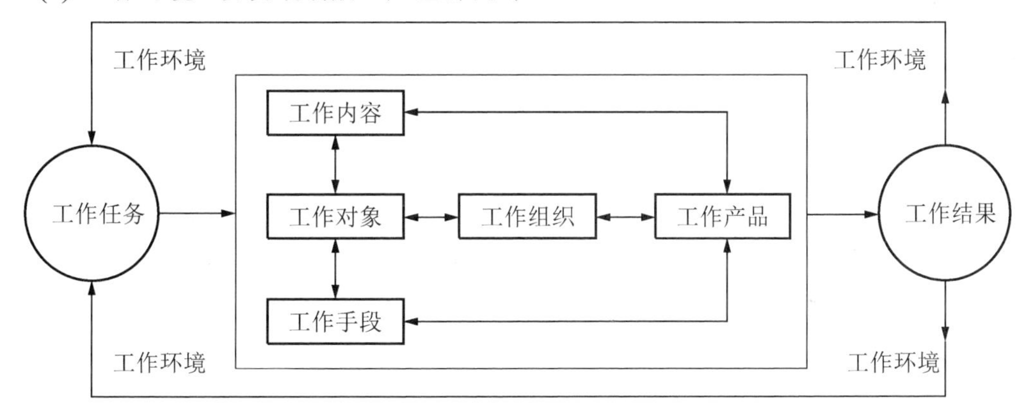

图 5.4　工作过程要素的关系模型

依据工作过程的要素关系模型，基于工作过程的项目课程教学目标从对象、行为、条件和标准四个要素描述，如图 5.5 所示。其阐述方法可以描述如下。

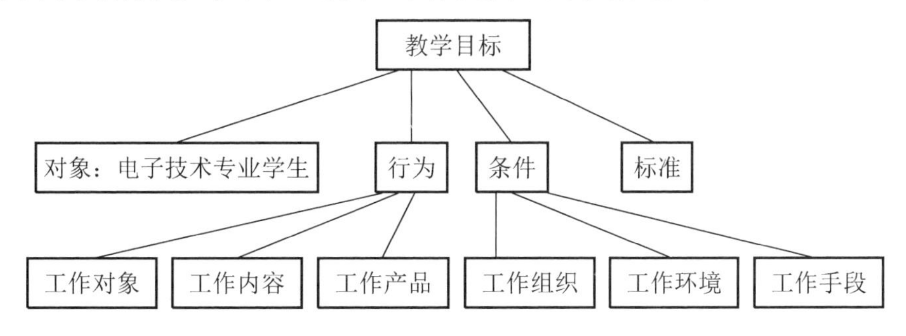

图 5.5　教学目标四要素与工作过程六要素的关系

(1) 对象：学习者。

(2) 行为：利用学习资源能完成什么产品，需要完成的任务，通过学习以后，学生对相关知识的学习程度，对今后工作岗位是否认同。

(3) 条件：发挥技能的岗位及运用所学技能的工作环境，在行为情境中学习者可用的工具、仪器、设备等。

(4) 标准：职业要求规范，以规范性、准确性、速度等作为主要要求。

【参考图文】

5.2.2 学习资源设计

学习资源是学习者在学习活动中完成的学习内容和所参考的学习材料。项目课程的学习资源如何包括与呈现工作过程的六个要素(对象、内容、手段、组织、产品和环境)？即学习资源设计不仅要包括工作过程的六个构成要素，而且要呈现六个要素之间的关系。按照工作过程中的知识组织课程内容，并选择和设计合适的认知工具呈现教学内容。

1. 课程内容的组织

为了调动学习积极性，提高职业能力，在项目课程学习活动中，学习资源不只关注课程中的知识、技能这些具体内容，更注重知识的组织方式。

职业技术教育课程所选取的内容，既涉及过程性知识，又涉及陈述性知识，这两类知识在项目课程中的有机整合，需要一个能将其进行排列组合的参照关系，以此为基础，能实现知识的序化，确立知识组织的框架和顺序，使学习的主体容易接受。

由“项目课程的结构和特征”分析，可以发现，项目课程是以项目为基本单位组织内容，并通过完成一个个具体的项目活动形成一个完整的工作过程，从而达到理论知识的学习与技能知识的习得。这种“串行结构”的行动体系的课程内容序化方式，采用工作过程序化知识，既与学生认知的心理顺序一致，又符合专业的典型工作顺序，又或是对实际的多个职业工作过程经过归纳、抽象、整合后的职业工作顺序，更有利于在实践中对知识的掌握与技能的习得。因此，在分析项目活动时，需要将每个活动分解为一系列序列化的行动任务或操作，以工作任务为中心对课程内容进行分析，以项目为单位组织学习资源，进行资源的归纳、整理和分类。项目课程内容组织方式框架如图 5.6 所示。

课程内容的编排，应该按照工作过程展开。但仅仅只学习和掌握一个实际的具体工作过程，有复制之嫌；学习一两个工作过程，由此获得的学习成果具有偶然性。因而，按照工作过程展开的课程内容设计，必须采取比较学习的方法。根据工作过程课程开发要求，课程内的每一个子项目内容的设计必须具备三个基本要求：其一，每一项目下必须有三个以上子项目；其二，子项目必须是同一个范畴：其三，子项目中重复的是步骤(工作过程)而不是内容。在同一个范畴的三个以上工作过程构成的课程单元(学习情境)的学习中，通过步骤的重复掌握技能，融入知识；在不同内容的比较中，提升自己的能力。在此基础上，每一子项目的操作步骤均是围绕“对象、内容、手段和产品”这四个工作过程要素展开的。

×××项目课程

学习情境1（项目1）
　　子学习情境1（子项目1）
　　步骤1
　　对象
　　内容
　　手段
　　产品
　　步骤2
　　步骤3
　　……
　　步骤n
　　子学习情境2（子项目2）
　　子学习情境3（子项目3）
　　……
　　子学习情境n（子项目n）
学习情境2（项目2）
学习情境3（项目3）

图 5.6　基于工作过程的项目课程内容组织方式框架

2. 学习资源的呈现

学习资源设计能否将所要表达的信息有效地呈现给学习者也很关键，这时教学媒体发挥着愈来愈重要的作用。

从职业教育学生的特点来看，一般来说，抽象思维能力相对较弱而形象思维能力相对较强，也就是说，数理逻辑方面及语言方面的能力相对较差，而空间视觉、身体动觉等方面的能力则较强。因此，应该充分抓住思维活跃、好动、好玩的特点，在教学中采用形象、生动的教学媒体，呈现出较为直观的教学内容，创设一种愉快的学习环境，能够使学习者较轻松愉快地完成学习任务。

教学媒体是指以传递教学信息为目的的媒体，用于教学信息从信息源到学习者之间的传递，具有明确的教学目的、教学内容和教学对象。从某种意义上说，有了教学活动，就有了教学手段和工具，只是在不同时期，各种教学媒体在教学中所起的作用不同而已。早期教学中，书本、黑板、幻灯机、投影仪及电视机等作为重要的教学手段，辅助教师传递教学信息。迅速发展的多媒体技术、虚拟现实及人工智能技术等不仅是重要的教学手段，而且可以作为认知工具，帮助完成对信息的收集、处理、保存和表达等，促进认知过程，创设多种学习环境，提高学习效率，培养学生的思维能力和解决问题的能力。

目前，专业教师面临着多媒体技术的狂轰滥炸，几乎淹没在教学应用软件的海洋中。市场上的大量软件只要其中包含了声音、文本或图片就被称为多媒体。然而许多软件仍然以传统知识传递的教学观念为基础，并没有提供含有丰富问题的影像和基于计算机的资源，鼓励学生进行创造性的学习和合作。这样的学习资源虽包含高科技的属性，但却不能创设意义丰富的和有价值的学习环境。因此，在现代信息技术条件下，必须学会判断和选择工具，来构建促进学生真正发展的资源环境。在选择以学习者为基础的教学媒体用于课堂教学时，并非资源包含的高科技因素越多越好，越先进越好。为使多媒体资源发挥其自身的价值和潜在优势，最好依据下述几条标准。

(1) 能为学习目标的实现提供多种活动或策略。

(2) 能提供信息性质而非判断性质的反馈。

(3) 能使新手快速上路，使老手制作更完美的作品。

(4) 关注学习和问题的解决过程。

(5) 促进教师、学生互动。

在项目课程教学中，教师可以根据工作过程中知识的表征方式选择和使用交互性强的媒体资源来呈现教学信息，也可以通过发动学生相互推荐各种信息资源，推动学习者在学习活动过程中的选择与行动，使学习者学会如何应用知识。

例如，提供与选择能承担和促进特定认知过程的计算机工具，帮助学习者完成项目活动任务，包括推荐信息收集工具帮助学习者完成项目资讯任务；提供概念图生成器、知识整合工具及知识建模工具，有助于加速学习者对理论知识的理解，进行理论知识与活动任务的整合与建模；选择合理的作品展示工具，方便学习者更好地呈现活动成果等。

5.2.3 学习环境设计

1. 学习环境内容

教学过程中除主体以外的一切人力因素与非人力因素都属于教学环境的范畴，也就是说能为学习者完成学习活动提供资源、工具和人际方面支持的都可以被涵盖到学习环境中。

考虑到在项目课程教学中，教师不仅要确定教什么，还要了解学习者所学技能的最终应用情境，结合信息技术环境下，利用可用的资源、设备与技术类型，创设促进有效学习的学习环境。因此，需要关注如何向学生呈现从事某种职业活动必须经历的典型情境，创设自主和协作的学习环境，激发学生参与课程项目学习的积极性。

学习总是与一定的情景、境地，即“情境”相联系，而课堂学习往往注重抽象的、脱离情境的知识，对于这些知识，大多只是记忆，并不知道如何在真实的情境中灵活地使用，很难将所学的知识运用于日常情境。学习情境设计正是试图通过真实情境中的知识和技能去诱导认知学习。项目课程强烈推荐在真实的情景下进行学习，要减少知识与工作任务之间的差距。在情境中获得的知识和技能反映了这些知识和技能在现实生活工作中所应用的方法，所以在实际情境或通过多媒体创设的接近实际的情境下进行学习，更有利于帮助学生将知识运用于真实生活工作的问题解决过程中。

学习情境分析包括两个方面的内容，即确定学习情境是什么样的、学习情境应该是什么样的。其中，“是什么样的”是对教学发生环境的描述，它可以是一个或多个教学场所，如实验室、培训基地等；“应该是什么样的”所描述的是能够充分支持预定教学的设施、设备和资源。一般主要从以下两个方面考量学习情境。

(1) 教学场所适合教学要求的程度。一个良好的学习环境设计可以促进学生之间有效而亲密的社会关系。随着信息技术的发展，多媒体计算机和网络的发展，使得学习环境设计变得更加重要而复杂。一般来说，学习环境设计会受到很多因素的影响和制约，通常没有一个固定的模式。但是，在进行学习环境的选择和设计时，一些基本的问题还是需要加以考虑，如环境设计是否会影响到学生的社会性、个性和认知发展？是否符合多种教学方式的需要？是否有足够的灵活性？是否考虑到学生的安全和健康需要？学习环境中是否包含教学目标的陈述中列出的完成教学所需要的工具和其他支持条件？这些工具又是否可用？等等。

(2) 教学场所适合模拟工作环境的程度。包括在教学过程中，要模拟出本专业就业职业岗位的工作环境中的至关重要的因素。例如，影响绩效的直接或间接因素，减少学习的知识和技能与职业工作任务的差距，更好地获得知识和技能在现实生活工作中所应用的方法。当然，教师可以借助于计算机网络技术实现在不同情境中模拟活动实例，既方便学习者主动探索、学习，又激发学习者参与项目活动的积极性，学会知识的应用，完成项目活动。

2. 自主与协作学习环境的设计

组织是工作过程六要素之一，在工作环境中，它是指个体所在的小组、团队等，而在学习环境中，则主要是指学生所在的学习小组。学生在完成项目的过程中，通常也需要以团队的形式，进行自主与协作学习。在项目课程中自主与协作学习环境如何组建？

1) 自主学习环境

项目课程教学中，学习者是学习活动的主体，自主学习即由学生主宰自己的学习活动，包括确定学习目标、选择学习方法、计划和安排学习活动、调节和控制学习过程、评价自己的学习结果等。自主学习策略是指能够支持和促进学习者有效学习的方式和方法。它是以“自主探索、自主发现”为主线，其核心是要发挥学生学习的主动性、积极性，充分体现学生的认知主体作用，其着眼点是如何帮助学生“学”，因此，通常被称为“以学为主的学习策略”或“发现式”教学策略。

项目课程自主学习策略设计时，其核心是要提高学习者使用学习策略完成项目活动的意识，激发学习的主动性和积极性。例如，在整个活动过程中，教师要认真评估学生的学习策略，及时地给予反馈与建议，调动学生学习的主动性，学会根据活动目标制订活动计划，根据学习内容选择学习策略；通过制订学习活动参与情况评价或生生间的相互评价对其行为活动和结果进行定期或不定期的评估，提高竞争意识，调动学生学习的积极性，鼓励学生积极参与到活动过程中去，执行学习任务并进行自我评估与反思，达到能自主学习的目的。

2) 协作学习环境

协作学习是指学习者以小组形式参与，为达到共同的学习目标，在一定的激励机制下为获得最大化个人和小组学习成果而合作互助的一切相关行为。

小组协作活动中，学生可以通过对话、商讨、争论等形式对问题进行充分论证，与组

内及组间实现信息共享，完成小组学习目标的同时，获得达到学习目标的最佳途径。在项目课程教学实践中，项目活动的协作学习是把学习置于复杂的、有意义的活动情境中，根据分组规则组织学习者形成共同体进行学习，教师与学生、学生与学生对一些共同任务与问题进行讨论、交流与协作，获得最大化的个人和小组学习成果。目前，常用的协作学习策略有课堂讨论、角色扮演、竞争、协同。

课程讨论：要求整个协作学习过程均由教师组织引导，讨论的问题皆由教师提出。

角色扮演：通常有师生角色扮演和情境角色扮演两种形式。若学生对学习问题有“知识上的差距”，则可以采用让不同的学生分别扮演学习者和指导者及角色的互换实现互相学习；而情境角色扮演则可以使学生更能设身处地去体验、理解学习的内容和学习主题的要求。

竞争：教师巧妙设计主题，激发求胜的本能，使两个或多个学习者针对同一学习内容或学习情境进行竞争性学习。

协同：多个学习者通过和同伴紧密沟通与协作共同完成某个学习任务，即在完成任务的过程中发挥各自的认知特点，相互争论、帮助、提示或分工合作。

在协作学习过程中一个重要内容就是协作学习规则的制定。由于在项目活动协作学习过程中，协作学习小组是学习者参与活动、交流协作的核心单位，在小组内部各成员之间主要是相互协作关系，在不同的小组之间则是合作与竞争共存。协作学习小组中，每个组员都是项目活动的主体，为了加强小组内部的沟通交流、协调矛盾冲突、顺利完成任务，规则是整个项目活动能有序进行的必要条件。因此，教师需要设计活动小组在学习活动中共同遵守的行为活动准则，包括任务分配、完成规则、协作交流规则、冲突解决规则、评价规则及奖惩规则等，借此来规范学习者的活动，以提高协作学习的效率和效果，同时也有助于形成良好的活动环境。

5.2.4　学习活动设计

项目课程是以项目为基本单位组织内容并以项目活动为主要学习方式，活动是学习的必要条件。项目课程的教学质量在很大程度上取决于学习活动的质量，学习活动设计是教学设计的一个重要内容。以工作过程的六个实施步骤作为项目课程学习过程中的主要活动，构建一种以工作过程导向的项目课程学习活动设计方法，为项目课程的教学设计提供重要依据。

目前，“学习活动”在概念和意义上没有指定明确的术语和解释。学习活动的界定比较通用的是，指学习者及与之相关的学习群体(包括学习伙伴和教师等) 为了完成特定的学习目标而进行的操作的总和。学习活动是学习者个体发展的依托，是教学设计的核心内容。

一个完整的行为导向的工作过程包含六大环节如图 5.7 所示，即“资讯、计划、决策、实施、检查、评估”，具体任务分别为“获取信息、制订步骤、选择方案、付诸行动、审视过程、评价成果”，并通过控制反思逐步熟悉和掌握以上六大环节指导学习行动，实现学习过程的完整性。

项目活动作为项目课程的主要学习方式，也应是一个完整的工作过程，要遵循“完整

行动模式”。因此，项目课程中，教师不再是提供所有信息、说明该做什么并解释一切的传授者和检查活动并进行评价的监督者，而是作为学习过程的咨询者和引导者。“完整行动模式”中的行动如图 5.8 所示。

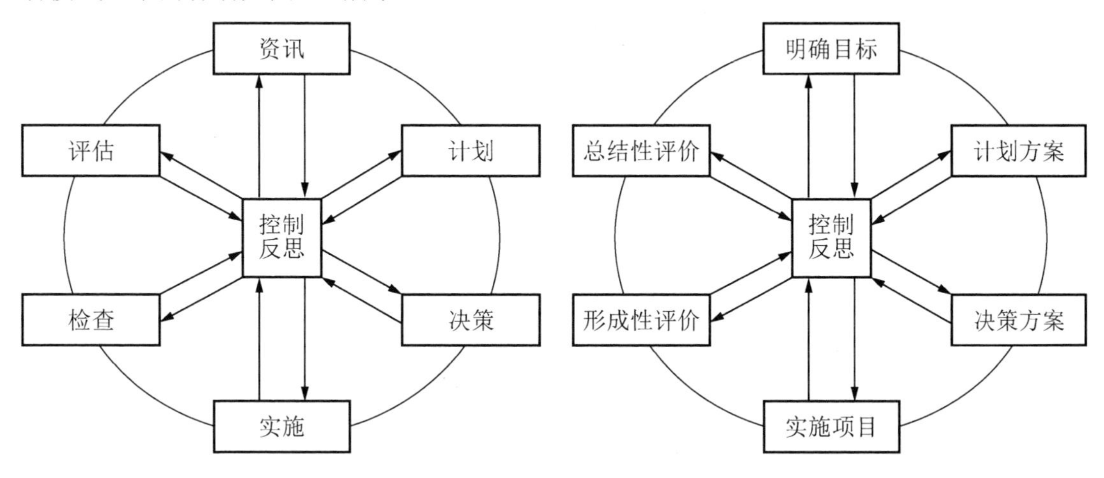

图 5.7　工作过程的六大环节　　图 5.8　项目活动中的完整行动

图 5.8 中，项目活动的完整的行动分别如下。

(1) 明确项目目标：学生必须根据学习任务，独立地实现一个给定的目标，或者自定一个任务目标，由教师规定活动的范围、使用的材料及完成时间等，并帮助学生或向其提供提示使其找到自己的目标。

(2) 设计计划方案：学生制订小组工作计划或独自工作的步骤，制作几个不同的计划方案；教师给出提示，并提供信息来源，让学生获得相应的知识。

(3) 选择并决定方案：学生在制订的几个计划方案中确定一个并告诉教师；教师对计划中的错误和不确切之处做出指导，并对计划的变更提出建议。

(4) 项目实施和形成性评价：学生按照项目工作计划实施决策方案，并在工作过程中检查活动和结果；教师为学生提供适合于实施和检查的信息，并在学生产生结果偏差或不符合设定的目标时给予及时的提醒与建议。

(5) 总结性评价：总结性评价通常包括展示和评估两个部分。

展示：可分为活动过程展示与成果展示。在项目课程中，由于强调学习过程的完整性，更强调完成活动过程展示，其形式可以是学习者在活动过程中所做的详细记录，然后以汇报形式进行：而成果展示多以演示的形式展示。学习成果的表现形式有很多种，如报告、产品或实物模型等，也可以是作业、练习或测试结果及学习笔记、日志等。根据评价原则或标准等，初步评估完成任务的整个过程，并同时准备好介绍学习工作活动及其结果。

评估：活动评价的设计可以结合教师评价、组间评价、组内评价、学生的自我评价等多种评价方式组织，从而检验活动目标是否完成、任务分工是否合理及是否圆满完成、活动工具的应用是否合理、学生自主学习及协作学习的能力是否得到了提升等。教师不仅要关注对学习结果的评价，更要关注学习过程的评价，及时发现问题、改进实施方案，全面提高学生的职业能力。

工作过程实施分为资讯、计划、决策、实施、检查和评估六个步骤。学生是实施活动的主体，教师是学习活动的引导者和促进者。如何针对以上六个步骤设计学习活动，教师又该执行哪些教学活动，即教学活动要在课程中实现工作任务之间的联系，使学生学会完成完整的工作过程。这在客观上要求设计的教学活动能成为贯穿工作过程的载体；主观上要求教学设计者充分意识到工作过程开始到结尾的一些细节的重要性，以及设计符合工作过程实施步骤的教学活动顺序。

5.2.5 学习评价设计

学习评价是根据明确的目标，采用科学的方法，对学习活动过程及其结果进行测定、衡量并给以价值判断。学习评价一般包括形成性评价和总结性评价。项目课程虽然面向最终产品或服务，但是工作过程导向项目课程的学习评价应基于学生学习过程中的阶段性成果开展形成性评价，关注每个学生在每个项目中的参与程度、作用及创新、实践能力等，从而使其保持学习积极性。

1. 项目课程学习评价准则

项目课程中的学习评价是课程、教学的一个有机环节，强调对教师与学生在教学实施的完整过程的评价同时，也强调学习者与具体学习情境的交互作用。尤其在对能力进行评价时，更要关注学习过程中的能力变化，收集整个过程中的行为信息，做出评估，为学生能力的提高提供一个具有重要参考价值的线索或可行的改变计划。基于工作过程的项目课程的学习评价应充分体现以下三个准则。

(1) 以促进学生发展为评价的根本目的。学习评价不仅要考虑学习前的基础知识与基本技能，而且要关注其现在的学习动态，更要着眼于未来职业能力的发展。学习评价不是只为给学生一个简单的结论而存在的告知环节，而是要更多地了解学生的发展需求，激发其学习兴趣，发挥其潜能，培养其自我认识、自我评价、自我管理的能力，从而体现对学生持续发展的关注。

(2) 评价内容要真实全面，注重能力评价。基于工作过程的项目课程的教学目标是培养学生综合职业能力，因此，其学习评价内容不仅重视知识与技能的考查，更注重职业能力的考查，包括创新能力、自主学习能力、协作学习能力等。由于学生个体成长与发展是知识技能的发展伴随着道德情感的发展，因此，学习评价时还应关注个体间的差异性，联系实际，制订符合其发展水平的评价内容，促使学生更好地运用所学的知识技能解决真实性问题。

(3) 实施多元化的评价主体。学生为主体的项目课程教学中，除了关注评价学习内容外，还关注教学过程中各种角色的因素，评价者不应只有教师，学生也可以作为评价者实施互相评价，促使评价更具多元化，采取教师评价、小组评价及学生自评结合的方式，不仅使评价更具客观性、全面性，而且可实现所有参与评价的主体都具有评价的主动性，有利于对学生自我反思、自我调控和自我完善能力的培养，也有利于教师反思与改进。

2. 学习评价方法和工具

随着评价理念及评价功能和取向的发展，多种评价方法与工具应运而生。目前被广泛应用于学习评价方法和工具的评价方法有档案袋评价、研讨式评价、学生表现展示型评价、基于计算机支持的电子化评价等。

(1) 档案袋评价：近年来，广泛应用于英国、美国、日本等国教育界的一种评价方法，收集学生成长过程中的各项信息，其基本结构主要包括观察的信息资料群(如观察记录手册、调查表和师生交谈记录等)、作业实绩的标本群(如作业、教师自制的小问题和试题、学生伙伴间制作的课题、小组作业、学习反省日记等)及考试信息群(如较大的评价课程及长期的评价课题等)。

(2) 研讨式评价：将学生的“参与”和“课堂讨论”中的表现作为学习评价的一部分，其根本是要让学生学会有效的思考，并为自己的见解提出证据。

(3) 学生表现展示型评价：通过学生实际演示某些结果以说明其价值性，并由此证明已经掌握了这些结果。评价依据可以是一次试验、一次展示会或一次表演等活动，或是报告、论文等展示，同时通过详细的评分规则提供了让学生成为自我评价者的机会。

(4) 电子化评价：凭借计算机运算速度快、自动化程度高、信息量大的特点，可以大大简化评价的操作，提高效率和效度，并且随着计算机网络的普及，电子化评价的应用也已经有了一定的发展。

(5) 电子档案袋评价：以多种媒体形式收集、组织档案袋内容，包括视音频、图片、文本等，是档案袋的电子化，是信息技术的发展及其应用于教育的成果。档案袋评价重视学习过程的评估，能够展示学生各个方面的记录，不仅发挥“学生主体”作用，使学生根据自身的情况主动安排学习过程，而且随着互联网的发展与普及，使之能更好地与同伴分享学习成果，成为学生、教师、家长良好的沟通桥梁。与传统档案袋相比，电子档案袋可以存储更多的成长过程档案，更加便捷快速地更新内容，用文件夹的形式呈现学生的学习过程，展示其学习成果，并记录其反思历程。表 5-1 所示为电子档案袋与传统档案袋的比较。

表 5-1　电子档案袋与传统档案袋的比较

项　　目	(传统)档案袋	电子档案袋
存储空间	小	大
保存时间	短	长
更新情况	迟滞	及时
携带情况	麻烦	方便
主导主体	教师制作、管理	教师主导、学生制作为主体

目前电子档案袋制作的平台比较多，使用较为广泛的有 Blog、Blackboard、Moodle、Tafeportfolio 等。项目课程中，通过教师的引导与促进，学生在进行学习活动的同时可以逐步完成对电子档案袋的建立与制作，这样既可为教师评价提供依据，也可使学生运用档案袋中真实有效的记录开展自我评价，以此促进其自主学习能力的提高。

5.3 电子技术专业阶梯式项目教学设计与案例

项目教学法在电子技术课程中得到了普遍应用，它是通过一个完整的“项目”的实施，在学中做、做中学中，自主完成知识建构与技能训练，实现知识与技能向实际应用迁移，培养职业能力。

【参考图文】

但是，在项目教学的实施过程中，仅采用单一的“学—做—教”的教学模式，实际上很多学生都无法接受。这是因为“工欲善其事，必先利其器”，自主学习的前提是必须掌握良好有效的学习方法。任何一种教学方法都有其特定功能及运用范围，也有其局限性，只有将教学方法进行恰当选择、合理组合、正确运用，才能发挥教学方法的作用。因此，根据教学目标、课程性质与特点等因素来设计有效的项目教学法过程显得尤为重要。

5.3.1 阶梯式项目教学过程设计

基本思路是第一阶段 “授以渔”，从“教—学—做”教学模式开始，师生双方共同在一体化教室中边教、边做、边学；第二阶段采用追本溯源“做—学—教”的模式，先实践，后探究，做上学，做上教；第三阶段采用自主学习的“学—做—教”模式，依次递进，逐步实现转化教师与学生的主体角色。其设计流程与实现功能如图 5.9 所示。

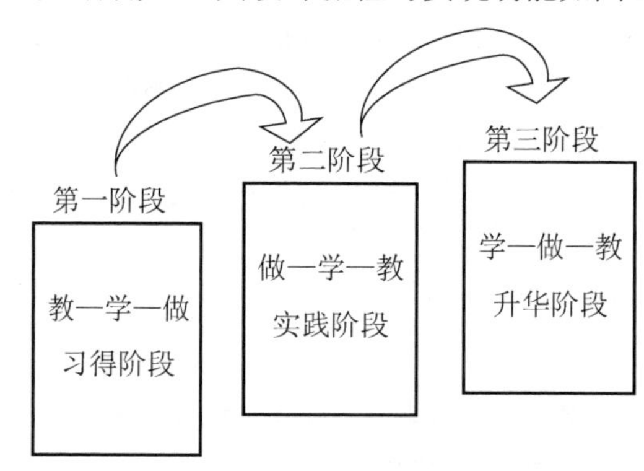

图 5.9 阶梯式项目教学设计流程

1. 第一阶段：教—学—做

考虑到课程初期缺乏基本概念和知识结构，且大部分学生仍不具备自学能力的状况，在课程教学初期的前 1～2 个项目中，宜采用“教—学—做”的模式。

1) 理论知识传授

在课堂上对每个项目涉及的理论知识进行讲解分析：从元器件的结构、工作原理、工作特点到由元器件构成的典型电路的组成和分析计算等内容。

2) 布置任务，提出问题，引导讨论

提供项目的电路原理图，组织学生分组讨论电路的组成、原理及应用，并分析该电

路的测试结果和可能出现的故障等；将讨论的结果进行综合讲评，引导学生进入下一个环节。

3) 做出产品，完成测试

教师指导设计布局，完成电路制作，上电调试，按照项目任务要求测试相关数据或波形，根据测试结果，引导将学生理论和实践结合起来。

第一阶段着重要从方法与分析思路入手，“分析电路从基本单元电路开始，分析单元电路从元器件开始”。在讲解过程中需要穿插一些小训练，例如，讲解元器件的结构时要介绍元器件的测试方法，并一边讲解一边动手。在此教学过程中，要着重把学习方法和分析思路教会给学生。

2. 第二阶段：做—学—教

“教—学—做”为一体，其中，做是核心，主张在做上教，做上学。教的方法根据学的方法，学的方法根据做的方法，事怎样做便怎样学，怎样学便怎样教，教与学都以“做”为中心。对电子技术专业学生而言，不仅要强调理论知识的学习，更要注重动手能力的培养。通过第一阶段的学习后，已基本掌握相关的基本原理和形成了分析问题的基本思路。取 1～2 个项目，将项目教学设计为先做后学、先做后教的“做—学—教”模式。

1) 主动实践，发现问题

接受任务后先依照教师提供的电路原理图完成布局设计、电路制作、电路调试，按任务要求测试相关数据(波形)等；然后根据动手的过程、测试的结果发现问题、提出问题。

2) 教师引导，合作探究

引导从多角度对问题进行讨论，可运用已有的知识、经验或收集到的信息、资料进行合理的猜想，并应用已有的数据或测试所得的数据进行论证。这一环节可以分组进行，发挥小团体的智慧。

3) 教师小结，提炼认知

最后将各小组的讨论结果汇总、评价，并和理论知识相映证，总结重点和难点，实现“知其然，知其所以然”的学习目的。

整个教学设计是从实践总结理论、追本溯源的教学过程，使学生学会发现问题、分析问题、加工信息，并对提出的假设进行推理论证，培养从实践升华到理论的能力。

3. 第三阶段：学—做—教

这一阶段教学的重点转化为自主学习，教师只做辅助的工作。这一教学过程同样通过 1～2 个项目，教学用三个环节来实现。

1) 布置任务，提出问题

教师可根据实际情况将学生分成若干工作小组，每组 4～6 人。教师提出需要研究的问题，同时提供解决问题所需要的资源，学生可运用已有的知识、经验或收集到的信息设计解决问题的方案。小组成员分工明确，相互配合完成任务。教师在学生探究过程中，起监督、指导和服务的作用。

2) 交流探讨，反馈小结

教师组织学生对这些方案进行探讨、分析论证，并对学生的结论作补充、总结，确定合理方案，实施制作。

3) 成果交流，评价改进

根据不同成果，相互研究、评价、建议。教师对学生的结论进行点评，同时引导学生举一反三、取长补短，寻求最佳方案。

这一教学过程是一种探究式教学，强调以学生为中心，要求学生成为信息加工的主体，知识的主动构建者；要求教师成为学生自主学习的促进者，课堂教学的组织者、指导者。这样的课堂教学带有松散性、难控制性，因此，教师必须对教学信息资源进行精心的设计、策划。

5.3.2 阶梯式教学设计分析

1. 各阶段重点、任务分明

阶梯式教学过程的各阶段重点、任务明确。第一阶段注重的是教师的陈述性和学生的模仿与理解能力。第二阶段注重的是学生对知识点的运用能力和学生的动手能力培养。第三阶段是培养学生应用知识和独立分析、解决问题的能力。

2. 教学的渐进式

在阶梯式项目教学的三个阶段中，第一阶段的侧重点是知识的学习，是陈述性知识习得阶段。第二阶段，知识开始以应用为主，部分知识仍然是陈述性，部分是针对第一阶段已学的知识做项目，既达到复习、巩固已学知识的效果，又实现知识结构的重建和改组，加强学生的实操水平和提升学生从实践中总结理论的能力。第三阶段，实现学生将知识升华到运用和独立分析解决问题的能力，是项目教学的最终目的，是前两个阶段教学的升华，使以学生为主体的教学模式得以真正实现。

3. 多种教学方式的融合

阶梯式的项目教学设计，在教学方式上融合了合作学习、情景教学、讨论教学等多种教学方式，在不同阶段有侧重地轮回综合运用，针对不同教学目标、教学对象、教学内容、教学环境采用不同教学方式及其优化组合，达到更好的教学效果。

5.3.3 电子技术专业项目课程教学设计案例

案例 1 项目“直流稳压电源组装与调试”教学设计(叙述式)

直流稳压电源是电子产品中用量最大的模块电路，根据教学需要，将理论与实践一体化教学法引入教学，将知识内容转化为若干个教学项目，围绕项目组织和开展教学，使学生直接参与项目全过程从而解决问题。

教学设计是以职业能力为主线、以典型工作任务为载体，以课程标准为指引实施教学设计，它应具有技术性、科学性、艺术性，也是教学目标达成与否，课堂教学有效性提高

的主要手段，教学设计将直接影响教学的成败。本案例以“直流稳压电源组装与调试”典型工作任务的教学设计进行说明。

1. 教学过程设计

1) 教学目标

(1) 学时安排：教学安排20学时，其中整流与滤波电路原理安排4学时，稳压管特性与简单稳压电路安排4学时，晶体管串联稳压电路安排4学时，集成稳压电路安排4学时，阶段考核安排4学时。实训报告、测试报告的撰写纳入项目中。

(2) 知识目标：了解硅稳压管的特性和主要参数；掌握整流与滤波电路原理及其串并联，集成稳压电路的组成、稳压原理及电路特点；能计算输出电压的调节范围。

(3) 能力目标：具备识别与检测稳压元件的能力；具备使用示波器观察波形的频率和幅度的能力；具备串联可调型稳压电源的组装与调试的能力；具备串联可调型稳压电源的基本设计及指标测试的能力。

(4) 重点难点：本工作任务的教学难点是掌握带放大环节的串联稳压电路的组成、稳压原理分析，能计算输出电压的调节范围。对串联可调型稳压电源的基本设计及指标测试能力。

2) 学情分析

学生已经具备一定的电子产品组装技术，对常用仪器的使用也有一定的基础，然而由于学生的文化基础相对薄弱、主动学习积极性不高，对专业课程的学习带来一定难度，教学效果不理想，这些基础部分内容还需要在讲授任务过程中不断强化。

3) 教法设计

(1) 教学应把握的三个重点：基本概念、分析方法、组装与调试测试技能。

(2) 教学设计：为增强学生学习兴趣，采用理论讲解与职业实践相结合(即理实一体)，以“讲-做-讲”或“做-讲-做”形式，让学生在“做中学、学中做”，达到预期的教学目标。

(3) 教学手段：采用PPT演讲稿、Multisim虚拟仿真技术、仪器设备等。

4) 学法设计

学习前应对学过的知识进行复习，并对本任务进行预习，在听课与实践过程中注意归纳总结，同时在老师的引导、启发下，学生通过参与实践观察比较验证，理解如何随着负载大小变化、电网电压变化，稳定输出电压的原理，同时通过听取分析讲解、调试测试训练，掌握并联稳压电路的组成、稳压原理及电路特点；掌握带放大环节的串联稳压电路的组成、稳压原理，能计算输出电压的调节范围，并进行简单设计从而在此基础上完成教学任务。

5) 教学流程设计

各教学环节及其作用要求如表5-2所示。

表 5-2 各教学环节及其作用要求

教 学 环 节	作 用 要 求	教 学 环 节	作 用 要 求
组织教学	思想统一、安全意识	示范操作	技能示范、模仿记忆
复习提问	温故知新、知识回顾	布置任务	任务驱动、目标训练
导入新课	创设情景、引入问题	巡回指导	个别指导、统筹全局
讲授新课	尝试探求、猜想验证	结束指导	归纳总结、诊断评估

基于以上教学环节分析，教学流程图设计如图 5.10 所示。

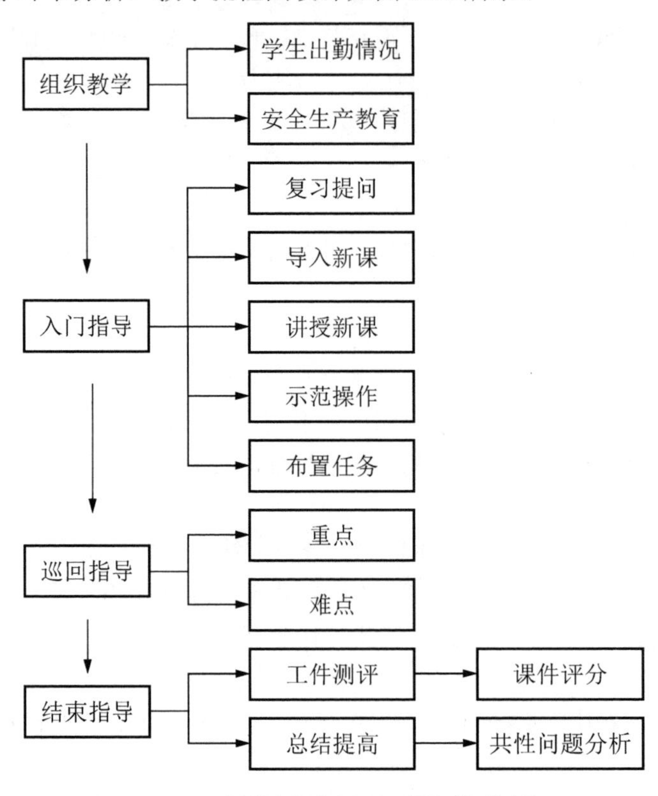

图 5.10 直流稳压电源项目课程教学流程

根据直流稳压电源的教学流程，教学设计结果如图 5.11 所示。

入门指导环节是理论与实践相结合环节。包含了复习提问、导入新课、讲授新课、示范操作、布置任务环节。教学设计中导入新课的方式是通过教师演示操作，学生通过观察教师演示操作，提出疑问，教师通过讲授新课，讲解分析学生的疑问，学生通过教师的讲解分析消除疑问，接收新知识。教师对直流稳压电源单元电路的调试测试工艺进行示范操作，学生观察模仿并通过布置的任务技能训练，对教师示范操作进行模仿训练，以掌握技能。

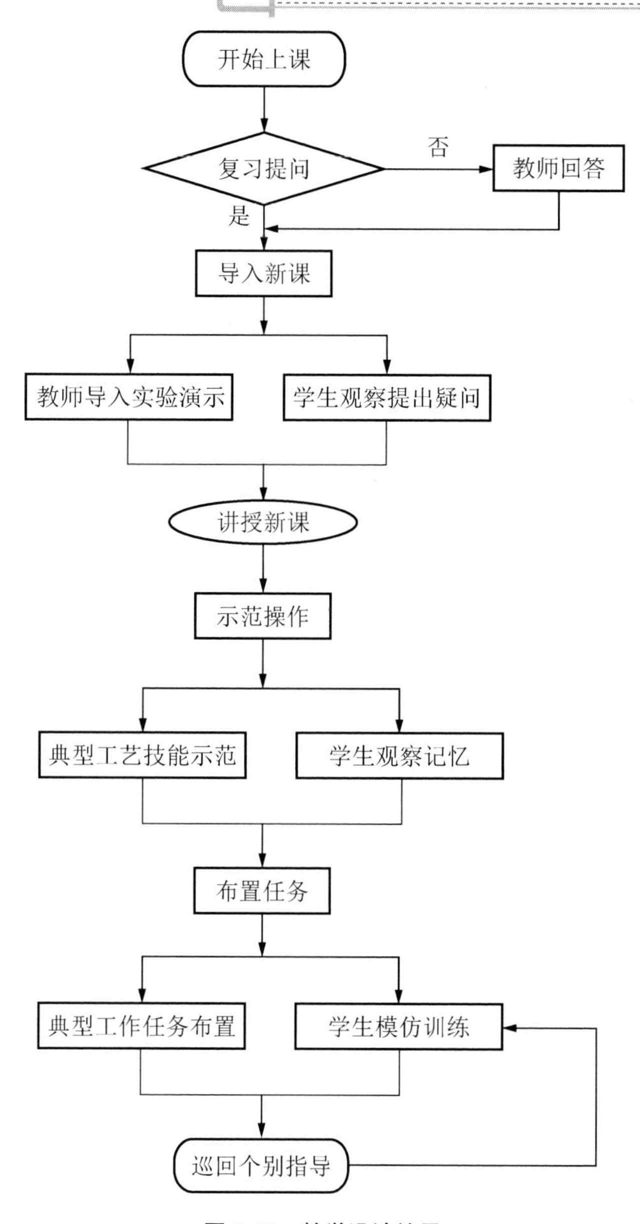

图 5.11　教学设计结果

2. 教学评价

教学评价即结束指导环节，包含了测评与总结提高。

教学评价的两个核心环节：对教师教学工作(教学设计、组织、实施等)的评价——教师教学评估(课堂、课外)，对学生学习效果的评价——考试与测验。评价的方法宜采用多元化评价，本案例主要针对学生学习效果进行评价说明。

直流稳压电源工作任务学生学习效果评价，对理论知识方面的评价主要是针对实训报告，其中包含了测试数据的记录与分析、知识拓展等，对操作技能方面的评价主要是针对工件的测评，其包含了组装工艺、调试指标等，见表 5-3。

表 5-3　直流稳压电源工作任务学生学习效果评价

评 价 项 目	评 价 内 容	配　　分	评 价 标 准	得　　分
课堂学习能力	学习态度与能力	10	态度端正，学习积极	
思维拓展能力	拓展学习的表现与应用	10	积极拓展学习，并能正确应用	
团结协作意识	分工协作，积极参与	10	互相协作，完成任务	
语言表达能力	正确清楚的表达观点	10	语言简练，表达清晰	
理论测评	测试数据记录与分析	10	符合数据记录分析标准	
	知识拓展测评	10	符合知识应用拓展标准	
技能测评	产品组装工艺	10	符合组装工艺标准	
	产品调试工艺	10	符合调试工艺标准	
安全文明生产	正确使用设备和工具	10	安全文明生产	
总得分			教师签字	

案例 2　电子装配工艺项目教程教案(表格式)

电子装配工艺项目教程电子教案

班　　级			专　　业			教　　师	
授课时间			课　　次	1		学　　时	2
课题	项目 1	材料的识别					
	任务 1	材料的识别					
	任务分解	(1) 会辨识各种材料；(2) 能选用各种材料					
授 课 方 式		讲　授	操作演示	仿真演示	自主学习	研究学习	学生操作	师生互动
		√	√		√		√	√
能力目标		会辨识各种材料					
		能选用各种材料					
知识目标		了解各种材料的分类和性能					
		理解各种材料的用途和选用					
情感目标		具有实事求是、严肃认真的科学态度与工作作风					
		培养良好的安全生产意识					
重　　点		根据要求选用材料					
难　　点		常见材料的分类、特点和性能参数					
选　　学		纳米材料的特性					
情境设计		各种材料若干，依据全班人数分为几组，地点在理论与实践一体化教室					
课后阅读	上网查找有关线材、绝缘材料、印制电路板、磁性材料及辅助材料的知识						

续表

课后作业与操作	(1) 反复观察各种电子装配材料； (2) 用万用表测量漆包线的电阻； (3) 用钢锯条在覆铜板上刻画出一条深沟，观察覆铜板的厚度
教后记	

项目教学活动一　线材、绝缘材料、印制电路板的识别		
教师活动	师生互动	学生活动
(1) 播放各种型号的线材、绝缘材料、印制电路板的照片； (2) 教师讲解怎样观察上述材料	(1) 用肉眼和放大镜分别观察各种材料； (2) 用万用表测量漆包线表面的电阻，然后用钢锯条刮掉绝缘漆后测量其导电情况； (3) 用万用表测变压器油、开关油的绝缘电阻	(1) 用剥线钳剥开电线、电缆的绝缘层，分别用放大镜观察它们的结构组成，了解导体、绝缘体的组合特点； (2) 用万用表测量青壳纸、云母片和陶瓷的绝缘电阻； (3) 对光观察各种材质覆铜板的透明度，用钢锯条在覆铜板上刻画出一条深沟，观察覆铜板的厚度

活动目标结论	通过本次活动： (1) 使学生能认识常用的线材、绝缘材料和印制电路板材料； (2) 掌握常用材料的基本检测方法

项目教学活动二　磁性材料及辅助材料的识别		
教师活动	师生互动	学生活动
(1) 播放各种型号的磁性材料、辅助材料的照片； (2) 教师讲解怎样观察上述材料	(1) 用肉眼和放大镜分别观察各种材料； (2) 用扬声器的磁体与中周磁芯、磁棒接触，研究后者的导磁性； (3) 用毛笔分别蘸清漆、调和漆涂在纸上，观察其性状	(1) 用万用表测量中周磁芯、磁棒、扬声器磁体的电阻； (2) 用鼻子嗅嗅清漆、调和漆、502 瞬干胶、环氧胶的气味； (3) 在两根塑料棒上涂 502 瞬干胶或环氧胶，将塑料棒对接，观察其粘接情况

续表

活动目标结论	通过本次活动： (1) 使学生能认识常用的磁性材料、辅助材料； (2) 掌握常用材料的基本检测方法

思考与实践

1．项目课程教学设计与企业工作过程有什么关系？这种关系体现了项目课程教学设计与课程标准之间有什么关系？

2．项目课程教学设计包括了哪些设计任务？这些任务如何完成？

3．职业技术教育教学中，“学”“教”“做”三者的顺序在不同的课程可以采用不同的模式，在电子技术专业课程中，你有什么看法？建议讨论。

4．完成以下电子技术专业课程内容的项目课程教学设计。

(1) 电子基本电路安装与测试中项目：555 时基电路的安装与测试。

任务：单稳态触发器的制作与测试。

(2) Protel 2004 项目实训及应用中项目：三角波、方波发生器电路的 PCB 设计。

任务：设计电路的 PCB 图。

(3) 电子技术综合应用中项目：三角波、方波发生器。

任务：三角波、方波发生器的调试。

第6章 电子技术专业项目课程的实施

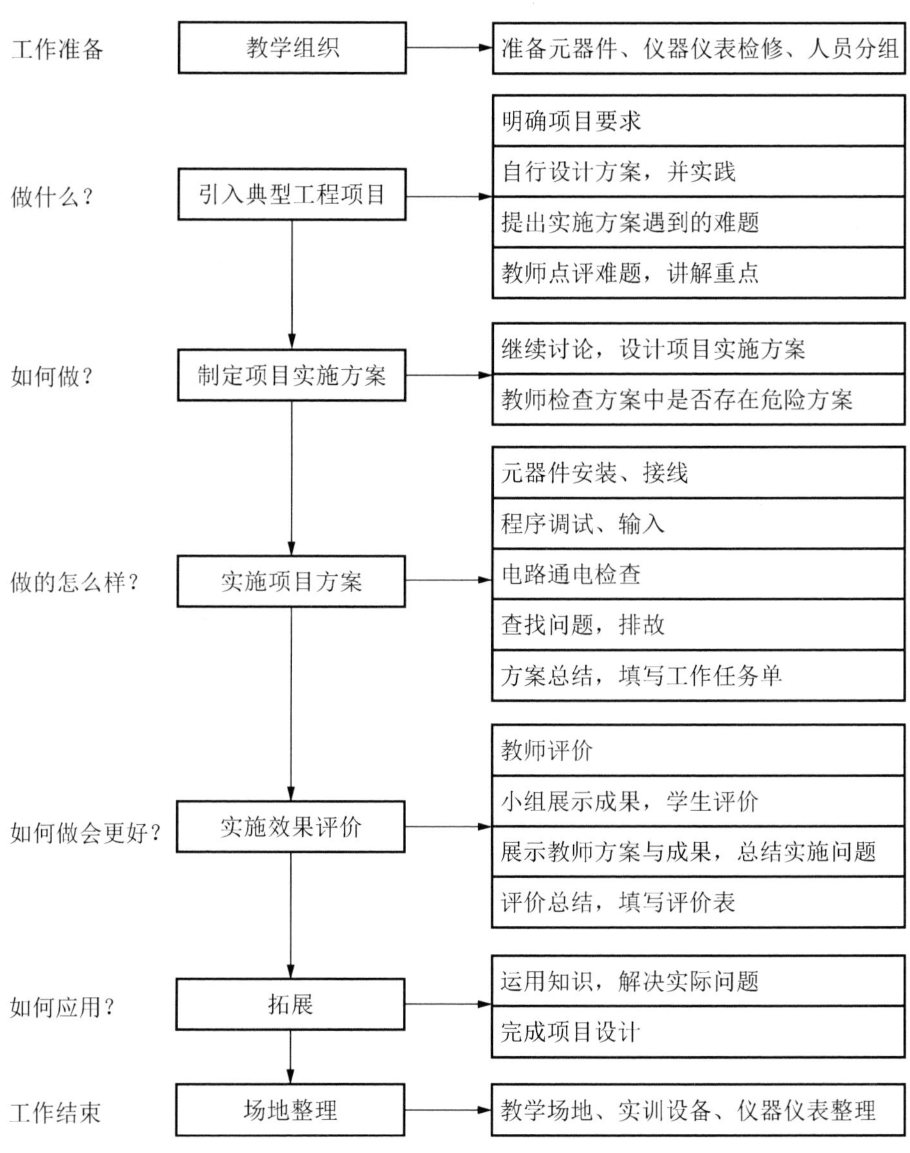

课程实施是根据课程标准所确定的课程性质、目标、内容框架和所指导的教学原则、评价建议等，参照所选用教科书的体系结构、内容材料、呈现方式等，结合教师自身的教学素质、经验、风格，从学生学习水平，志趣、习惯及教学的设备、资源、环境等条件出发，有目的、有计划、有组织地实践显形课程本质，体现课程价值、实现课程目标的综合过程，是课程开发系统中实质性阶段。课程设计得再好，如果得不到实施也是没有存在意义的。

6.1 项目课程实施条件

6.1.1 硬环境的建设

【参考图文】

项目课程的实验(实训)室是以工作任务分析为基础，在设计上遵循空间结构与工作现场相吻合的原则，充分体现其职业性，使学生能够在真实的或模拟的工作环境中接受综合职业技能培训。

项目课程实施对实训条件要求较高，需要足够的教学场地和教学设备。这就意味着要有充裕的经费投入，经济问题成了大多学校在实施项目课程中遇到的共同难题。如何在现有的基础上，组织实施项目课程教学？

1. 建设一体化教室

一体化教室是将原有教学教室与实践技能训练场地进行整合，将教室合并到技能操作实训场地，增加必要的教学设施，主要能满足：讲授理论知识，指导工作任务设计、分组到工作区域实施工作任务。如果工作中遇到问题可以随时进行师生、生生的相互交流。对于工作中出现的共性问题，可以随时回到教学区讲解，这样做既提高了教学质量也提高了教学效率。一体化教室还要配备多媒体教学设备，除了满足老师的讲课需要外，还可以供学生查询学习相关资料。图 6.1 所示为一体化教室设计的常见方案之一。

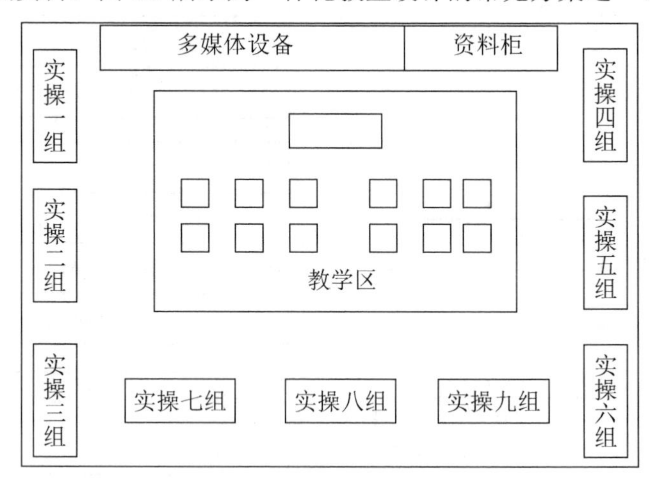

图 6.1　一体化教室设计方案

2. 建设综合实训室

综合实训室是对现有的实验、实训室充分整合，增加设备投入，增设新的实训设备，把实验、实训室由单一功能转变为多功能；将实习任务由演示转变为生产性实习；将实验、实训效果由原来的满足单一课程教学要求转变为满足整个工作过程需求。图 6.2 所示为电子技术综合实训室的一种设计方案。

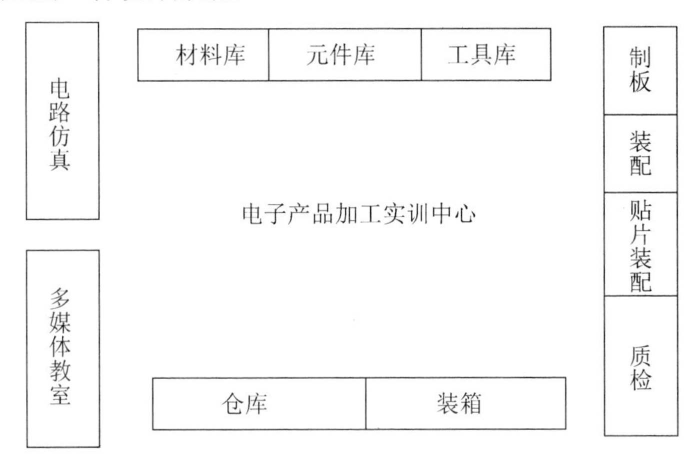

图 6.2　电子技术综合实训室设计方案

3. 多方面利用社会资源

实施项目课程教学，硬件建设要求比较高，单单依靠学校的有限资金定然是无法满足项目课程硬件建设的需求的。需要走出去引进来，通过各种渠道，采用多种方式利用社会的资源来扶持和加强学校硬件建设。例如，电子技术专业可以将企业生产线引进学校，可以采用教学实践交替办法轮流到企业实习；这些资源优化组合方式惠及多方，不仅为教学硬件建设注入活力，而且利于企业人才的选拔和学生的就业。

6.1.2　教材的编制

教材是教师教学的主要依据，显然在项目课程教学实施时，需要开发编写新教材，需要对教材内容进行大调整，重新组合。教材的编写特别注重实用性，因此，编写教材前需要先对本专业所涉及的行业、企业发展需要和完成职业岗位实际工作任务进行全面、系统的分析，总结提炼出该岗位所需必备的专业知识、专业技能、其他职业能力，然后相应于这些知识、技能的培养需要设计出若干个实践环节，每个环节就是一个项目，再围绕项目编写教材。总之，项目课程要能得到顺利推广，教材的开发是关键。

【参考图文】

编写教材时应注意以下事项。

(1) 以工作任务引领专业知识。项目课程教学实施中工作任务是核心，专业知识的学习是围绕工作任务的完成而进行的。在编写教材时，专业知识的范围选择、深度确定要紧紧围绕工作任务核心，以工作任务引领专业知识。

(2) 以典型产品或服务引领工作任务。一个有声有色、具有鲜活吸引力的工作任务的完成，就是让学生体验一个完整的工作过程。而一个完整的工作过程就是完成一件典型产品制作或提供一个完整服务。所以在编写教材时，需要提供与实际工作吻合的工作案例，以典型产品或服务引领工作任务。

(3) 工作任务的描述要完整。工作任务是项目课程的核心，因此在教材中工作任务的描述要从工作任务名称、背景，完成工作任务要达到的技术标准、所需要的设备、工具和材料等多方面完整描述。

(4) 项目制定的科学性、可行性。项目是课程中的一个个实践技能环节，在制定项目时，要注重其科学性、可行性。在项目制定时，可以考虑以下几方面：①到企业中调查，根据工作过程设计项目；②聘请企业人员进行岗位工作分析，提供项目制订参考方案；③安排教材编写教师到企业中考察生产情况，征求行业专家意见，制定合理、实用的项目。

6.1.3 师资队伍的建设

【参考图文】

在项目教学中，教师担负着引领学生通过具体的项目或任务，模拟完成企业的生产行为。在做中学，在学中做，教师是学习的帮助者、参与者、促进者。

项目课程的教学任务对教师要求很高。项目课程的师资除了要具备较好的理论基础外，还要具备较强的实践经验和组织能力，对职业岗位和工作过程有亲身经历。要推广项目课程教学，对师资队伍的培训是重要组成部分。

培训教师应以下面的能力培养为重点。

(1) 项目课程特有的教学能力。项目课程教学是一个师生双向互动的过程，整个教学过程需要师生积极参与、热情投入。要求教师在教学过程中正确定位自身的角色，不单单是完成传授知识，还要担负起组织、引导、评价教学活动的职责，引导接受知识、建构知识、应用知识完成项目任务。在完成项目实践教学中，教师不能只是简单的巡回指导，更多的是营造良好的学习氛围，主动、及时给学生以帮助，帮助学生发现问题、思考问题和及时解决问题，确保学习活动有序高效的进行，提高教学效率。

(2) 理实一体的教学能力。项目教学是以典型工作任务来组织教学内容，专业理论学习的知识范围、内容深度确定都是围绕工作任务的实施而组织进行的，理论知识和实践知识通过典型的职业工作任务有机地结合起来。这要求教师必须具备扎实的理论知识基础，对工作实施中涉及的相关学科课程在内容细节、课程关联关系等方面条理明晰、熟稔，能恰当地引入学生完成工作任务的指导环节中。同时教师要具有实际工作经验，了解企业的工作过程和经营过程，能亲自动手完成实际技能操作。这两个方面，需要教师具有理实一体化的教学能力。这些能力的提高，一方面需要教师自身刻苦钻研业务，另一方面也需要学校组织教师到企业见习锻炼，聘请行业专家进行学术交流指导来提高教师的教学能力。

(3) 跨专业多工种教学能力。传统教学中，每个教师都有自己的专业，一般只是固定地完成本专业一门或几门课程的教学工作，而与其他专业的教师在业务上的交往很少。项目教学在完成设定的工作任务时，要涉及多工种教学内容。这就要求教师具有跨工种的学习能力，不仅要娴熟本专业工种知识与技能，还要学习与课程相关其他专业工种的

知识与技能。要培养和提高教师跨专业工种的教学能力，一方面要求教师要进一步加强业务学习，改变传统教学中知识单一、专业孤立的弊端；另一方面，学校可以通过组织项目课程教研室(组)来组织教师完成不同专业、不同工种间的交流、对接，提升教师跨专业工种教学能力。

(4) 团队合作能力。项目课程教学任务的完成是一项综合性工程，必然会遇到跨专业工种知识。要求教师在短时间内掌握跨专业工种知识有时是不现实的，有些知识也是不容易学的，这就需要跨专业工种教师的合作。教师要从以前的“一个人”工作方式转向“多人”合作方式，这需要不同专业不同领域的教师联合起来完成项目教学。

对教师来讲，这是工作方式的根本改变，每一个教师都必须自主或在部门组织下与同事建立业务联系，关注其他专业领域的发展。

项目课程实施中，师资队伍的建设，除了加强在职教师的培训外，还可以采用“拿来主义”——从企业引进一些文化素质较高的有经验的技术人员。这些技术人员在一线工作体验过完整的工作流程，加入教学团队中，能够极大地加强项目课程中的职业化因素，为学校师资队伍增添新鲜血液。但是，这些技术人员在教学管理上知识空白，需要进行教师资格培训，从职业教育的教学特点、学生特点出发，进行心理学、教育学专题辅导，成为有一定理论基础，并有丰富实践经验的“双师型”教师。

教育要发展，教学质量要提高，教学改革就是一个永无止境的过程。事实上，永远不可能提前为课程改革储备好师资，课程改革也不能等待师资成熟了再开始。课程是专业发展的重要载体，有什么样的课程体系，必然就会锻炼出与之发展相适应的师资队伍。课程体系不改革，师资队伍也就缺乏转变和提升自身能力的动力，缺少改革的压力和紧迫感。以往，职业教育中存在的教学模式多年不变，办学质量层次低，广大专业教师知识陈旧落后等教育诟病的存在，就是学校教育墨守成规不教改的后果。在课程改革的过程中，可以重新塑造教师的能力，大范围地吸引教师参与到课程改革中，教学改革与师资队伍建设同步进行。

6.2　项目课程的教学方法

项目课程的常用的教学方法有模拟教学法、案例教学法、项目教学法和任务驱动教学法。

6.2.1　模拟教学法

模拟教学就是指在教师指导下，学生模拟扮演某一角色进行技能训练的一种教学方法。模拟教学能弥补客观条件的不足，为学生提供接近实际工作的训练环境，提高学生职业技能。模拟教学法是利用模型或部分实物，模拟真实的工作情境，感受到“事情正在进行”，在以教师为导演、学生为主演的模拟实践中，师生互动、共同参与，使学生在模拟真实的职业氛围中，学习和掌握职业岗位所必备的专业知识、专业技能和职业综合素质。

1. 模拟教学法可以培养学生综合素质能力

(1) 模拟教学法可以培养学生的感知和形象思维能力。模拟的教学过程接近实际工作的真实场景，学生通过对实景、实物的接触，真实、充分地感受和认知相关知识，完成认识职业岗位形象思维阶段。

(2) 模拟教学法可以培养学生主动学习、语言表达和与人协作能力。在模拟教学中，学生分组讨论学习，互相带动和互相启发，形成主动学习的氛围。在分组讨论中，同学间互相辩论，各抒己见，通过运用恰当和准确的语言表达自己的思路和看法，从而锻炼了每个学生的语言表达能力。在分组讨论中，同学间要密切合作、协调各方分歧，相互取长补短、团结合作完成整个讨论，最终形成小组集体观点，锻炼了同学间共同协作和与人共事的能力。

(3) 模拟教学法可以培养学生具备岗位职业技能。在模拟教学法的课堂教学中，学生如同亲临工作实情，切身体会和感受工作，从中形成和增强对实际问题的处理能力，熟练掌握工作要领，获得必须的岗位技能。与此同时，学生更深刻地领会到所学知识在实践应用中的必要性，达到理论教学为实践教学服务的目的。

2. 教师的备课内容发生了根本的转变

模拟教学需要教师在备课时，精心准备模拟实践的教学资料，精心策划出适合本次教学需要的模拟场景和氛围，从而将学生要学习的理论知识与实践技能充分融入模拟场景中，使学生有身临其境的感觉。

3. 教师和学生的角色发生了根本的转变

在模拟教学中，课堂的中心不再是教师，学生成为课堂的主体和中心。教师是课堂的导演者和策划者，学生从被动听讲、机械记忆转变为主动研究、摸索实践，形成教学间互动教学的新型师生关系。

4. 教学效果发生了根本的转变

运用模拟教学法，将理论教学融入实践教学中，学生在做中学，在学中做，在岗位技能的训练中理解和应用了理论知识，理论知识掌握的更为扎实，达到职业教育培养应用型人才的目的。

6.2.2 案例教学法

案例教学法是在教师指导下，根据教学目标的要求，利用案例进行教学活动、组织学生进行学习和研讨的一种教学方法。它激励学生主动参与学习活动，以学生为中心，让学生主动发现、分析和解决案例中存在的问题。这种教学方法对开发学生智力、培养学生能力、提高学生素质很有效。尤其是在职业学校中的运用能很好地使理论与实际有机结合为一体，以案例为基本素材，引入一个相关事件的真实情境，通过师生之间、生生之间的研究、讨论，重点培养分析问题能力和独立判断及决策能力。

案例教学法的过程，大致可以归纳为以下几点。

(1) 周密的计划。老师是案例教学的组织者，需提前制订出一个详细的案例教学计划，包括案例类型、案例具体内容、案例发放时机、案例分组情况、案例可能收到的效果，以及在案例教学中可能出现的问题和对策等。

(2) 选择合适案例精心备课。案例不能太陈旧，要贴近生活、贴近时代，让学生感兴趣；案例有明确的主体，但又不能太直观、太暴露，让案例有讨论价值。确定案例后要仔细分析，找出问题关键，作出判断，准备好讨论过程中可能出现的问题的解决方案。

(3) 进行班级讨论或小组讨论。讨论问题是案例教学的核心环节，要充分发挥学生的主体作用，提高其积极性，使学生融入案例中，运用所学知识分析案例，解决案例中出现的问题，围绕着案例将需要学的知识渗透其中。

(4) 归纳各组意见。在案例讨论过程中，允许质疑他人的想法，允许辩论，学习如何发问，进而训练独立思考、与人相处、解决冲突的能力。还要学会归纳和总结，协调各组员关系，达成一致意见。

6.2.3　项目教学法

项目教学法是老师和学生为了共同实施一个完整的项目而进行的教学活动，以学生的自主性、探索性学习为基础，其目的是在课堂教学中把理论与实践教学有机地结合起来，提高学生解决实际问题的综合能力。

在教学活动中，教师将需要完成的任务以项目的形式交给学生，学生自己按照实际工作过程程序，共同制订计划、共同或分工完成整个项目，教师只起指导作用。在项目教学中，学习过程是一个师生共同参与的创造实践活动，注重的不是结果是否正确，而是完成项目的过程。

项目课程实施的步骤如下。

1. 确定项目任务、制订计划

通常由教师提出一个或几个项目任务设想，然后同学一起讨论，征求学生意见，最终确定项目的目标和任务。项目实施之前由学生制订项目工作计划，确定工作步骤和程序，并最终得到教师的认可方可执行。

2. 项目实施动员

项目实施前，教师要做好学生的学习动员工作。首先使学生了解开发本项目的意义，使他们能够积极主动地参与到项目的开发工作中，并告诉学生项目开发所需的技术和学习方法及项目开发的流程和考核办法等方面的内容。

3. 项目实施

项目教学法实施的核心环节是项目实施过程，学生确定各自在小组的分工及小组成员之间的合作形式，之后按照已确立的工作步骤和程序进行工作。在工作阶段教师要在合适的时机对学生进行指导，解决学生实施过程中遇到的问题，并督促学生完成项目计划书中的各个开发环节，达到教学目标。

4. 检查评估

课程项目完成后进行一个总评，由学生评价和老师评价构成，评分主要依据评分表，由学生打分和教师打分作为整个开发小组的分数。师生共同讨论、评判在项目工作中出现的问题和学生处理问题的方法。通过对比师生的评价结果，找出造成评价结果差异的原因。

5. 项目总结归档，并要进行拓展和延伸

作为项目开发的教学产品，其本身具有实际应用价值。因此，项目工作的结果应该归档或应用到生产教学实践中。思路总结可以帮助学生明确项目完成的最佳思考方法，全面吸收整个项目活动的精髓。同时，教师应该指导学生对项目成果进行拓展和延伸，针对学生以后可能出现的类似问题，能够运用现有知识进行解决。

6.2.4 任务驱动教学法

所谓任务驱动就是在学习的过程中，学生在教师的帮助下，紧紧围绕一个共同的任务为中心进行教学活动，在明确的问题动机驱动下，通过对学习资源的应用，进行探索和协作的学习，并在完成既定工作任务的同时，引导学生践行一种学习实践活动。任务驱动要求其创建任务的目标性和教学情境的，并带着明确的任务在探索中学习。在这个过程中，随着任务的逐步完成学生会不断地获得成就感，可以更大地激发他们的学习兴趣和求知欲望，逐步形成一个感知心智活动的良性循环，从而培养出独立探索、勇于开拓进取的自学能力。

任务驱动教学的实施环节有以下三个。

(1) 创设情景。使学习活动能在一种与本节课教学内容一致的情景中发生。

(2) 提出任务。导入课前设计好的与当前学习内容密切相关的任务作为学习的中心内容。

(3) 自主学习。不是由教师直接告诉学生应当如何去解决面临的问题，而是由教师向学生提供解决该问题的有关线索，并要特别注意发展学生的“自主学习”能力。

6.3 项目课程应用实例

【参考图文】

当前，电子制造业对电子技能型人才的需求日见迫切，但职业学校培养的毕业生多数很难得到企业的认同。这其中的主要原因是毕业生欠缺相应的职业能力，特别是动手能力和解决实际问题的能力。产生这一问题的主要原因是职业教育学科体系课程模式存在的弊端，这使得中职学校的毕业生所获得的知识和技能是一种相对独立的、单一的知识和技能，没有形成综合的知识和技能，同时缺乏从事电子制造业相应岗位群的工作经验和职业性技能，也就是工作过程知识。为此，探索电子技术专业基础课程“电子电路分析与测试”的教学极其必要。

电子电路分析与测试是一门理论与实践相结合的课程，旨在通过教学，使学生对应用电子技术所需要的知识与技能有初步认识，使其具备一定的电子电路分析、制作、运用等技能型人才所必需的基础知识及相关的基本职业能力，通过行动导向教学改革，提高学生积极的行动意识和职业规划能力，培养学生的创新创业能力，为后续课程学习作前期准备，为学生的就业夯实基础。

6.3.1　职业能力培养目标与教学实践思路

【参考图文】

表 6-1 所示为学生综合职业能力的培养目标。

表 6-1　学生综合职业能力的培养目标

<table>
<tr><th colspan="3">能力类型</th><th>内容要求</th></tr>
<tr><td rowspan="7">关键能力</td><td rowspan="2">专业能力</td><td>专业技能</td><td>(1) 电子元件的识别、检测；
(2) 电烙铁、吸锡器、万用表、示波器等常用工具和仪器的使用；
(3) 焊接技能；
(4) 电路原理图识图、根据原理图设计布线图；
(5) 电路板制作工艺、技术；
(6) 电路调试、故障检测与排除</td></tr>
<tr><td>专业知识</td><td>(1) 电路原理的分析理解与运用；
(2) 简单电路设计</td></tr>
<tr><td rowspan="2">方法能力</td><td>计划与实施能力</td><td>(1) 能根据产品电路确定元件及预计损耗，并完成购买；
(2) 能按照电路制作要求制订工作计划并实施；
(3) 能解决工作过程中遇到的实际问题；
(4) 能根据已有的知识和技能进行创造性的设计</td></tr>
<tr><td>学习能力</td><td>(1) 能对工作中涉及的知识和技能进行学习；
(2) 能利用专业书籍和工具书获得帮助信息；
(3) 能在工作中获得工作过程知识</td></tr>
<tr><td rowspan="3">社会能力</td><td>情感态度</td><td>在工作中始终保持积极向上的工作态度和学习态度</td></tr>
<tr><td>交往能力</td><td>(1) 与其他成员进行人际交往、思想沟通、获取信息；
(2) 诚信、可靠</td></tr>
<tr><td>协作能力</td><td>(1) 具有责任心；
(2) 具备小组协作能力</td></tr>
<tr><td>创新能力</td><td colspan="3">激发学生的好奇心、自信心、进取心、求知欲、怀疑精神、独立思考和探索精神，并培养其动手实践能力</td></tr>
</table>

教学实践的设计思路是，依据学生思维特点，由简单到复杂，由新手到专家的工作过程，确定各学习领域的教学手段与方法。每个学习领域按照“资讯、计划、决策、实施、

检查和评价”六个工作步骤进行教学，如图 6.3 所示，“教、学、做”一体化，采用引导文教学法、项目教学法、头脑风暴法等多种教学方法，制订详细的学习情景考核方案，以全面衡量学习效果和综合职业能力。

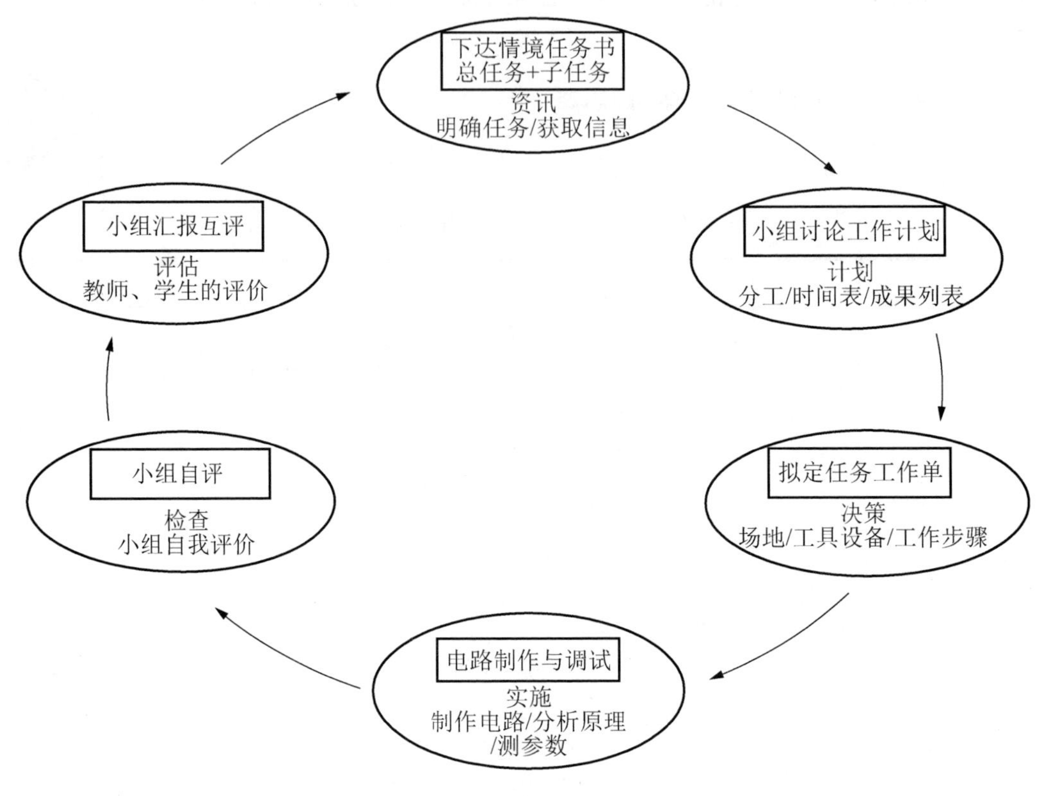

图 6.3　项目课程教学实施流程图

6.3.2　项目课程在“电子电路分析与测试”课程中的应用

1. 构建工作过程知识和职业技能模块

1) 行动领域分析

行动领域是产生于从业者的职业活动中一个综合性的任务。对电子产品制造行业的从业者而言，行动领域就是一个电子产品设计开发、生产制作的完整的工作过程系统。产品功能的复杂程度不同，其工作过程系统的复杂程度也是不同的，但复杂产品设计生产过程可以分解成若干组成部分，而每一个组成部分类似于一个简单电子产品的设计生产。对于“电子电路分析与测试”的课程目标而言，一种简单的电子产品的生产过程系统已达到要求。企业中简单电子产品设计生产的工作过程系统如图 6.4 所示。

针对以上电子产品制造行业的工作过程，可以进行表 6-2 所示的工作过程分析。

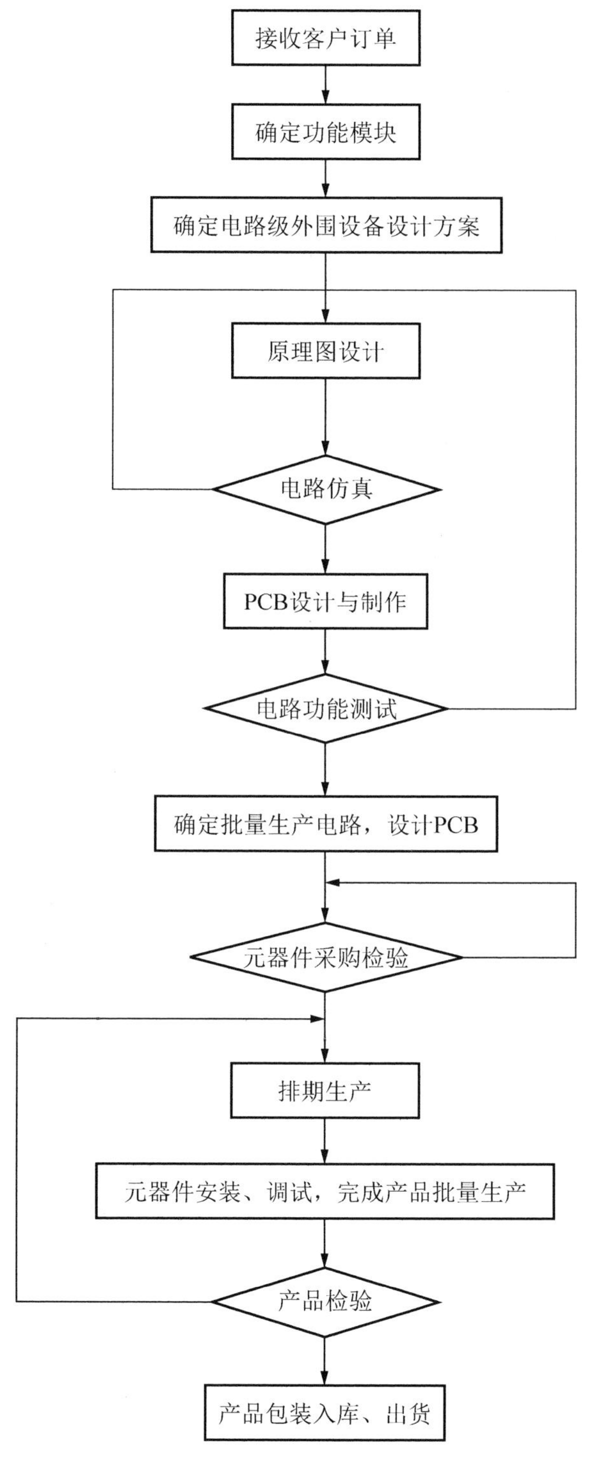

图 6.4　产品设计生产的工作过程

表 6-2　工作过程分析

工作过程	工作任务	工作人员	工　具	工作行动	产　品
确定设计方案	对电子产品开发设计进行整体计划	设计、开发小组人员	专业参考资料、以往设计经验、计算机等	对电子产品设计的日期、步骤、标准等进行确定	设计方案
原理图设计	对电子产品进行电路设计	电路设计人员	计算机、参考资料	根据产品功能完成电路设计	电路原理图
电路仿真	对电路进行计算机模拟仿真	电路设计人员	计算机、电路仿真软件	根据电路原理图进行功能仿真，测试是否达到产品功能要求	通过仿真检测电路原理图
电路模板的制作	根据原理图完成电路模板制作	电路模板制作人员	电子元件、万用板、电烙铁等	根据电路原理设计电路布线，制作完成实际电路模板	电路模板
电路功能检测	对电路模板进行检测	电路设计检测人员	电子检测仪器仪表	对电路板进行功能、安全、工作时间检测	验证通过的产品电路
PCB 设计	根据确定的产品电路设计 PCB	PCB 专业设计人员	计算机、电路设计软件	对产品电路进行 PCB 设计，完成布线设计	产品 PCB 电路
生产排期	排定产品生产日期、流程	专业 PPC	工厂生产管理系统	对产品原材料的准备、生产线工人的安排、成品检验、入仓、走货的安排	生产排期
元器件采购	元器件采购	采购人员、专业 PPC	元器件供应商产品报价表	进行产品所需原材料的采购	产品生产所需元件
产品生产	完成产品的生产制作	工人	工厂生产线	完成产品流水线生产	产品成品
产品检验	产品抽检	QC	游标卡尺、千分尺等	产品概率抽查、功能、安全、寿命、破坏性检验	检验通过成品
入仓走货	产品入仓走货	仓库管理人员	仓库	生产成品仓库管理、按客户要求走货	送交到客户的成品

2) 构建知识和技能模块

基础的好坏取决于“质”的优劣，即要“活学”，要在行动中学，学得越活，基础就越好；基础的意义表现为“应用性”，即“活用”，要“学以致用”。知识和技能教学模块

是一个跨学科的、案例性的、经过系统化教学处理的行动领域。通过一个模块的学习，学生可以完成某一职业的典型的工作任务。

课程“电子电路分析与测试”的培养目标决定了课程教学模块可以对应于电子产品开发设计、生产制作的工作过程。但这些工作过程经过教学处理，要符合学生的认识水平和知识技能系统建构的过程。

模块的建构应该以学生为中心，通过学生自己的“发现”“体验”，让他们在行动中学，并能学以致用。根据这一要求，结合电子产品设计生产所涉及的工作过程，将这些工作过程进行教学处理，形成符合课程要求的教学模块。

模块具体可分为三种类型：第一类是完全符合教学要求的，如电路模板制作，在学习领域中应保留；第二类是超出学生认识水平的，如从确定设计方案、产品功能要求到原理图设计、产品采购，可进行教学处理后形成的相应技能模块；第三类是超出课程培养目标要求的，如生产安排、入仓出货等，属于其他类型专业人员的职业活动范畴，仅作了解即可。

课程内容涉及的知识技能模块，应按照产品设计生产的工作过程排序，要符合学生知识技能建构的顺序，见表 6-3。

表 6-3　学生知识技能建构的顺序

顺序	知识技能模块	学习任务	学习行动	作品	涉及专业知识
1	制订工作任务计划	明确电子产品设计制作任务	(1) 理解产品设计制作工作过程的系统； (2) 小组讨论并制订电子产品设计制作任务计划	计划、方案	电子产品设计
2	电路原理图识图	给定产品电路原理图的识别	学习识别给定电路原理图，各元器件的识别、分布与连接	电路原理图	电子电路分析与测试 电子元器件
3	元器件选择、识别、测试	根据电路原理图完成元件购买与测试	(1) 根据电路原理图列出所需元器件及参数； (2) 到电子元器件市场购买元器件； (3) 完成元器件检测	电子元器件	电子元器件 电子测量仪表
4	电路制作	(1) 根据电路原理图完成布线图； (2) 根据布线图完成实际电路制作	(1) 根据电路原理图合理排列元器件，合理安排电路布线，画出电路布线图； (2) 根据电路原理设计电路布线，制作完成实际电路模板	布线图 产品电路板	电子工艺
5	功能检测调试、故障排除与电路原理认识	(1) 理解电路工作原理； (2) 对实际电路进行检测调试	(1) 通过教师讲解、小组讨论，理解产品电路的工作原理； (2) 对电路板进行功能、安全检测和调试； (3) 电路故障检测与排除	验证通过的产品电路 电路分析报告	电子测量仪表 电子电路分析与测试

续表

顺序	知识技能模块	学习任务	学习行动	作品	涉及专业知识
6	功能拓展电路设计与制作	(1) 对电路进行功能拓展设计； (2) 完成拓展电路制作与调试	(1) 对原产品进行简单的功能拓展； (2) 完成拓展功能电路设计； (3) 完成拓展电路制作与调试	包含拓展功能的电路原理图及拓展功能实际电路	电子测量仪表 电子电路分析与测试
7	PCB 设计	根据确定的产品电路设计 PCB	对产品电路进行 PCB 设计，完成布线设计	产品 PCB 电路	电子 CAD
8	电路仿真	对电路进行计算机模拟仿真	根据电路原理图进行功能仿真，测试是否达到产品功能要求	通过仿真检测电路原理图	电子 CAD 电子仿真技术

2. 项目课程对课程“电子电路分析与测试”的设计

1)“电子电路分析与测试”课程的设计理念

借鉴德国的职业教育理念，以项目和真实产品的工作过程作为联系学习领域的纽带，分析真实产品的工作过程，设计合适的项目组成学习领域的教学单元。

学习领域的设计应该以实现学习领域课程目标为设计依据，将学习领域课程的全部内容具体化；以具体的产品为载体，而非一般实验和实训，产品具有综合性、可扩展性，给学生足够发挥的空间，能够激发学生的求知欲和浓厚的兴趣。每个学习领域都是一个综合性的学习任务，既要包含完成综合性学习任务需要的知识，又要通过实施的引导学生行动过程的多样化教学方法，使学生在获取知识、发展专业能力的同时，获得方法能力和社会能力。

2)“电子电路分析与测试”课程的教学内容

“电子电路分析与测试”课程的教学内容由能力描述的学习目标、任务陈述的学习内容和基准学时三部分构成，见表 6-4。

表 6-4 “电子电路分析与测试”课程的教学内容

<table>
<tr><td>课程：电子电路分析与测试</td><td>第一学期：基准学时 120 学时
第二学期：基准学时 120 学时</td></tr>
<tr><td colspan="2">学习目标
学生应根据电子企业发展需要和完成岗位实际工作任务需要，有目标地掌握万用表、示波器、信号发生器、直流电源的功能与使用方法。
掌握基本放大电路、运算放大电路、功率放大电路、振荡电路、直流电源电路、组合逻辑电路、时序逻辑电路的分析与测试方法。
能独立完成电子电路的制作与调试，能分析和查找问题并排除故障。
能独立获取和利用信息，把英语作为分析利用技术资料的辅助工具。
以团队的形式完成“音频功率放大器”和“电子时钟”工作任务，并能够用正确的专业语言进行沟通。运用正确的方法制订工作计划、时间计划和学习计划。在充分考虑技术安全的前提下，自觉地承担工作任务</td></tr>
</table>

续表

学习内容
◆　基本电子仪器的使用 ◆　直流电源电路 ◆　二极管、晶体管及基本放大电路 ◆　运算放大电路 ◆　功率放大电路 ◆　振荡电路 ◆　组合逻辑电路 ◆　时序逻辑电路 ◆　电子时钟电路 ◆　团队工作 ◆　信息的收集和整理使用

3) “电子电路分析与测试”项目和工作任务的确定

教学项目是一个案例化的学习单元，它把理论知识、实践技能与实际应用环节结合在一起。项目可以表现为具体教学内容，在“电子电路分析与测试”工作过程系统化的过程中，教学项目就是由学生完成的具有实际功能的电子产品，它将所有的知识技能模块连接在一起。

下面列举了中职“电子电路分析与测试”课程的项目和任务，见表6-5。

表6-5　“电子电路分析与测试”课程的学习领域和教学项目结构

<table>
<tr><td colspan="4">电子电路分析与测试</td></tr>
<tr><td>知识范畴</td><td colspan="3">电子电路分析与测试，兼顾后续课程</td></tr>
<tr><td>指导思想</td><td colspan="3">理论与实践一体化，培养学生的关键能力</td></tr>
<tr><td>情景设置</td><td colspan="3">以教学项目为载体，以完成项目任务为学习目标</td></tr>
<tr><td>教学过程</td><td colspan="3">在“资讯、计划、决策、实施、检查、评价”循环中升级职业能力</td></tr>
<tr><td colspan="4">课程学习领域(以声音信号为物理量输入)</td></tr>
<tr><td rowspan="4">模拟信号处理电路</td><td>电源电路的制作与调试</td><td>自动预置计数器电路的制作与调试</td><td rowspan="4">数字信号处理电路</td></tr>
<tr><td>分立前置放大器的制作与调试</td><td>可编程字符显示器的制作与调试</td></tr>
<tr><td>集成前置放大器的制作与调试</td><td>多路智力竞赛抢答器的制作与调试</td></tr>
<tr><td>50W 音频功率放大器的制作与调试</td><td>多功能数字时钟电路的制作与调试</td></tr>
<tr><td rowspan="6">课外拓展与创新部分</td><td colspan="2">红外线多路遥控发射、接收系统的分析，制作与调试</td><td rowspan="6"></td></tr>
<tr><td colspan="2">无线多路遥控发射、接收系统的分析、制作与调试</td></tr>
<tr><td colspan="2">音乐喷泉控制器的分析、制作与调试</td></tr>
<tr><td colspan="2">自动音乐播放器电路的分析、制作与调试</td></tr>
<tr><td colspan="2">电子琴音乐的产生与演奏电路的分析、制作与调试</td></tr>
<tr><td colspan="2">电风扇自动延时控制电路的分析、制作与调试</td></tr>
</table>

续表

衍生专业群		
↓		
以温度、流量等信号为物理量输入		
↓	↓	↓
家用电器维修	电气自动化技术	单片机控制技术

4) 课程教学评价

项目课程作为以工作过程为基础的课程，其教学评价应该以提高学生的学习效率为目的，为学生的终身发展提供服务。这种评价应采用“自我参照标准”，引导学生对自己在学习中的表现进行自我反思评价，评价方式可采用形成性评价和终结性评价相结合的评价方式。在形成性评价中，既有学生的自我表现性评价，也有小组成员之间的评价和小组间的评价，还有教师对学生的评价。终结性评价既有量化评价，又有质性评价。

3. 项目课程在“电子电路分析与测试”课程教学中的应用

以“直流稳压电源的制作与调试”为例，说明项目课程在“电子电路分析与测试”课程教学中的实践应用。

1) 教学实例情况简介

“电子电路分析与测试”课程中第一个学习领域的第一个任务是“直流稳压电源电路的制作与调试”(表 6-6)。该任务的教学过程主要采用了项目教学法，充分体现工作过程系统化课程的特点。它是师生为了共同实施一个完整的项目工作(指以生产一件具体的、具有实际应用价值的产品为目的的工作任务)而进行的教学过程。它强调学习的过程，使学生通过自己的发现、体验，通过在做中学，完成任务并达到教学的要求。

表 6-6 学习领域的描述

学习领域一　　直流稳压电源的制作与调试　　学时：18
学习目标
● 会说明直流稳压电源电路各组成部分及其工作原理。 ● 会分析串联型直流稳压电源电路，测试直流电源的参数。 ● 会正确识别常用三端集成稳压器，正确区分固定和可变的两种类型。 ● 能根据电路图识别开关直流电源，并说出其特点。 ● 会组装一种实用线性直流电源，并正确地测出其各项性能指标。 ● 能懂得用仿真技术验证电路工作结果。 ● 能列出元器件清单、询价并购买元器件、焊制电路，能用万用表测试焊点情况和静态工作点，能用示波器测试各级输出信号和交流性能指标。 ● 能编写文档记录制作过程和测试结果，并能制作课件汇报工作成果

续表

<table>
<tr><th>内容</th><th colspan="2">教学方法和建议</th></tr>
<tr><td>● 集成稳压管的应用
● 开关电源芯片的应用
● 电源转换芯片的应用</td><td colspan="2">● 通过行动导向教学法实施教学。
● 接受任务，阅读工作任务学习指导书等。
● 提出问题、咨询、在教师指导下设计工作页。
● 讨论工作页的具体内容、做出分组与行动计划。
● 决策各组的实施工具、设备、场地、材料等实施准备。
● 实施各任务实践项目。元器件的选择与检测、材料清单的编写、焊制电路、测试电路。
● 子任务的组内交流。
● 教师集体指导解决问题。
● 焊制集成前置放大电路。
● 电子电路成品的故障分析与排除。
● 检查学习情境 3 的执行情况，组内自评。
● 成果汇报、组间互评</td></tr>
<tr><th>工具与媒体</th><th>学生已有基础</th><th>教师所需能力要求</th></tr>
<tr><td>镊子
剥线钳
测电笔
万用表
常用装配工具
产品制作任务书
产品整机装配工艺文件
引导文
指导作业文件
演示视频文件
计算机与制图软件
网络教学资源
多媒体教学设备
教学课件、软件</td><td>(1) 具有电工装调能力与用电安全知识;
(2) 能识读交流、直流电路图及设备电气装配图;
(3) 具有简单电路的分析能力;
(4) 具有对行业企业劳动组织过程的认识;
(5) 拥有计算机基础操作能力;
(6) 数学知识、英语知识</td><td>(1) 具备电子电路设计的实践经验;
(2) 熟悉电子产品整机的电子电路装配、分析、调试的过程;
(3) 熟悉电子行业企业和电子类专业发展规划，对新技术应用敏感;
(4) 具有丰富的教学经验和社会、方法能力</td></tr>
</table>

根据教与学方式，“电子电路分析与测试”项目教学的实施程序见表 6-7。

表 6-7　项目教学法教学实施程序

教 学 环 节	实 施 人 员	教 学 行 动
确定项目目标和任务	教师和全体学生	根据教学项目的要求确定工作任务和作为项目的电路功能目标
制订项目工作计划	教师指导，以各学习小组为主	制订各工作过程的计划、步骤

续表

教学环节	实施人员	教学行动
项目计划实施	各学习小组学生	小组各成员在互相讨论、协作的基础上独立实现任务项目计划，完成各工作过程
项目学习评价	教师和小组全体成员	应用发展性教学评价观，对小组各成员工作过程的完成情况和产品进行自评和教师评价
产品和评价归档	教师	将学生的成果和评价归档，形成每个学生的成长记录袋

2) 教学实施过程

学习领域(总任务)：直流稳压电源电路的制作与调试。

子任务 1：集成稳压管的应用。

教学时间：1 周(六节课)。

目标群体：电子班，每 6 人一组

教学环境：实训室，每组配备示波器 2 台、万用表 2 个、计算机 1 台、实验用变压器(220V/9V) 1 台、焊接工具一套(学生自带)、学习文具(学生自带)。

教学方法：行动导向教学的项目教学法。

教学过程：

① 情景创设，上课时用自制的功放机播放音乐给学生听。

② 确定项目，教师向学生下达任务书。

③ 向学生下发学习引导文，教师将整理的学习资料发给学生。

④ 向学生下发工作页，记录学习和工作的过程。

⑤ 教师进行个别辅导，为学生答疑。

⑥ 学习成果评价。

在整个项目进行过程中教师要注意三个方面的问题：一是要尊重实践教学规律，了解学生个体差异，因材施教，要勤巡视，及时发现和解决突发问题；二是要吃透项目课程的精髓，不断积累教学上的经验，加强直观教学、实用教学和演示示范效果；三是一定让学生充分独立思考，各抒己见，创新立异。

4. 考试制度的改革

考试是检验学生学习成果的一种基本方式。采用行动导向教学后，为了检验行动导向的实际教学效果，强化学生实际技能的培养，提高学生动手解决问题的关键能力，而对“电子电路分析与测试”课程的考试方式进行了改革，由原来的单一理论试卷考试改为综合能力考核。考核分为笔试和实践能力考核，笔试只考基本理论和应知应会的内容，占期末总评的 20%；实践能力考核由学生抽题，在限定的时间内根据原理图焊接电路和测量一些参数，占期末总评的 20%；学生在平时行动导向教学过程中所有学习领域的平均分占期末总评的 60%。

【下达任务书】

【学习引导书】

【学习工作页】

【下达任务书】

思考与实践

1. 适用于项目课程的教学方法有哪些？在项目课程中，如何开展这些方法的实施？
2. 项目课程的实施有哪些必需的条件？
3. 项目课程实施过程与任务工作过程有什么关系？
4. 设计项目课程在“电子综合训练”课程教学中的应用过程。

第 7 章 电子技术专业项目课程的评价

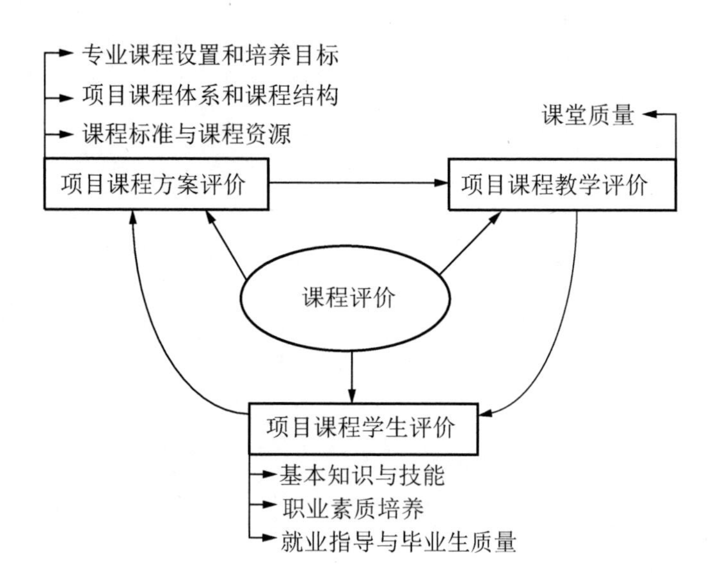

在现行的职业技术教学计划中，实践教学环节一般要占到总学时的50%左右。与国外对应学校相比，实践教学在时间安排上并不算少，但时常听到企业抱怨职业技术学校毕业生职业意识差、动手能力弱，业务上手慢。其原因何在？缺乏有效的课程开发评价体系是影响职业技术教育培养质量的重要原因之一，因此，职业技术学校课程教学必须进行改革，同时，建立具有特色的课程开发评价体系。

【参考图文】

职业教育课程教学改革正面临着突破性的发展，职业学校的教学改革已经从宏观(全国、省市地区的布局)发展到中观(学院、专业、教师队伍整体)和微观(每门课程与每位教师)。项目课程开发已经逐步完善，与此相关的考核已基本形成一套完整的体系。

当前，由项目课程开发过程可以分析，项目课程的评价主要应在以下三个方面进行设计：一是课程方案的评价，主要是对项目课程中教学计划和课程标准的评价；二是课程教学的评价，主要是对教师的教学设计、课堂设计、教学能力进行评价；三是学生的评价，主要是对学生职业技能与职业素质的评价。

7.1　项目课程方案的评价

项目课程建立以学生学习为中心，突出学生学习活动的教学模式。学习内容以职业活动分析为基础，以职业行动为依据，综合电子专业的知识点和技能，根据教学目标分类要求，形成以培养职业能力为目标的项目课程方案。课程方案的评价重点考察课程方案是否以培养学生的职业行动能力为主，如课程项目与企业岗位需求的适切度；课程项目与学生兴趣、发展需求的一致性程度；课程项目与学校可获取的课程资源的协调程度；课程项目设置的合理性；教师是否具备开设课程的意愿、知识和能力；课程设置是否按项目课程模式设置；课程项目是否符合学生的兴趣和需求；课程目标阐述是否清晰，是否具有层次性以满足不同学生的需求；课程项目是否选择了合适的课程内容；课程内容的组织是否合理，课程的实施策略是否注意学生的个别差异等。

7.1.1　专业课程设置和培养目标的评价

专业课程设置要适应地方经济发展和产业结构需要，并能根据变化灵活调整，使其具有鲜明的针对性、灵活性和适应性；专业设置要有充分的行业分析和市场需求分析；专业培养目标应定位准确，有明确的职业面向，能主动服务于行业发展对人才的需求，培养方案表达清楚，并与目标定位一致，可操作性强。表7-1列出了人才培养方案评价内容与评价方法。

表7-1　人才培养方案评价方法

评价内容	评价标准	评价方式	备注
1. 专业课程设置	(1) 有充分的行业分析和市场需求分析； (2) 专业设置主动适应社会需求，并以需求变化为导向适时调整； (3) 有明确的职业面向； (4) 专业名称科学规范，口径宽窄适当，专业指导委员会作用显著	(1) 查行业分析、市场调研等资料； (2) 查专业可行性分析报告、专家论证报告等资料； (3) 查教学计划及项目课程教学大纲、实验实训大纲(课程标准)	

续表

评价内容	评价标准	评价方式	备注
2. 课程地位与作用	(1) 项目课程在专业职业能力培养中所处的地位、作用、价值表述准确、清晰； (2) 项目课程与相关专业课程的关系表述准确、清晰	(1) 查教学计划及课程教学大纲、实验实训大纲(课程标准)； (2) 查相关课程教学大纲、实验实训大纲(课程标准)； (3) 查项目课程教案等课程实施情况	
3. 课程目标与专业培养目标	(1) 课程目标与专业培养目标衔接紧密，课程知识目标、技能目标和态度目标明确，且符合学校办学定位，符合学生实际； (2) 项目课程的职业岗位指向明确，职业能力要求具体； (3) 项目课程目标能充分体现学生学习能力、应用能力、协作能力和创新能力的培养	(1) 查行业分析、市场调研等资料； (2) 查专业可行性分析报告、专家论证报告等资料； (3) 查教学计划(人才培养方案)及本课程教学大纲、实验实训大纲(课程标准)	

人才培养方案的自我评价：

内部自我评价更具有发展性评价的功能。就项目课程设置而言，由于项目课程是基于本校教育目标、学生需要及可利用的课程资源而开发的，单靠外部评价难免有所缺失，而内部评估者比外部评估者更熟悉评价对象的背景，也更容易收集到评价所需信息并对问题进行诊断与解决，因此由学校、教师自身对课程方案开展的内部自我评价更具有发展性评价的功能。

实施过程评价是直接的效果评价。如果说培养方案评价是一种静态的评价，那么实施过程评价就是一种跟踪式的动态评价，其目的是发现在实施方案过程中存在的问题与不足，为项目课程的后续开发提供信息与建议。教师和学生是最直接的参与者、感受者，是当然的评价主体。教师对课程实施的评价主要集中在以下几个问题：项目课程是否达到预期目标；课程实施过程中存在哪些优点或缺点；是否需要修改和完善课程设计；课程的实际使用是否对学生具有吸引力；课程是否可后续发展等。学生评价包含是否喜欢该项目课程，通过该课程的学习有哪些收获，课程实施的哪些环节需要改进等。评价方法可以是由学生针对上述问题开展自评，也可以组织学生进行访谈、座谈或问卷调查等。

值得注意的是，设计学生评价工具时必须考虑用语的可接受性和理解度。如调查课程实施中哪些环节需要改进，转化到问卷上可表述为“你认为这门课怎样上更好？”实施过程的评价要体现其过程性、动态性，要注意收集过程中的评价信息。

项目课程每一阶段的评价都有特定的信息需求，也都有采取多种评价方法的可能性。无论采取哪一种方法，都要事先明确评价者的信息需求和评价目的，这样才能获取真正需要的信息来改进课程开发。

项目课程的评价要求评价者具备一定水平的评价素养，而评价素养的形成是一项工

程，需要一个过程。因此，不能不切实际地要求教师有多高的项目课程评价能力，重要的是让教师在实践中提高，并给予持续的专业引领。

7.1.2　项目课程体系和课程结构的评价

项目课程体系和课程结构的评价体系为课程改革提供了新思路、新方法，可借鉴国外职业教育的先进理念和经验，表 7-2 为项目课程体系和课程结构评价提供了一种方案，表中给出了评价内容与相应的评价标准、评价方式。

表 7-2　项目课程体系与课程结构评价用表

评价内容	评价标准	评价方式	备注
1. 课程内容	(1) 项目课程内容体现了职业岗位(岗位群)的要求； (2) 建立了教学内容遴选机制，及时吸纳新知识、新技术、新工艺、新材料、新设备、新标准； (3) 项目课程内容充分反映了职业道德、安全规范等方面的要求	(1) 查教学大纲(课程标准)； (2) 查教材使用情况； (3) 查授课计划与教案； (4) 企业专家、教师、学生座谈评价	
2. 课程结构	(1) 按照职业岗位和职业能力培养及职业资格考证的要求，整合教学内容，形成了模块式课程结构； (2) 项目课程模块以职业岗位作业流程、工作任务、项目为导向； (3) 实践教学内容与相关职业能力的关系明确； (4) 实践教学内容达到 50%以上	(1) 查教学大纲(课程标准)； (2) 查教材使用情况； (3) 查授课计划与教案； (4) 查教学大纲(课程标准)、实验实训指导书、实验实训计划、实训日志； (5) 企业专家、教师、学生座谈评价	

通过项目课程体系和课程结构评价，应达到以下目标。

1. “知识、技能、素质”综合评价

根据职业技术院校培养社会需要的第一线技术应用型人才的教育目标，以及与此相适应的“专业知识、岗位技能、职业素质”的课程教学目标，课程评价标准必须进行改革，取消单一理论知识评价标准，实施“知识、技能、素质”“三位一体”综合评价。

2. 多元评价，评价量化

课程评价应该采用“社会、教师、学生”相结合的多元评价方式。多元评价不仅能够培养学生学习兴趣、发展其学习动机和培养学生的创新精神和创新能力，还能够锻炼学生评价能力、自信心理，引导学生自我总结、增强责任、不断攀登。

具体操作如下。

(1) 教师公开、公平评价。学习开始之际，教师将评价标准预先告知学生(《评估考核手册》人手一册；根据评价标准，教师考评学生的学习成果与表现；每份作业的考评结果都要求学生反馈意见，给予学生提出质疑的机会。

(2) 学生参与评价。学生可以根据评价标准评判教师评分是否合理，有权提出质疑；综合课考评可以采用教师与学生“联手”打分，学生的评分比例可以占到总评分的40%～50%；通用能力考评可以在教师指导下，学生自主打分，教师审核确认。

(3) 企业加入评价。在条件许可下，综合课可以由企业评价。企业评价应该采用考核评分与考核评语相结合，以考核评语为主的评价方式，因为学生很在乎、很关心企业对自己作业的评价意见，以此衡量社会对自己的认可程度。

(4) 社会考证评价。课程评价还应要求把所掌握的专业知识和基本技能参加社会考证，在校期间争取获得多张技能证书，来增强就业资本和竞争优势。

(5) 制定量化评价指标，采用表格评价。为使项目课程评估落在实处，制定具体的、可操作的量化评价指标，并制作成评价表格，使复杂的评价指标可以采用表格评价。实践证明量化评价与表格评价非常受欢迎。效果体现在：①能够把教师主观评分转化为客观评分，使评估考核更趋于公平；②能够把量化的评价标准作为学生平时学习、训练的具体标准，使学生对学习训练要求更加明确；③能够方便教师和学生的考核操作。

3. 学生为中心、注重实践

项目课程教学过程应以学生为中心，注重实践，因为，职业能力不是讲授出来的，而是训练出来的。职业能力是指能够体现专业技能培养目标要求，并必须通过学生自己动手操作才能完成的技能训练课题和项目。

实践对岗位技能培养的作用是巨大的，其体验性、有效性是一般教学实践形式(如参观、案例分析、仿真模拟等)所不能达到的。采用这样的评价工具，要求学生把学到的专业知识应用于实践，迫使其走出课堂、走向企业，对现实的“职业岗位”有现实的认识和体验，掌握职业岗位所需的专业知识和岗位技能。

学生在完成项目化课程的过程中，需要面对各种困难，自主解决各种问题；需要运用专业知识，独立分析判断；需要团队合作，共同努力。在课程实践的过程中，学生的综合素质也得到了提高。这样的作业迫使学生走进阅览室、网站，走进企业进行调查，收集和整理资料，进行判断分析，做出调研结论。在调研过程中学生都能在小组中分工合作，互相帮助，共同探讨，齐心协力完成课业，争取获得最佳成绩。在学生掌握这种调研能力的同时，其自身的自主学习、独立解决问题、系统思考问题、团队合作精神、计算机运用、交流表达、刻苦受挫的心理承受力等通用能力也得到了锻炼。

把实践课作为项目课程评价工具，把学生为主体的实践型教学真正落在实处。把实践课作为课程评价工具，就必须要求学生自己动手拟定课题，走进企业搞调研，撰写各类社会实践报告。这样的作业能够激发学生学习的兴趣，能够发挥学生的个性、潜能、创造力。据问卷调查数据统计，有98%的学生对这种教学方式表示满意和欢迎。

7.1.3 课程标准与课程资源建设的评价

现在，能完整体现课程改革理念的表现形式是课程标准，项目课程体系将教学大纲过渡到了课程标准；而教材是根据课程标准的规定，把教学内容按逻辑关系与学习规律

加以组织的教学媒体。国内对教材的评价已经摸索出了很多比较成熟的方案，但这些方案的中心都面向传统的普通教育，而对职业教育方面的教材评价涉及偏少；教学实践证明，课程标准与教材作为直接指导教学的文件与材料，比课程计划对学校的教学有更大的影响。

教学大纲对知识的要求是"了解、理解、应用"；如今，课程标准同时强调学生"经历了什么？""体会了什么？""感受了什么？"，各课程标准力求通过加强过程性、体验性目标，以及对教材、教学、评价等方面的指导，引导学生主动参与、亲身实践、独立思考、合作探究，实现向学习方式的转变，改变单一的记忆、接受、模仿的被动学习方式，发展学生搜集和处理信息的能力、获取新知识的能力、分析解决问题的能力，以及交流与合作的能力。

1. 课程标准的评价

课程标准规定的教学目标的评价主要关注以下问题。

第一，与课程计划的一致性，教学目标是为课程计划规定的培养目标服务的，因此，它不能违背课程计划的目标。在实践中容易被人们忽视的问题是，课程计划所规定的培养目标是否充分地为教学目标所涵盖。

第二，课程标准的内容应包括课程目标、内容标准、教学实施建议、课程资源的开发利用、安全、综合性学习等，体现了课程改革的新思想和素质教育的要求。

第三，课程评价应关注人的发展过程，并呈现出多元化的趋势。课程标准将学生的发展、教师的发展与课程的发展融为一体。课程标准应淡化终结性评价和评价的筛选评判功能，强化过程评价和评价的教育发展功能。

第四，课程标准应重视对某一阶段学生所应达到的基本标准的刻画，同时对实施过程提出了建设性的意见，而对实现目标的手段与过程，特别是知识的前后顺序，不作硬性规定。这是课程标准和教学大纲的一个重要区别。

第五，课程标准应为学生设计大量调研、探究和实践性的学习活动，选编的研究性学习案例应典型精彩，具有操作性和指导性。

第六，课程标准在课程目标部分明确了各门学科在知识与技能、过程与方法、情感态度价值观三方面共同而又各具特点的课程总目标和学段目标。通过对知识与技能、过程与方法和情感态度价值观三方面的整合，促进学校教育重心的转移。

对学科内容的评价，多尔曾提出以下七条指标。

(1) 作为学科内容的有效性与意义。

(2) 内容的博览与深学之间的平衡性。

(3) 满足学生需要与兴趣的适当性。

(4) 内容重点部分的时效性。

(5) 事实和其他次要内容与主要观点和概念的关联性。

(6) 内容的可学性。

(7) 由其他学科领域迁移过来的可能性。

这些指标也可以作为评价项目化课程标准内容的参考。

下面列举职业院校的课程标准质量评价表，见表 7-3。

表 7-3　课程标准质量评价表

任课教师：　　　　　　　　　　　　系(部)：

专业(学制)：　　　　　　　　　　　学年第　　学期　　　　　　　　课程名称：

考核项目	内容要求	评定等级			
权　　重		A	B	C	D
编制程序与编制版式	(1) 社会需求调查(分析)，原有课程问题诊断，改革可能性的预测； (2) 课程类别、名称、编制程序、版式符合要求； (3) 文字严谨、简明扼要、词语规范				
20%					
课程性质与任务目标	(1) 课程性质、任务明确； (2) 课程教学目标符合职业岗位要求； (3) 课程特点鲜明，实用性、针对性强				
25%					
教学内容与教学要求	(1) 按岗位任务编制教学内容，课程学时分配适当； (2) 教学内容、教学要求把握准确； (3) 实验(实训)项目编制符合要求				
35%					
课程开设与教学条件	(1) 课程开设符合专业项目化教学设计； (2) 考核方式、成绩评定与实际结合； (3) 建议使用的教材、参考资料适合职业活动特点和要求				
20%					
综合评定(按百分制)					

评价人：

2. 课程资源的评价

课程资源包括教材和各类教学资源。目前，我国职业教育教材及教学资源呈现多元开发的局面，为职业教育教材和教学资源建设增添了新的活力。但对职业教育教材和教学资源的评价标准却众说不一，项目课程及教学资源可按照表 7-4 的标准进行评价。

表 7-4　课程资源评价标准

评价内容	评价标准	评价方式	备　注
1. 课程教材与指导书	(1) 有学校教师与现场专家一起开发的项目化校本教材； (2) 有符合学校规范的项目化实验实训指导书； (3) 有符合学校规范的项目化教学指导书等	查校本教材及各类指导书	

续表

评 价 内 容	评 价 标 准	评 价 方 式	备　注
2. 课程教学资源库	(1) 有教学资源库； (2) 教学资源库集纸质、电子和网络等多种资源于一体； (3) 教学资源库包括课程目标、课程标准、教学内容、实验实习实训教学指导和学习评价方案等要素； (4) 实验实训室的设施设备技术含量高，建立了真实或仿真的职业环境； (5) 实验实训项目达标率与开出率达 90%； (6) 设备完好率 90%以上； (7) 有便于学生自主学习的实验实训室管理制度，管理规范	(1) 查与本课程有关的期刊、教材、图书、校园网站内容及相关内容的教学文件； (2) 查项目化课程相关的实验实训设备及运行情况； (3) 查项目化课程实验实训的实施情况； (4) 查相关实验实训室管理制度与规范； (5) 查设备台账	

在教材的评定方面，应基于以下原则考核。

(1) 教材应体现职业项目课程模式。众所周知，课程模式决定教材模式。因此评价教材首先要看教材是否从企业调研和工作分析入手，一步一步、扎扎实实地进行新型课程模式的研究、设计、论证和教学试验进行编写。

(2) 教材开发的过程和方法是“校企合作”，而非“闭门造车”。目前许多教材，其内容脱离企业一线，学生在教材中获得的知识不能用于企业工作，因此编写项目课程教材必须走进企业进行工作任务分析，与一线的工程师、技工进行专向研究，将职业活动内容转换为教学内容后，再将课程方案与企业专家研究论证，这样编写出来的教材不是按传统方法“编写”出来的，而是以企业工作现场为平台，与企业的专业人士共同合作“研发”出来的。

(3) 教材的内容结构应采用“知行一体化”，而非单一的“知识系统化”。不少学校也对传统教材进行改革探索，出现了一些新版本，但细看其内容结构，还是停留在某些章节的“加加减减”，这种办法很难从根本上改变固有教材的知识体系。因此，教材的选择应保持“三个同步”原则：一要坚持教材与课程开发同步；二要坚持将职业知识要求与职业能力同步；三要坚持教材的开发与相关教学要素的完善同步。

7.2　项目课程教学的评价

课程教学评价的关键在于制定出明确而又客观的标准。对以学习者为中心的项目课程教学评价，评价对象从教师转到了学生，评价的标准从知识转向了能力。因此，项目课程模式必须有相应的评价方式。

7.2.1　教师评价

项目课程教学评价体系，仍需对教师进行评价。然而，教师已经从中心主导地位转变到了意义建构的帮助者、促进者、学习者的伙伴，所以评价标准也相应转变成教师是否为学习者创设了一个有利于意义建构的情境；项目化课程教学强调教师引导学生学会学习，项目课程要求教师在教学中重视知识与技能、过程与方法、情感态度与价值观三维目标的整合和达成。

项目课程模式下的课堂讲解注重是否能激发学习者的动机、主动精神和保持学习兴趣，以及是否能引导学生加深对基本理论和概念的理解等。而课堂讲解时间的长短等一些表面形式的标准已经不能适用于这种模式，需要摒弃。

项目课程模式下，教师如何评价，可从以下几个方面分析。

1. 评价内容的设计应趋向教学本体

项目课程模式下教师评价体系应体现项目课程理念，评价内容紧扣影响教师教学能力的因素，如将传统评价的“备课”改为“课前准备”，其内容涵盖教师对课程教材的整体理解、教学前期对学生的了解、教学资源的开发等；并要求不得以教师书写教案页数多少、整齐与否等因素来确定教案的优劣。主张教学经验丰富、素质高的教师可以写“发散式”教案，即围绕该学时的教学内容，按层次批注出教学中应该注意的问题和教学环节，以避免被教案编程中按部就班的步骤束缚手脚。又如，传统评价中一般对教师如何教学这一命题的关注点过多的放在讲课上，至于学生是怎样通过教师的教学得到发展的，传统评价为空白点。因此，拟定的方案中应增加“教师对学生评价”项目，有什么样的评价，就会有什么样的学习方式，这遵循项目课程理念。考虑到，如果教师在教学流程中不注意对学生的学习方式做出及时、有效的、鼓动性的评判，就有可能使学生成为课堂上接受知识的“容器”，不符合项目课程的要求。在“课堂教学的实施”评价设计中，对课堂教学评价表中各个小项目都进行了重新设计，由“看教师的讲课”转变到“看学生的发展”。以上这些评价方式的变化都是为了更好地促进教师完整、准确地理解和实施新课程，使自身的教学过程真正成为促进学生全面发展的过程。

2. 评价主体应由学校领导扩展到教师、学生、家长

这种变化不仅仅是为了增加人员数量，其本质是为了使教师评价工作更加科学、全面，从多方面获得信息。同时，教师互评的过程，也不仅是为了得出评价的结论，其过程本身就是教师互相交流、互相借鉴、互相促进的一种体现，从而使教师在评价别人中也提高了自己，这种评价无疑是一种发展性的评价。学生、学生家长是教师工作的重要合作者，如果不重视从学生和学生家长中了解教师的教学情况，对教师评价只局限于教师群体内部，那么得到的评价信息也不够全面。例如，如果站在学校工作的角度来考察教师的工作，某位教师的作业布置也许是合理的，但针对具体的学生，就会存在作业分量是否适当的问题，这些信息只有学生有发言权，由此可见，及时让学生评价教师的教学是十分必要的。新制定的方案中应设计学生评价教师的项目和学生家长问卷，这些设计有利于促使教师从不同角度、不同侧面了解和反思自己的教学，帮助自己成长，这些设计必定会使教师教学评价更加科学。

3. 重视教师自评

从理论上讲，自我评价和反思对提高教师的教学能力非常重要。教师是实施课堂教学的主体，只有他本人才最了解开展课堂教学的外在情境和内在条件，清楚所教学生的水平、特点与需要，知道自己在教学设计与实施环节中的内心历程。而且，只有教师自主参与，自我评价，评价结论和建议才能更好地被教师接受，才能最大限度地激发教师自我改变、自我完善的欲望与热情，才能使教师从评价中受益。因此，这次新设计的评价方案中，把自评放在一个突出的位置，各种表中都提倡以教师自评为基础，提倡教师在教学活动准备阶段先对自己的教学设计进行估价，提倡教师在教学结束后写教学反思，提倡教师对自己某一阶段的教学情况进行小结分析，并提倡教师写教学日记等。

关于自评的设计，不是为了确定教师教学的等次，而是为了对自己教学进行正确的估价，找出提高途径。因此，在方案中提出要建立教师自评档案，或者称为“教师成长记录”，这样就较好地解决了自评目标不明确的问题。

4. 评价标准由重视学生“双基”到全面重视学生发展的“三个维度”

(1) 掌握知识、形成技能、提高职业技术能力无疑是教学的重要任务。但在传统教师课堂教学评价中只重视前两个方面，这是不全面的。知识与技能、过程与方法、情感态度与价值观是教学目标的有机联系的整体，是学生终身发展的“三维目标”。从一定程度上讲，学生职业技术能力的提高、学习过程、价值观的形成对他们一生的可持续发展甚至比知识更重要。因此，新设计的课堂教学评价方案中，把提高职业技术能力，学生是否经历了学习知识中自主探究、合作研究等过程作为课堂教学评价的重要因素，这有利于教师真正理解课程改革的内涵。

(2) 评价标准由过去注重教师教学语言流畅、教学思路清晰等要素，转变为注重是否组织学生有效地去发现、寻找、搜集和利用教学资源；是否恰当地设计学习活动并引导学生主动参与。

5. 评价方式由重视量化转变为既重视量化评价又重视质性评价

这一转变是由新的评价体系的性质所决定的。量化有利于定等次，而构建新的评价方案是为了促进教师成长。对学校领导层来讲，项目化课程实施中的教师教学评价与传统评价最重要的变化应该体现在对评价结果运用的不同认识上，只有解决好了这个问题，才能谈到所实施的评价是全新的评价。否则，仅仅在表册上做些改变，如果评价仍然实施对教师分等次，定优劣，那么其评价就仍然不是发展性的评价。建议学校建立教师成长个案分析制度、用教师成长记录等形式积累评价资料，以利于教师不断总结、反思自己的教学。

7.2.2　课堂教学评价的方法

以往的理论教学课堂评价体系或实训教学课堂教学的评价体系并不符合项目课程评价要求。因为职业教育的专业教师在教学方法上，立足于引导学生，启发学生，调动学生的学习积极性，使学生在学习过程中由被动学习变为主动学习；在教学手段上则强调多种教学媒体的综合运用，使学生在形象、仿真的环境中，主动去思考和探索，由此评价和检查学生分析和解决实际问题的能力。

教与学的过程中，在教师引导下由学生共同参与、共同讨论、共同承担不同的角色，在互相交流学习的过程中问题最终获得解决。解决问题的过程，就是学生学会学习的过程，也是学生获得经验的过程。要求学生从信息的收集、计划的制订、方案的选择、目标的实施、信息的反馈到成果的评价整个过程全部参与，这样学生对每一具体环节都有所了解，从中得到能力的提高。

教师的作用发生了根本的变化，从知识的传授者成为一个咨询者、指导者和主持人，从教学过程的主要讲授者淡出，但这并不影响教师作用的发挥，相反对教师的要求则是提高了，教师只控制过程，不控制内容，只控制主题，不控制答案。

1. 课堂教学过程的基本环节

课堂教学过程的基本环节的工作质量直接影响到教学质量，必须进行严格、科学的管理，抓好教学过程中各个环节，才能培养出优秀的学生。教学过程主要做好以下几个环节。

1) 教学准备检查

由于项目化教学是在一体化学习站内完成。因此，上课前教师必须把上课需用的教具、设备、工具及教学软件准备好。教学准备是否充分直接关系课堂教学的成败。

2) 课前检查授课计划

按照学校质量文件要求，教师接受任课通知后，在开学一周内按照项目化教学计划、课程标准、结合自编讲义编写课程、模块(或课题)的项目化授课计划。由各教研组长把关，再由主管教学副科长审核后，方可执行教学。

课前一周检查“日授课计划”(教案)。按照学校质量文件要求，教师必须提前备一周的教案。教案必须包含项目化课程所包含的课前准备、组织教学、复习、授新(知识认识、知识讲解、拆装演示、分组分任务、小组学习、学习成果展示、教师点评等)、课堂小结、布置作业六个环节，由各教研组长负责把关。同时强调备好教学过程，根据教学对象选择不同的方法，使整个教学过程有条不紊。

3) 教学资料“五统一”

教学计划、课程标准、授课计划、教案、教学日志必须做到“五统一”。这是评价教师能否按项目化课程计划、大纲来逐步实现教学总目标的重要依据。

4) 教学方法

教学方法应当灵活多样，教师应根据不同教学内容、不同教学对象选择合适的教学方法。积极采用行为引导教学法，以学生为主体，发挥学生主观能动性，让学生在学中做、在做中学。这是项目化课程的关键教育技术。

5) 教学时间分配

教师在组织教学时，按照项目化教学的要求，以企业的具体操作程序来设计项目，争取完成一个项目的时间与企业具体任务所需要的时间相吻合，要充分考虑内容衔接，不能有脱节现象。

6) 教学内容

在每节课中，教学内容必须按照学习领域(模块)的总目标或项目(课题)目标要求，依照课程标准实施教学；工作过程及工作任务要做到层次分明、重点突出，以达到学习的针对性和实用性。

7) 教学巡回指导环节

项目化教学以实践为主，这就要求教师要耐心、有效地控制课堂秩序，无重大安全事故并对突发情况及时处理。

8) 分小组学习

学生分组学习过程中，要求各小组学习目标明确，任务分工明确，并对比较集中的问题进行集中讲解。

9) 小组学习成果展示

要求教师在进行课堂教学时，安排学习小组成果展示或小组小结，同时进行学生互评、教师点评。

10) 学习总结或点评

学习结束时，教师根据小组学习情况进行总结点评，并布置课外作业。

11) 课后整理

课堂结束后，组织学生做好课室卫生、“人走五关”、设备归位等，按企业要求培养学生“6S”(6S 是指整理、整顿、清扫、清洁、素养、安全)职业素养。

2. 项目课程教学过程监控

做好充分的教学准备：教师上课就像导演一样，根据几个月的教学实践，我们发现不同的教师导演出的戏精彩程度不一样，组织课堂秩序等方面各有千秋。因此，教学过程监控是有必要的，主要监控形式有以下几种。

(1) 教学巡查：专业科不定期地组织教学管理人员深入课堂查看学生出勤情况、教师授课时间控制、课堂教学秩序等。

(2) 学生问卷调查：及时掌握教师教学水平、学生学习情况、教师讲课时间与学生动手时间分配情况等。

(3) 学生评教：了解教师教书育人、教师教学能力、作业布置、课堂管理等方面情况。

以上情况纳入教师月度考核体系中，由各专业教研组统一考核，考核结果直接与教师当月工效挂钩。

教学评价的具体类型很多，从不同的角度和标准可以划分出不同的评价种类。

在具体的运用过程中，不同类型的评价有着不同的特点、内容和用途。

7.2.3　制订量化评价指标，构建课堂质量综合评价表

项目课程质量的优劣，有时候取决于量化指标的制订，因此，必须建立新的、科学的、适合一体化教学需要的教学课程评价体系。为此，设计了表 7-5 所示的课堂教学质量评价表、表 7-6 为学生对“课堂学习表现评价表”反馈意见汇总表、表 7-7 为学生课堂小组活动评价记录表。

表 7-5 ________专业项目课程课堂教学质量评价表

任课教师			任课班级	
评价时间			课题	
序号	评价内容	分值	评价要求	得分
1	教学资料	10	“五统一”，误差超过 2 节课以上不得分	
2	教学准备	5	教具、设备、工具等教学软件准备齐全，缺 1 项扣 2 分	
3	教学方法	15	应与教案上教学方法一致，单一扣 4 分以上	
4	教学时间分配	10	时间分配恰当，内容衔接要好，出现脱节 5 分钟扣 5 分以上	
5	教学内容	15	重点突出、层次分明，无重点、难点，扣 4 分	
6	巡回指导	15	指导耐心、课堂秩序良好，无重大安全事故，不脱岗	
7	分组学习指导	10	无分组，不得分；无指导，扣 4 分	
8	小组汇报或小结	10	无汇报，不得分；无点评，扣 4 分	
9	课堂总结与布置作业	5	无总结，不得分；无作业，扣 4 分	
10	课后整理	5	课室卫生、“人走五关”	
综合评议：			评价人：	
总评分				

表 7-6 学生对“课堂学习表现评价表”反馈意见汇总表

班级	应有人数	发出份数	收回份数	比例	评价结论							
					很好	比例	较好	比例	一般	比例	差	比例
合计												

表 7-7 ________班学生课堂小组活动评价记录表

小　　组	第一月 1～4 周	第二月 5～8 周	第三月 9～12 周	第四月 13～16 周	合　　计
1(4 人)					
2(4 人)					
3(4 人)					
4(4 人)					
5(4 人)					

续表

小　　组	第一月 1～4 周	第二月 5～8 周	第三月 9～12 周	第四月 13～16 周	合　　计
6(4 人)					
7(4 人)					
8(4 人)					
9(4 人)					
10(4 人)					

通过以上表格的显示，具体评价教师在课堂上的情况。

7.3　项目课程学生的评价

对学生的评价，可以分为两个方面，一是学生学业的评价，二是学生素养的评价。以职业活动为导向的项目课程体系对学生学业的要求并不仅仅是知识的积累与技能的训练，而更注重能力的培养，学业的能力评价又可分为专业能力、方法能力和创新能力的评价，这些能力又可归并到职业技术能力进行评价。

【参考图文】

7.3.1　学生基本知识与技能评价的方法

以职业活动为导向的项目课程评价体系应改革传统的偏重知识测试、忽视能力考核的考核方法，采取学生自评、学生互评、小组评价、教师评价等灵活多样的形式进行，从而促进学生个性发展和创新意识的形成；在强调灵活性的同时，更加注重考核的准确性和科学性，提高实践教学成绩在学生综合评价中的权重；以口试、开卷考试、操作考试、课程论文等多种形式，考查学生运用知识的能力、思维能力和创新能力；课程评价方式应进行创新，即采用过程评价为主、终结评价为次的评价模式，构建合理的评价分值结构。实践证明这一评价方式能够引导学生积极投入学习，发挥学习的主动性和创造性，增强学生的就业竞争能力和自我发展能力。表 7-8 为学业成绩评价表，表 7-9 为课堂学习表现评价表，表 7-10 为项目课程任务考核表。通过三个表格说明项目课程评价模式的教学应用。

表 7-8　课程学业成绩评价表

________学年第____学期　　　　　　班级：　　　　　　　　　　　　　教师：

学号	姓名	过程性评价(70%)				终结性评价(30%)		总评
		学习表现(20%)	完成任务(20%)	考勤(10%)	过程考核(20%)	期中考试(10%)	期终考试(20%)	
1								
2								
3								
4								

续表

学号	姓名	过程性评价(70%)				终结性评价(30%)		总评
		学习表现(20%)	完成任务(20%)	考勤(10%)	过程考核(20%)	期中考试(10%)	期终考试(20%)	
5								
6								

表 7-9　学生课堂学习表现评价表

项　目			权重	评价内容与要求	评价等级				评价主体		
					A	B	C	D	自评	组评	师评
学生课堂学习表现	学习方式	自主	15%	课堂表现好，守纪律，注意力集中，学习积极性高，认真听讲，独立思考，善于调整学习策略、方法	15	12	9	6			
		合作	15%	积极主动地和其他同学开展任务合作学习，相互协作、互相帮助，共同提高	15	12	9	6			
		探究	10%	通过探究活动获取知识、训练技能，具有科学研究的方法、态度、观念	10	8	6	4			
	参与程度	主动	10%	积极主动参与到课堂学习的每个环节，具有主动学习的精神	10	8	6	4			
		时间	10%	学生参与课堂活动的时间和次数(参与一次获取一个贴纸红旗)	10	8	6	4			
	学习效果	知识	10%	学生对知识(语音知识、语法知识)、技能(语言表达能力、交流能力)的形成达到课程标准的要求	10	8	6	4			
		技能	20%	学生通过参与课堂活动，使交际能力、合作能力、实践创新能力、信息处理能力、语言交流应变能力等得到发展和提高	20	16	12	8			
		态度	10%	学生的学习兴趣提高、积极参与各种学习活动，学习自信心增强，养成良好的学习习惯和职业态度	10	8	6	4			

表 7-10　项目课程项目任务考核表

专业班级名称：____________________　　　　组别：A □ B □ C □

课程：　　　　　　　　　　　　　　　　　　项目名称：

第____组　组长：________　组员：____________________

序号	考核内容	考核要点	配分	评分标准		扣分	得分
1	图纸和技术资料使用	根据所给图形资料，正确识别所需零部件	10	电路原理图常见符号识图错误	扣 2 分/处		
				常用元器件封装图识图错误	扣 2 分/处		
				工艺流程图识图错误	扣 2 分/处		
				装配图识图错误	扣 2 分/处		
				电子图形符号识图错误	扣 2 分/处		
				扣完为止			
2	生产前的检查	正确对操作工具、材料检查和使用	10	不能正确使用常用五金工具	扣 2 分/种		
				不能正确使用常用焊接工具	扣 2 分/种		
				不能正确使用常用的专用设备	扣 2 分/种		
				不能正确使用常用导电材料	扣 1 分/处		
				不能正确使用常用线材	扣 1 分/处		
				不能正确使用常用焊接材料	扣 1 分/处		
				不能正确使用常用黏合剂	扣 1 分/处		
				扣完为止			
3	组装	根据所给印制电路图将对应零部件、元器件装配到印制电路板上	25	电路板清洗不干净	扣 3 分		
				安装松动	扣 1 分/处		
				元器件插错，漏插，极性插反等	扣 2 分/处		
				元器件安装不规范	扣 1 分/处		
				元器件排列不整齐、同类型器件高度明显不一致	扣 1 分/处		
				插件时损坏元器件	扣 3 分/只		
				有漏焊、连焊、虚焊等不良焊点	扣 1 分/处		
				焊接时损伤焊盘	扣 3 分/处		
				焊接时损坏元器件	扣 3 分/只		
				元器件东倒西歪	扣 1 分/处		
				元器件松动	扣 2 分/处		
				烙铁头清理不干净	扣 2 分		
				装配时损坏元器件	扣 3 分/只		
				走线不合理	扣 1 分/处		
				焊接后元器件引线裸露过长	扣 1 分/处		
				造成短路	扣 5 分		
				扣完为止			

续表

序号	考核内容	考核要点	配分	评分标准		扣分	得分
4	调试		40	编码错误	扣 4 分		
				电源及接收电路工作不正常	扣 4 分		
				键盘及继电器状态指示电路工作不正常	扣 4 分		
				继电器控制、驱动电路工作不正常	扣 4 分		
				高、低电平错误	扣 2 分/处		
				零部件、元器件损坏	扣 3 分/处		
				电路故障位置判断错误	扣 2 分/处		
				电路故障处理错误	扣 3 分/处		
				电源使用错误	扣 2 分/处		
				示波器连接错误	扣 2 分/处		
				参数记录错误	扣 2 分/处		
				扣完为止			
5	测量结果	遥控接线器	10	波形不正常	扣 5 分		
				幅度误差大于 15%	扣 3 分		
				幅度误差大于 10%	扣 2 分		
6	安全文明生产		5	工具摆放无序	扣 1 分/处		
				工作台不清洁	扣 1 分		
				余料处理不正确	扣 1 分		
				废料处理不正确	扣 1 分		
				测量仪器仪表维护不当	扣 1 分		
				扣完为止			
合计			100				

考核员签名：　　　　　　　　　　　　　　年　　月　　日

课程评价关注学生在整个学习过程中的学习效果和学习表现，把其所有的学习成果和学习全过程的自我表现作为职业能力评估考核的依据。根据各单元教学的不同培养内容，确定过程考核与终结考核的评价分值比例各为 70%和 30%。过程评价是课程评价的一种有益的探索，以往的课程评估考核都是在课程修完或学期结束时，进行一次书面知识考试，给学生一个等级或百分制分数。这种评价难以考查学生对专业知识和技能全面掌握的程度，更无法反映学生的综合能力素质表现。

过程评价则对每个学生一个学期所完成的大小各份实训作业都进行评估，对整个课程教学中的学习态度、表现也都进行评估。过程评价得到学生的欢迎，这种评估方法客观、合理，能够调动学习的主动性、积极性；能够发挥自己的潜能、个性和创造性；能够对自

己的学习目标树立信心，这一单元的成绩不理想，下一单元可以再努力。

过程评价还应当重视另一类评价方式——日常观察评价在教学中的作用。日常观察评价是借助于对学生日常学习活动的观察而对学习行为及结果进行的评定，它在课堂内外应用的机会很多，教师实际上每天都在对学生进行着观察，这种观察是在没有受到干扰(如测验或考试那样的气氛)的自然状态下进行的，因此，往往可以得到一些其他任何方式都不能得到的有价值的真实的资料。要使日常观察评价的作用得以充分发挥，教师应注意以下几个问题。

(1) 观察要有明确的目的，要观察哪方面情况，如学生的认知发展状况、情绪变化、注意力集中情况等，事先应确定。

(2) 观察要有计划，目标明确后，教师还应对观察的范围、重点观察对象、时间安排、工具使用等多方面情况加以全面考虑，做出周密计划。

(3) 要对观察结果进行及时、系统的记录。作好观察记录，是积累评价资料，实施观察评价的重要方面。目前常用的记录方法有行为摘录法、行为评等法。

行为摘录法有两种作法，一是将观察到的行为表现如实记录下来，这种做法费时较多，教学任务多的情况下不易做到；另一种是事先将要观察的事项分类，列成项目检核表，在观察到学生的有关行为后立即在相应的项目上作“√”号。这种方法省时、简便、易于操作，其关键是要设计好项目检核表。表 7-11 是上课时观察学生认知方面的个别差异的检核表。

表 7-11　学生认知方面个别差异的检核表

姓　名	行为表现				
	接触问题马上回答	认真思考后回答	不愿多思考，也不想回答	过分紧张不能集中注意思考和回答	能力低，丧失思考热情，不能回答
×××					
×××					
×××					
×××					
⋮					
×××					

过程评价所采用的第二种方法是行为评等法，它是根据观察到的情况对学生的行为表现分等记录的方法。教师可以将学生的各种行为分类，然后将每类行为再分出等级，根据学生的不同表现，在相应的行为等级后加上“√”记号。

例如，可以将学生课堂注意力分为以下几个等级。

A．能够整堂课聚精会神地听讲；

B．大部分时间能集中注意力听讲；

C．注意力集中程度一般；

D．注意力经常涣散；

E．整堂课中没集中过注意力。

学业成就评价既要突出过程评价又要突出差异评价，项目化课程的初衷是考虑到学生的能力和发展需求的差异性，在评价时也应考虑到这种差异性。在学生修习课程之初，教师可采取前测，对参与课程学习的学生进行知识水平和能力评估，再根据学生的不同发展水平和特点，设计不同维度和层次的评价标准。在后续各个阶段的学生学业评价中，评价的重点应放在个体差异性上。在评价的方法上，教师可根据评价目的、评价内容的性质采取多样化的评价方式，如对于可测量的学习结果，可以采取考试、测验的方式；对于难以测量的学习结果，可通过作品展示、现场表演、实物制作、项目设计、对话交流、档案袋记录等多种方式来评价。评价的差异性应考虑到学生个人知识水平和接受能力的不同，尽可能做到使每位学生获取符合自己能力的进步和成就感，能真正体现以职业活动为导向的项目化课程的价值。

7.3.2　学生职业素质培养评价的方法

职业素质是职业教育课程评价的重要构成部分。因为，素质培养是教育的本质和根本，素质培养对职业教育学生尤为必要。它可以增强高职学生的就业竞争力，奠定其可持续发展的基础；可以弥补非智力因素不足，保证和提高教学质量；还可以引导、激励学生增强信心、走向成功。

在专业课程中引入职业技术能力培养，确立具体的评价标准，把职业技术能力融化在课程教学中。通过通用能力评价，使学生的综合素质得到提高。然而，在能力目标的设计和实践过程中有两个主要难题。

第一，依据现有研究成果，职业能力包括三部分内容：专业能力、方法能力和社会能力。然而，在职业技术教育的培养目标中，对这些方面的能力究竟需要关注到什么范围和程度，并没有一个明确的界定。为此，对用人单位进行了走访和调研。调研中发现，用人单位除对于其专业能力有一定要求外，更重视其方法能力(如创新能力)与社会能力(如沟通能力)。因此，可以确定与用人单位集中关注职业发展要求相符的三个基本能力目标——沟通能力、团队合作能力及创新能力。

第二，能力作为一个定性的指标，较难给出一个量化的标准，且在实际的评价中不容易把握评价尺度。经过反复试验、探讨和论证，发现将能力指标细化、具体化，并在实际考核中强调学生的实践参与性，以实现主观评价向客观选择倾斜，可以减少操作难的问题，并使结果相对更为合理。

参考国外评价方案，并与实践教学经验相结合，设计了学生基本职业能力评价表(表 7-12)，用来追踪在课堂内外，整个完成任务的探究过程中在职业能力方面的表现。

方案将三大能力板块细分成 12 个评价点，教师进行评价时仅需依据相应的能力评价点，判断学生是否充分表现即可。同时也有部分项目需要学生相互评价，即体现民主、和谐与合作，又使学生的评价能力获得培养和提升。

表 7-12　基本职业能力评价表(小组用)

任务序号 / 评价内容		姓名 1			姓名 2		
		1	2	3	1	2	3
是否组长(打 √)							
沟通能力	能聆听他人的见解并做出反馈						
	能发表自己的见解						
	能用语言来展示完成结果						
	能完成口头答辩						
团队合作能力	尊重其他组员的价值						
	能从其他组员处获得改进建议						
	能为其他组员提出改进建议						
	获得全部其他组员的表扬						
创新能力	提出有创新并有价值的观点						
	提供有创新并有价值的信息						
	运用有创新并有价值的研究方式						
	得出有创新并有价值的结论						
能力总评价							

注：1．用“★”表示充分展示；“√”表示有所展示；“×”表示未有展示。

2．能力总评价说明如下。

(1) 优秀——12 细项在三次任务中均有获得过至少一次“★”。

(2) 良好——12 细项在三次任务中均有获得至少一次“√”，且有 7 项以上至少一次达到“★”。

(3) 合格——12 细项在三次任务中均有获得至少一次“√”。

(4) 待定——未达到以上标准者。

学习者的个性、学习兴趣、学习动机等都会影响教师教学效果。技术对教学的支持，促进了教学环境的变化，环境的变化把重点从以教师为中心，转变为以学生为中心，教学模式由以教为主转变成以学为主。在以学为主的教学模式中，因为采用了自主学习策略，学习者可以按照自己的认知结构、学习方式，选择自己需要的知识，并以自定的进度进行学习，所以评价方法也多以个人的自我评价为主，评价内容，也不是掌握知识数量的多少，而是自主学习的能力、协作学习的精神等。

个人自我评价的优越性在于，学习者可以不顾及评价结果造成的不利影响，因此评价会更客观确切地反映学习者的实际情况。

7.3.3　就业指导与毕业生质量评价的方法

据统计显示，70%以上的学生认为，学校提供的就业指导对求职的帮助“一般”或者“不大”，还有 20%的学生表示帮助“很小”或者“没有作用”；而对于职业学校学生的就业渠道问题，85%的学生承认是通过关系介绍找到工作的。

大部分毕业生对学校提供的就业指导感到不满意，但是学校认为，学校的就业指导工作做得很好。的确，不可否认很多职业技术学校的就业指导搞得有声有色，也实实在在为学生提供了很多服务，但是，如果真如每个学校所说“学校的就业指导工作做得很好”，恐怕也就不会出现上述的调查结果了。

许多求职者未能找到合适的、满意的工作，并不是因为缺乏应有的工作能力，而是因为求职能力不足和缺乏正确的求职技巧，如错误定位、求职观念不正确、信息收集不充分、自身能力与目标职位不匹配、面试方法不正确、缺乏主动性等。本测评通过对求职者在求职过程中的各种行为表现、思想观念进行全方位的评估，了解求职者在求职观念和求职行为上的不足，从而找出求职不当的原因，并为进一步的职业咨询、职业定位提供有针对性的指导建议。

目前开设的职业指导课授课内容包括就业形势分析，就业制度与就业环境。职业分类及发展趋势，为就业而学习理念，求职择业的知识能力准备、求职择业的心理准备、心理调适求职择业程序、就业政策、毕业生就业权益保护有关知识、专题讲座，择业推荐、择业技巧与方法、就业协议、就业市场综述、求职择业的信息收集与处理、档案户口问题，适应社会，走向成功、创业教育等，大部分职业院校认为只要完成这些课程，职业指导就完成了使命，而学生是否达到了就业能力要求，则没有一套科学的评价体系。究竟怎么评价，应当通过调查问卷方式由学生获取。

思考与实践

1．项目课程的评价有哪些内容？对这些内容如何进行评价？

2．项目课程评价的依据是什么？在评价体系中是如何体现的？

3．调查一所中等职业技术学校，阅读该校电子技术应用专业的教学文件(培养方案、课程标准、管理文件)，听该专业的理论与实践一体化课程 4～6 节。按合理的评价体系，完成以下教学评价工作，写出简单的评价报告。

(1) 进行课程方案评价，并提出一定的建议。

(2) 进行项目课程的教学评价。

4. 项目课程评价的学生评价中，主要包括哪些方面？如何开展课程学业的过程评价？请设计过程评价的辅助教学材料。

第 8 章 电子技术专业基本技能训练教学项目设计示例

8.1 电子技术专业技能认识

8.1.1 电子技术专业基本技能的主要内容

根据电子技术专业特点，其基本技能不但要求学生能动手、更要求学生能动脑，既要有理论知识，更要有实践操作的能力。依据专业培养目标，以及表 8-1 列出的主要就业岗位所需技能的共性，将电子技术专业基本技能分解为以下 9 类基本技能，即安全用电技能、工具使用技能、仪器使用技能、元器件识别技能、电路识读技能、元器件焊接安装技能、电路测试与排障技能、PCB 制作技能、资料查找技能。

1. 安全用电技能

安全用电是一个非常重要的技能。由于电子产品的工作电压一般小于安全特低电压 36V，所以一般电子技术专业常常忽视这部分技能教育，然而电子产品在生产制造、安装调试中是无法避开强电(220V 或 380V)环境的，电子产品的供电电压一般都是强电变换而来的，作为控制用的电子电路板，其控制目标也往往是高电压运行设备，如空调外挂机控制电路板、电热水器控制电路板等。

用电安全技能包括电气安全事故的预防技能(安全保护)及电气事故应急措施等技能。

用电安全技能及安全意识的培养，对于将来从事电子产品装配、产品测试与检修、设备安装、设备维护、设计与改良等岗位的学生有很大的帮助。

2. 工具使用技能

俗话说“工欲善其事，必先利其器”“没有金刚钻，别揽瓷器活”，这都说明了工具的重要性。

电子技术专业常用的电子工具有拆焊台、电烙铁、镊子、斜口钳、尖嘴钳、剥线钳、电笔、螺钉旋具等，将来要从事电子产品生产、装配、设备安装、维护、电子产品设计与改良等工种的学生，要熟练掌握这些工具的使用方法、使用场合及保养方法。

3. 仪器使用技能

人的感官是无法直接获得电子产品工作的状态，只有借助于万用表、示波器等电子仪器的测量，才能获得电路板的供电电压、信号波形、故障点等信息。对于电子元器件参数，虽然部分元器件都有标称值，但元器件的好坏、管脚极性的判定，还是离不开仪器的测量。

常用的电子仪器有万用表、函数发生器、频率计、双踪示波器、毫伏表、晶体管图示仪、可调直流稳压电源等。

将来从事电子元器件选配、装配、电路板调试、维修及设计等岗位的学生需要熟练掌握仪器的使用方法。

4. 器件识别技能

元器件识别技能主要包括电子元器件外观的识别、标称值的识别、管脚极性的判定、管脚序号的判定、元器件好坏的判定、参数的测量等能力。

电路板是不同类型及相同类型不同参数的电子元器件的有序组合，每个元器件在电路中都有不可替代的作用。因而，将来从事电子元器件采购、选配、装配、电路板调试、维修、产品质检和管理等岗位的学生必须有识别电子元器件的技能。

5. 电路识读技能

所谓电路识读技能就是熟识电路图中元器件图形或文字符号，通过定性、定量的分析方法，识别电路功能模块，了解各功能模块输入输出的关系，以及模块输出信号的形式，并在此基础上，知道元器件在电路模块中的作用，以及根据整机电路的输出。

电路的识读技能是从事产品测试与检修、设备安装、维护或维修、电子产品设计与改良、产品质检和管理等岗位必须掌握的最重要技能之一。

6. 元器件焊接安装技能

焊接安装技能包括元器件的安装和焊接。在焊接之前必须经过元器件识别、导线及元器件引脚的加工、元器件的有序插装等安装步骤，焊接技能包括电烙铁的使用、保养、插件和贴片元器件的焊接方法、焊点质量判定等。

安装技能直接影响到电路板的外观及后续的焊接质量，而焊接质量又直接决定着整个电路板质量，同时也决定着电路调试的难易。

将来从事电子产品的生产、装配、产品测试与检修、设备安装、维护或维修、电子产品设计与改良、产品质检和管理等工作岗位的学生应掌握本技能。

7. 电路测试与排障技能

电路测试与排障技能是建立在上述几种技能基础上的，熟练掌握这门技能一般靠电路原理的分析、经验的积累，如果掌握一定的方法可以达到事半功倍的作用。

将来从事产品测试与检修、设备安装、维护或维修、电子产品设计与改良等岗位的学生应熟练掌握这门技能。

8. PCB 制作技能

PCB 制作技能需要能使用 PCB 制作设备并熟悉 PCB 制作工艺流程。

将来从事工艺控制、电子产品设计与改良、产品质检和管理等岗位的学生应掌握这门技能。

9. 资料查找技能

资料查找技能培养，实际上是一种资料查找习惯。资料查找用于补充电子设计中用到的其他行业知识、教科书没有的专业知识及新技术新技能知识。

8.1.2　电子技术专业技能的重要性

现代社会，电子技术的触角已经伸到社会各个领域。日常生活中的手机、电视机、汽车，工业中的自动化生产设备，农业中的温度控制塑料大棚，电信部门的路由器、交换机，铁路部门的高速列车等，都能看到电子产品及设备的身影。可以说电子技术带来了现代文明的发展。图 8.1 展示了电子技术应用的实例。

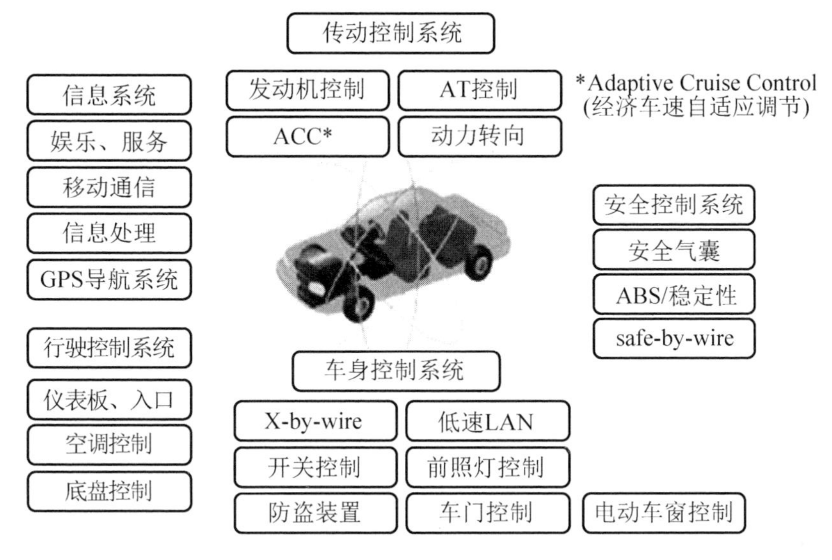

图 8.1　汽车使用的电子设备

由此可见，电子技术专业培养目标并不是为某种职业设定的，而是为社会各类领域中对应的电子产品设计、制造、维护等岗位培养专门人才，或是为各行各业电子产品的生产、服务和管理等培养高素质劳动者。

学生在学校所学的电子技术知识不可能涵盖所有行业的应用，也不可能穷尽所有的电子学科知识，同时学生未来就业的职业种类是不确定的，且各行业对电子技术的要求又是发展变化的。因而唯有拓宽专业基础知识，掌握多项基本技能，具备继续学习能力，才能使个人在选择职业时不受到岗位的限制，适应社会对电子技术日益发展的要求。

作为电子技术专业的教师，无论是其言传还是身教，都会极大地影响学生的个人发展，所以教师除了具备教育教学能力外，更重要的是具有较强的专业实践能力，它直接关系到高素质技能型人才的水平和质量的培养。

技能是什么？技能是指掌握并能运用专门技术的能力和技巧。图 8.2 所示为乌鸦使用工具取食物的技能。技能未必需要高深的知识，但必须善于利用现有的条件和方法去解决既定目标，同时也要善于变通，在没有现有的条件下，可以去创造条件。

【参考图文】

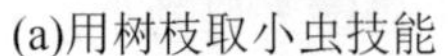

(a)用树枝取小虫技能　　(b)弄弯铁丝取食物技能

图 8.2　乌鸦使用工具取食物技能

8.1.3　电子技术专业技能的培养目标

电子技术专业的学生毕业后，将在社会各领域中从事与电子技术相关的消费类电子产品或控制类电子设备和配件的各种工作岗位。由于各行各业电子应用不同，岗位职能不同，因而要求的技能和素质也不同，所以有必要进行分门别类，以便有的放矢地培养学生。

根据行业协会及相关企业调查，常见的目标岗位及其素质、能力要求见表 8-1。

表 8-1　常见目标岗位及其素质与能力要求

岗位名称	岗位描述	素质与能力要求
电子产品装配工	负责电子产品生产的简单操作，如元器件整形、插件、焊接，某一产品的零部件或整机装配及设备的操作与维护	(1) 具有元器件的识别能力； (2) 具有电子元器件焊接安装技能； (3) 具有基本的电路识读能力； (4) 具有安全用电的常识； (5) 具有敬业爱岗的精神
设备安装和维护维修	备有大量电子控制设备的企业，需要电子维修工负责设备的日常保养、故障的诊断和维修	(1) 会用仪器和常用电子工具； (2) 具有元器件的识别能力； (3) 具有电子元器件焊接安装技能； (4) 具有电路识读能力； (5) 具有故障点的确定和电路调试的能力； (6) 具有用电安全的意识和技能； (7) 具有敬业爱岗的精神
产品售后服务	电子产品生产商对产品的售前和售后提供技术支持，包括方案咨询、设计及投标文件编写；解决电子产品调试、使用中的问题；协助销售部门的技术支持，以及对客户的培训，产品使用中的跟踪反馈	(1) 具备电子电路识读技能； (2) 熟悉国家标准、行业标准及产品质量标准； (3) 具备电路测试与排障技能； (4) 能熟练使用电子测试仪器； (5) 具有电子产品生产工艺知识； (6) 具有资料收集与整理的能力、文字处理能力； (7) 具有敬业爱岗、团结协作精神； (8) 具备与用户沟通的能力

续表

岗 位 名 称	岗 位 描 述	素质与能力要求
生产管理	电子产品生产企业负责生产、人员的日常管理、报表统计、计划的制订、不同部门之间的协调工作等；同时兼顾生产线的改造、现场质量监控等工作	(1) 具备电子电路识读技能； (2) 熟悉国家标准、行业标准及产品质量标准； (3) 熟悉生产设备； (4) 具备电路测试与排障技能； (5) 能熟练使用电子测试仪器； (6) 具有电子产品生产工艺知识； (7) 具有生产用电安全的意识； (8) 具有沟通和人员管理能力； (9) 具有敬业爱岗、团结协作精神； (10) 具有一定的文字和语言表达水平
电子产品开发	独立承担或作为开发成员之一承担电子产品开发任务或设备控制电路板功能的改进；根据产品的技术指标确定方案、完成元器件选型及电路原理图设计；对于试制产品，还需要进行 PCB 图设计、制作、焊接和样品的调试，并制订、整理相关技术资料	(1) 掌握电路识读技能并具有定量分析和工程预算能力； (2) 掌握各种电子仪器的使用； (3) 具有电子电路设计能力； (4) 具有电子产品硬件设计与调试能力； (5) 具有电子产品软件编程与调试能力； (6) 具有安装焊接技能； (7) 具有电路测试与排障技能； (8) 具有 PCB 图形设计和制作技能； (9) 具有产品用电安全的意识； (10) 能够读懂相关的英文资料并制订设计文档文件； (11) 具备继续学习的能力； (12) 具备团队协作、坚忍不拔的精神
PCB 设计	根据客户的需求，绘制符合工程要求的 PCB 设计图；审查客户提供的 PCB 设计图，检查是否符合工程要求	(1) 熟悉电子元器件的外观和封装； (2) 具有计算机应用能力； (3) 具有电子线路作图工具使用能力； (4) 掌握产品设计的工艺知识； (5) 掌握电磁兼容知识； (6) 具有资料收集与整理的能力、文字处理能力； (7) 具有与用户沟通的能力； (8) 具有敬业爱岗、团结协作精神
电子产品质检	负责对电子产品生产环节不同阶段(包括原材料检验)的各个工序进行质量抽检，以及半成品、成品或整机的出厂的例行和确认检验等工作	(1) 具有电子元器件的识别和测试能力； (2) 具有电子元器件焊接、安装鉴别技能； (3) 具有基本的电路识读能力； (4) 熟悉国家标准、行业标准及产品质量标准； (5) 具有用电安全的意识； (6) 具有敬业爱岗的精神

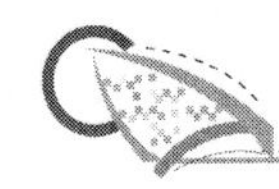

续表

岗 位 名 称	岗 位 描 述	素质与能力要求
电子产品测试	负责电路模块测试计划、方案及内容的制订；对电子产品进行全面的、包括软件、硬件测试和分析，并以书面形式将测试中的问题和解决方案建议提供给技术开发部门；对用户反映的产品相关问题进行验证，并协助技术、售后部门给予用户合理的答复或解决方案	(1) 具有电子电路识读技能； (2) 熟悉电子仪器仪表的使用； (3) 具有电子产品硬件调试能力； (4) 具有电子产品硬软件联调能力； (5) 熟悉电子产品相关技术标准，具有整机测试能力； (6) 能够读懂各种相关英文文档； (7) 具有文字表达和语言沟通的能力； (8) 具有产品用电安全的意识； (9) 具有团结协作、耐心细致的职业素质
质量管理	负责产品的质量管理，包括生产流程的管理、测试、质量标准的制定；定期对生产记录进行统计分析，找出造成产品不合格的因素，并以书面形式提供给生产和技术开发部门，以制定预防和改进方案，提高生产的成品率	(1) 熟悉生产的工艺流程； (2) 熟悉电子元器件的特性和测试方法； (3) 具有识读电路图的能力； (4) 熟悉检测仪器设备及检测产品品质的方法； (5) 能分析出现的品质问题，并及时提出解决方案； (6) 掌握检测设备的使用方法； (7) 具有产品用电安全的意识； (8) 能编制规范的工艺文件和质量标准
技术文员	协助工程技术及销售人员处理日常事务；统计相关资料，整理文件档案并管理；会议记录；部门间的协调沟通	(1) 具有一定的电子技术基础理论知识； (2) 具有良好的职业英语读写能力； (3) 掌握电路图基本的识读方法； (4) 具有计算机基本应用能力； (5) 具有良好的语言和文字表述能力； (6) 具有资料查找、收集、归档的能力； (7) 具有团结协作和与人沟通能力
产品销售	负责电子产品的营销、市场的考察、新产品的发掘及用户的选择；负责产品的演示、价单的制订、合同草案的制订与客户方合同的确认；售后与用户的联络、协调，客户信息资料存档和对客户的信用评定；经销商及分销商管理	(1) 具有良好的语言表达能力和快速应变能力； (2) 具备商务谈判技巧、与客户沟通能力； (3) 具有一定的电子技术基础知识； (4) 具有一定英语表述能力； (5) 具有计算机基本应用能力； (6) 具有文字处理、资料收集与整理的能力； (7) 具备发现用户需求变化和市场变化的能力； (8) 具有敬业爱岗、团结协作精神

根据表 8-1 岗位调研结果，最终确定电子技术专业培养目标为能够适应社会发展和市场需求变化；具有正确的世界观和人生观，具有较高的语言表达、人际沟通、团队合作、文字和英语表述等综合素质和良好的心理素质；有一定的电子技术基础理论，具有较强的动手操作、资料查找及继续学习的能力；会运用电子技术、计算机技术、质量管理等理论和技能去胜任电子产品的制造、维护、安装、设计、改进、销售和售后服务等岗位工作。

8.1.4　电子技术专业基本技能的评价

为了调动和激发学生学习技术、提高技能的积极性，挖掘学生的潜能，培养学生积极的学习态度，了解学生掌握基本技能的程度，提高整体学生的素质，必须建立一个评价体系。

根据电子技术专业培养目标，评价体系既要考虑技能因素，也要考虑素质因素。技能因素主要通过电子作品完成过程而定，而素质的评定则由教师和学生共同参与考评，实行开放性的评价。在评价过程中鼓励同学间、团队间的相对评价和适度竞争。

技能评价以一个综合电路项目为母本来进行考核，评价按照百分制进行。技能评价的技能种类、评价标准及分值分配可按表 8-2 执行。

表 8-2　电子技术职业技能评价表

技 能 种 类	标准与要求	配分
安全用电技能	正确使用各类安全用电测试工具，熟知常用安全用电标志，熟练安装电子产品的接地保护、漏电保护开关，做到导线连接应牢固，绝缘包扎时不允许有任何裸线现象。在实验室里，未经允许不得擅自通电，通电后当不再使用仪器、焊接工具时，或离开实验时，能够及时关闭电源。不得随意拉接电线	10
工具使用技能	能够用正确的姿势使用拆焊台、电烙铁工具；掌握焊接温度、焊接的步骤、焊接工具的保养；不用时将焊接工具存放在正确的位置；掌握使用斜口钳剪引脚的时机和安全防护措施；其他工具的安全使用等	5
仪器使用技能	测试元器件、调试电路、查找电路故障时，能正确选用仪器及其挡位、量程。在仪器使用前，会校验仪器仪表	10
元器件识别技能	能够识别元器件的外形、标称值、管脚的极性或编号；能够用仪器测量元器件的极性或元器件值	5
元器件焊接安装技能	安装要做到元器件整齐、美观、稳固，不可以有明显的倾斜和变形现象；对有极性或编号区别的元器件，管脚不得插反；元器件之间尽量应留有一定的距离；有标识的元器件，其标注、型号及数值等信息应朝上或是朝外安装。 焊点有足够的机械强度；焊接可靠，保证导电性能；焊点的外观应光滑、清洁、均匀、对称、充满整个焊盘并与焊盘大小比例合适。剪脚要平整并与焊点顶端平齐	10
电路的识读	识别元器件电路图符号及文字符号、元器件在电路中的作用、单元功能电路的划分、单元电路之间的逻辑关系	10
电路测试与排障技能	出现故障时，能够根据故障现象大致确定故障范围，使用正确的排障方法和工具确定故障点；在调试过程中，正确确定关键测试点，并根据测试的结果合理地改变元器件参数值或选用最佳类型的器件	20
PCB 制作技能	熟悉制作设备和制作流程；成品 PCB 不得有断裂、短路、焊盘脱落等现象	10
资料查找技能	通过资料查找可以了解元器件管脚的极性、编号、功能等，学会使用新型仪表仪器	5
综合素质	具有一定文字和语言表达水平，具有团结协作和与人沟通能力等	15
合计		100

8.2 电子技能训练项目设计与案例

8.2.1 职业技能训练项目设计思路

【参考图文】

任何一种技能无非是通过从“眼视”或“耳听”等感官开始，经“大脑的思维”做出理解和判断，再经过“动手”实践来验证“判断”的过程而获得的。在这一过程中任一环节失误，都有可能会造成验证的失败，所以技能的训练就是这一过程全部或部分环节的反复训练。在这一过程中“眼视”或“耳听”是基础，“思维”是基石，“动手”是结果。为了更好地设计电子技术专业基本技能训练项目，必须从这几个环节入手。

1. “眼视”或“耳听”环节

首先老师要有一定理论知识、丰富实践经验和高水平专业技能，特别是所指导的技能训练项目，老师在学生实验前的技能演示要熟练准确，讲解要准确无误；在实验过程中要做到有问必答，答必准确，切不能模棱两可回答问题，这样才有可能培训出高技能的学生。

其次，从学生角度来讲，学生要做到认真听，仔细看。学生作为技能训练的被动者，往往或因为不感兴趣，或因为没有压力，或因为没有动力等各种原因而做不到这两点。为了使学生学习技能时有兴趣，可以设计生动有趣而又实用的实验项目；为了使学生学习技能时有压力，对项目应有一定的技能考核；为了使学生学习技能有动力，可以在项目中说明所学技能适合的就业岗位。通过这些措施，使学生在技能训练中从被动变主动。

2. “思维”环节

电子技术技能“思维”环节不仅体现在获得新技能初始阶段，更体现在训练过程中，例如，在故障排除技能的培养中，面对一个整机电路，故障现象是各式各样的，而造成一种故障现象的原因有很多，可能仅是一种原因，但更多的是由多种原因相互作用引起，这种技能不是靠培训谙熟的手法，而是依赖大脑的思维和判断。

电子技术技能训练可以说是一种“七分动脑三分动手”的技能培养，是一种理论指导下的训练。“大脑”既是知识技能的聚集地，又是知识技能的发散地，动手实验不过是听从大脑指挥的动作，并将正确的结果回送至大脑保存而已。因而所设计的技能训练项目不能太复杂，而应尽量简单。为了使学生对所学技能有深刻的印象，一方面，项目内容可增加问题讨论，使学生在回答问题或辩论中不知不觉地熟记所学技能；另一方面，基本技能训练项目设计应该设计成几个简单的综合性小任务，每个任务融合了多个技能的训练，每个任务都可能是对其他任务涉及的技能多重循环。根据艾宾浩斯遗忘曲线，学得的知识如果按照一定时序重复几遍就会记得很牢，通过项目任务“能力点”和“知识点”的逐步增加，使学生在的反复指导和操作过程中，熟练和巩固已学的基本技能操作。

3. “动手”环节

“动手”环节是拼脑力，比耐性的实践活动。学生的动手实验不可能每一步都很顺利，很可能是多次反复的过程，有的学生就因为一次出不来正确的结果就会放弃实验，因而实

验技能项目应从易到难、分解细致，每一个分解部分都有一个结果，并给予考核，使学生从每一小步的成功，获得成就感，获得一定的技能积累，从积累的过程中，掌握整个技能要求标准。

技能训练项目设计思路除了从以上三个环节入手外，还要从可操作性来考虑技能训练项目形式。可操作性的因素包括技能本身特点因素、客观条件因素和专业特点因素。

1) 技能本身特点因素

(1) 电子技术专业基本技能种类多而杂，而每一种技能的培养又都不是孤立的，大都是互相关联的，在技能训练实施过程中，只有技能相互结合才有实质的意义，即使在设计单项基本技能训练项目时，也不可能不涉及其他的技能的训练。若只是为了突出目标技能的训练，在设计时，其他的技能要求可以较简单，例如，在培养万用表使用技能时，总是要接触到识别电阻、电容、二极管的技能。

(2) 有些技能未必需要“动手”训练，如安全事故应急措施技能，这类技能是在预防措施失效的情况下，不得已而为之的技能，大部分人可能不会遇到，现场也难以实施，但这类技能又非常的重要，因而可以采用视频教学的形式去熟悉这方面的技能。

2) 客观条件因素

客观条件因素主要是设备和场地的因素。

从设备因素来看，任何一个学校都不可能备齐全部的电子实验设备。如一套专业的 PCB 制作设备，因价格、场地或繁多工序的因素，很多学校没有配备。为了锻炼 PCB 制作技能，可以采用简易热转印法制作电路板的形式来掌握 PCB 的制作原理和最简单的技能，在这基础上可以参观或直接到专业 PCB 制作厂家实习，以此来熟悉或掌握全套的制版设备和制作工艺技能。

场地因素也决定实验形式的多样化，如用电的接地接零保护技能，它包括接地干线接地点布设、接地电阻的测量及用电设备的接地保护等技能。在布设接地线时，一般需要挖深达 2m 以上大坑，而测量接地电阻时，则要有距离接地点超过 40m 以上的距离，如果降低场地条件的限制去做这方面的实验，很可能会弄巧成拙，反而导致安全事故。因而布设接地点和接地电阻的测量这类技能训练，一般采用视频演示方式，而其操作较简单，也使视频教学成为可行的方案。

3) 专业特点因素

对于某些技能，不同专业掌握的侧重点不一样，如上述的接地接零保护技能，电子技术专业更关注的是用电设备的接地保护，而布设接地、接地电阻的测量则由其他专业工种来完成，电子技术专业学生只需了解其过程即可。

从三个环节作用和三个特点因素的分析可知，电子技术技能的培训方式是多种多样的，有些未必个个都要“动手”亲身体验，只要存储在脑海中备用即可。

实训项目设计中，安全这个因素是必须要有的，再重要的技能，也没有人身安全重要。

8.2.2　电子技术专业技能训练项目案例

根据项目设计思路，设计了四个示范案例，包括安全、单项、综合性训练和 PCB 制作各一个。

1. 用电安全保护基本技能训练项目设计示例

用电安全保护基本技能包含的内容较多，本案例是按照电子技术专业技能的要求有选择地进行设计，设计样表见表 8-3。

表 8-3　用电安全保护基本技能训练样表

学 习 任 务		常用安全用电保护装置及导线连接
需求岗位		从事电子产品装配、产品测试与检修、设备安装、设备维护、设计与改良等岗位
技能目标		(1) 掌握安全用电基本常识； (2) 掌握常用安全用电测试工具和导线连接工具； (3) 学会使用安全用电保护装置； (4) 掌握导线连接与绝缘处理； (5) 掌握接地接零保护措施； (6) 熟悉常见的用电安全标志
所需材料		导线，电工胶布
所需工具		各类测试电笔、万用表、钳形电流表、尖嘴钳、剥线钳等
技能内容		(1) 接地接零保护及常用安全用电保护装置； (2) 常用安全用电标志识别； (3) 常用测电工具及仪表使用； (4) 小截面导线的连接方法及绝缘包扎处理
问题讨论		(1) 电工工具安全使用问题； (2) 电笔使用场合问题； (3) 不同环境安全电压问题； (4) 开关安装的位置问题
考核评价	考核过程	(1) 积极参与问题讨论； (2) 工具使用的规范性、操作过程的正确性； (3) 任务完成情况； (4) 技能点掌握程度； (5) 遵守纪律
	评价	学生自评：从学到什么、哪儿不足和改进几方面评价； 小组评价：从参与问题讨论积极性方面评价； 教师评价：从纪律、安全、技能掌握等几方面评价

部分技能内容可按表 8-4 形式展开。

表 8-4　部分技能内容展开

任务介绍
常见的电气事故主要分为两类：电气火灾事故(图 1)和电气触电事故(图 2)。无论哪种事故发生，其损失都是无法挽回的，有必要采取预防措施以尽量减少事故。接地接零保护、安全标志和用电测试工具的使用等都是重要的预防手段。

续表

图 1　电气火灾事故

图 2　电气触电事故

常用安全用电保护装置及接地接零保护

电气事故往往是由设备安装、使用、操作不当或者电线连接不良、绝缘层老化造成的。为了有效防止此类的用电事故，常常在电线进户时加入一些保护开关，在安装电气设备时都进行了接地处理。

1) 漏电保护开关

漏电保护开关简称漏电开关，又称漏电断路器，是利用漏电时线路上的电压或电流异常，自动切断故障部分的电源的装置，具有过载和短路保护功能，可用来保护线路或电动机的过载和短路。图 3 为漏电保护开关及接线图，图 4 为漏电保护插头外观图，它是漏电开关与插头为一体。漏电保护器有专门的漏电测试按钮，按一下测试按钮，如果跳闸则说明漏电开关是好的，否则说明其不能起到漏电保护，应严禁使用。

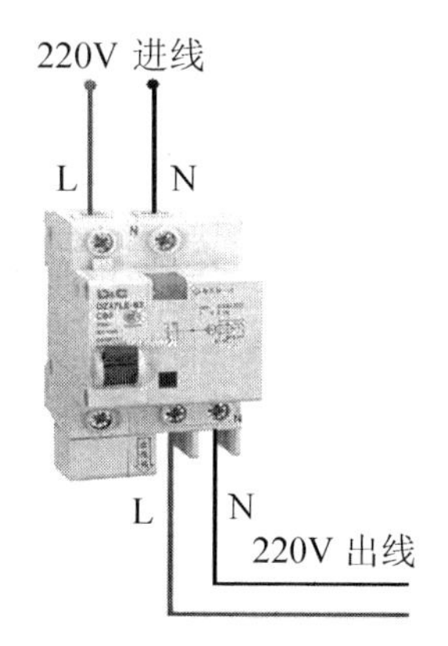

图 3　漏电保护开关及接线

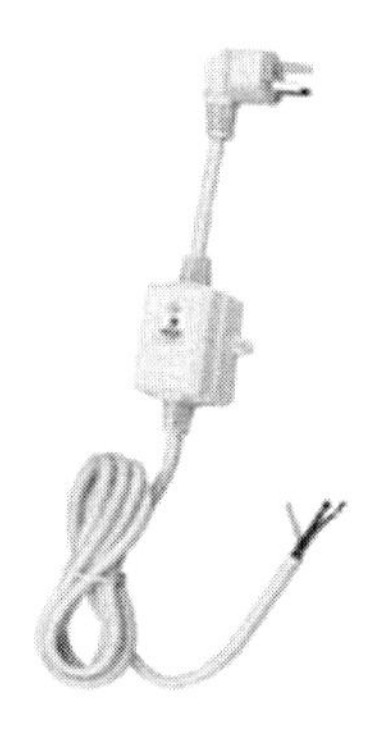

图 4　漏电保护插头外观

漏电保护开关广泛用于移动用电工具、家庭照明、电热水器、实验室等场所或场合。

2) 接地、接零保护

零线(中性线)：在供电端(发电厂、变电站、变压器)接地，或在入户前重复接地，是工作接地线，是输电线路的一部分，电流经电厂—相线—负载—零线返回电厂。

地线：在用户端接地，与电器的金属外壳或人体可触部位连接，使机壳与大地等电位，保护人体不触电。地线不与输电线路构成回路，正常情况下没有电流。

(1) 接地保护。接地是指与大地的直接连接，电气装置或电气线路带电部分的某点与大地连接，电气装置或其他装置不带电部分某点与大地的人为连接。例如，开关设备、照明器具及其他电气设备的金属外壳都应予以接地。一般低压系统中，保护接地电阻值应小于 4Ω。

(2) 接零保护。就是把电气设备在正常情况下不带电的金属部分与电网的零线紧密地连接起来。应当注意的是，在三相四线制的电力系统中，通常是把电气设备的金属外壳同时接地、接零，这就是所谓的重复接地保护措施。

注意：零线回路中不允许装设熔断器和开关。

接地接零示意图如图 5 所示。

续表

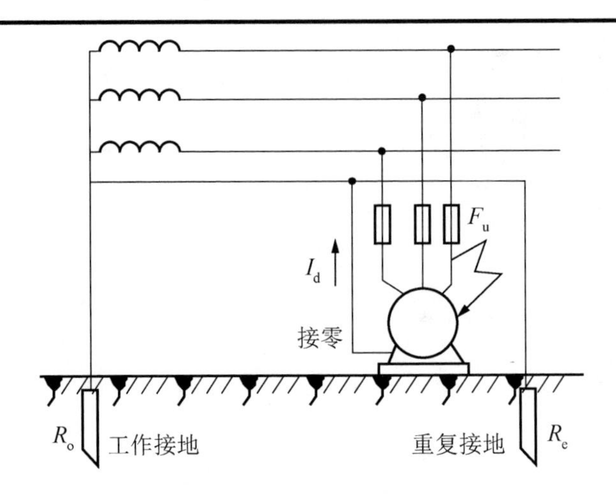

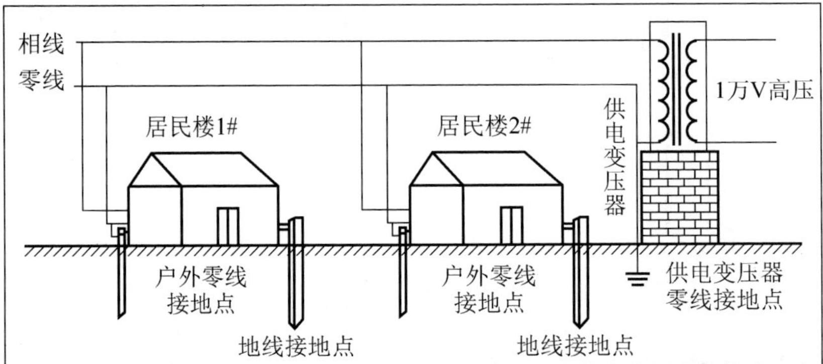

注：家庭居民楼的供电零线一般采用多点接地，在供电变压器处接地，在居民楼的进户线处接地，其目的是避免零线意外断线时出现伤害事故。地线的安装一般与建筑物的钢筋混凝土结构连接在一起直接接入大地，如果居民家中没有安装地线，切不可把地线和零线连在一起，也不能在进户线处将地线和零线连在一起，必须单独接地。

图 5　接地接零示意图

3) 安全用电小常识

(1) 插座的相线、零线、地线位置如图 6 所示。

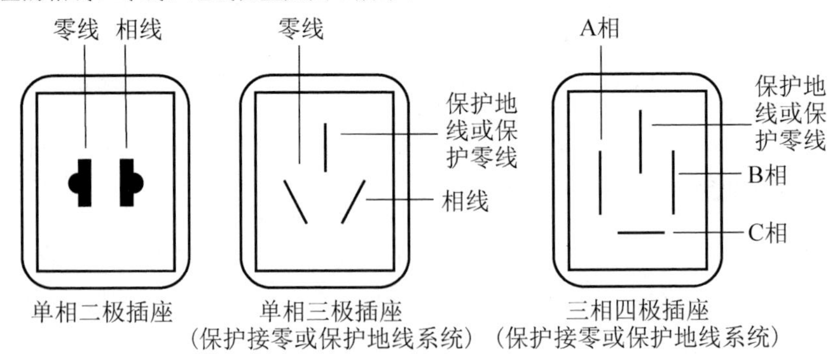

图 6　各类插座接线示意图

续表

插座相线、零线、地线的分别字母 L、N、E 表示。

(2) 电源线绝缘层的颜色。

① 三相电源线：三相电线分别用黄、绿、红三色表示，零线为淡蓝色，地线为黄绿双色。

② 220V 市电相线：相线一般用红色或棕色，零线用蓝色、绿色或黑色，地线用黄绿双色。

③ 直流电：红色表示正极，黑色是负极。

4) 观看验证

打开实验室配电箱箱盖，仔细观看配电箱内部电线进线、出线、接地及所用开关，并画出配电图。

常用安全用电标志识别

安全标志是由几何图形和图形符号所构成，用以表达特定的安全信息。安全标志的作用是引起人们对不安全因素的注意，防止事故的发生，但不能代替安全操作规程和防护措施。到一个陌生工作环境，应注意这些标志。一般这些标志都会辅以文字说明。

(1) 禁止标志。图 7(a)所示为常用的禁止标志，颜色为白底、红圈、红杠、黑图案，是禁止人们不安全行为的图形标志。

(2) 警告标志。图 7(b)所示为常用的警告标志，其基本形式是正三角形边框，颜色为黄底、黑边、黑图案，是提醒和警告人们对周围环境注意的图形标志。

(3) 指令标志。图 7(c)所示为常用的指令标志，其基本形式是圆形边框，颜色为蓝底白图案，是强制人们必须做出某种动作或采用防范措施的图形标志。

(a)禁止标志

(b)警告标志

(c)指令标志

图 7　常用的安全标志

常用测电工具及仪表使用

1. 测电工具及仪表介绍

1) 试电笔

试电笔也称测电笔，简称电笔，是用来测试电线中是否带电的工具。试电笔分为两类：螺钉旋具式试电笔和感应式试电笔。螺钉旋具式试电笔笔体中有一氖泡，测试时如果氖泡发光，说明导线有电或为通路的相线，螺钉旋具式试电笔外观形状如图 8(a)所示，比较高级的带有电压显示，其外观如图 8(b)所示。

注意：电笔测试电压的范围通常在 60～500V，严禁用试电笔测试超过 500V 的电压，否则，因氖管进入电弧放电状态，电笔变为良导体，人体将被电击伤，甚至发生生命危险。

近年来出现了感应式试电笔，其特点是采用感应式测试，无需物理接触，可检查控制线、导体和插座上的电压或沿导线检查断路位置。因此极大地保障了维护人员的人身安全。

感应式试电笔的测试方法如图 8(c)所示，这种笔适用于直接检测 12～250V 的交直流电和间接检测交流电的零线、相线和断点，还可测量不带电导体的通断。

续表

(a)螺钉旋具式试电笔　　(b)数字显示试电笔　　(c)感应式试电笔

图 8　各类试电笔外观示意图

2) 万用表

万用表共分两大类：指针式万用表[图 9(a)]和数字万用表[图 9(b)]，其最基本的功能是测量电阻、交直流电压、交直流电流。各类型万用表附加功能都是根据用户需要，在此基础上增加的。

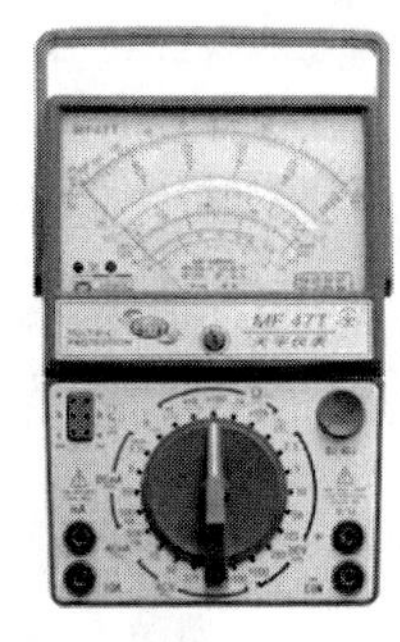

(a)指针式万用表　　(b)数字万用表

图 9　万用表

各种型号万用表大都采用以下几种符号表示最基本功能的挡位。

(1) 欧姆挡位：Ω，用于测量电阻，对应量程单位有Ω、kΩ 和 MΩ。

(2) 直流电压挡位：V-或 V⎓，测量直流电压，对应量程单位为 V。

(3) 交流电压挡位：V～，测量交流电压，对应量程单位为 V。

(4) 直流电流挡位：A-或 A⎓，测量直流电流，对应量程单位有μA、mA 和 A。

(5) 交流电流挡位：～，测量直流电流，对应量程单位有μA、mA 和 A。

有些数字万用表，还有蜂鸣器挡位(或二极管挡位)和电容测量挡位。

(6) 蜂鸣器挡位：，于测量二极管正向导通电压，以及线路通断。

(7) 电容挡位：F，用于测量小电容容量，单位有 nF、μF。

3) 钳形电流表

钳形电流表是由电流互感器和电流表组合而成的，典型的钳形电流表外观及使用方法如图 10 所示。电流互感器的铁心在捏紧扳手时可以张开，当放开扳手后铁心闭合。在测导线的电流时，可以不必切断导线，只要将待测的导线穿过张开的铁心缺口即可测得。

用钳形电流表检测电流时，铁心缺口只能夹入一根被测导线，另一根必须在铁心缺口外面，如图 10(a)所示。铁心夹入两根则不能检测电流，如图 10(b)所示。

(a)正确的使用方法

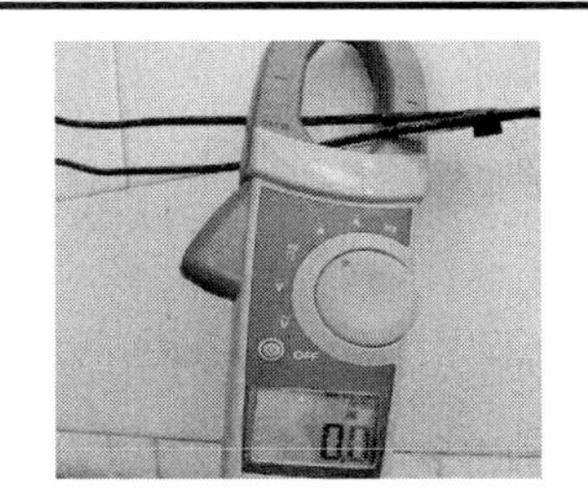

(b)错误的使用方法

图 10　钳形电流表使用方法

2．测电工具在安全用电中的使用

(1) 电笔的使用如下。

① 将示波器电源线插入电源插线板。

② 根据各类试电笔测试方法，分别测试示波器开和关状态下，各类电笔显示现象或显示值，并按表 1 填写。

表 1　电笔显示现象或显示值

测点工具名称	传统试电笔		数字显示电笔		感应式试电笔		钳形电流表	
示波器开关状态	开	关	开	关	开	关	开	关
显示现象或显示值								

(2) 万用表的使用如下。

① 将万用表打在交流电压挡(V～)1000V 量程。

② 测量单相三极插座各个极间的电压值，记录在表 2 中。

③ 切断电源总开关(由教师关断)。

④ 将万用表打在电阻挡位(Ω)。

⑤ 测量单相三极插座各个极间的电阻值(由教师发出指令)，并记录在表 2 中；

⑥ 根据测量结果分析实验室属于那类保护。

表 2　各个极间的电压及电阻值

相线与零线电压	相线与地线电压	地线与零线电压	相线与零线电阻	相线与地线电阻	地线与零线电阻	分析结果

安全技能问题讨论

(1) 人体在触电时，为何会被触电伤害，通过人体的安全电流是多大？

(2) 通常，一般环境下的用电安全电压被定为 36V，如果在潮湿或水下作业，36V 电压还安全吗？如果不安全，为什么？

(3) 一旦发现有人触电，应采取哪些措施补救？

(4) 电气火灾有哪些？如何防护？一旦出现电气火灾，可以用水扑灭吗？

(5) 不带绝缘胶皮或手柄的电工工具可以使用吗？

(6) 在不了解电网的供电电压等级的情况下，可以用电笔测试电线中是否带电吗？

(7) 为何零线回路中不允许装设熔断器和开关？

2. 仪器使用基本技能训练项目设计

考虑到仪器种类比较多，可以将项目分成两个任务来实施，为了减轻学生的学习负担，两个任务之间最好有某种关联性。表 8-5、表 8-6 为两个关联仪器的使用基本训练技能设计样表：第一个任务为 RC 移相电路相位差测量任务，第二个任务为 RLC 串联谐振电路特性测试任务。第二个任务仅比第一个任务多出一个电感器、一个频率计、一个交流毫伏表，并且第一个项目所用到的器件和仪器在第二个项目中再次用到，达到了学习复习作用。如果第一个任务学生掌握得比较理想，第二个任务可以不布置。

作为单项技能训练项目，作为依托的电路应尽可能简单，本项目中仅包含了电阻、电容、电感三个电子元件，形式非常简单，这样设计的目的是既可以了解仪器使用的目的，又不会因为电路复杂而造成故障太多，影响仪器使用技能的训练，同时也使被训练者对其他的技能有一定初步掌握。

表 8-5 RC 移相电路相位差测量任务设计样表

学 习 任 务		RC 移相电路相位差测量
需求岗位		从事电子产品装配、产品测试与检修、设备安装、设备维护、销售、售后服务、设计与改良等岗位
技能目标		(1) 掌握电阻、电容元件常见的标注； (2) 掌握万用表、函数信号发生器、双踪示波器的使用； (3) 掌握电路最基本的识读(阻容元件的图形和文字符号等)； (4) 学会简单电路故障排查方法
所需材料		电容、电阻
所需仪器和设备		数字万用表、指针万用表、函数信号发生器、示波器等
任务内容		元件的检测； 仪器校验； 用双踪显示测量两波形间相位差
问题讨论		(1) 如何操纵示波器有关旋钮，以便从示波器显示屏上观察到稳定、清晰的波形？ (2) 用双踪显示波形比较相位时，为了在显示屏上得到稳定波形，应怎样选择下列开关的位置？ 显示方式选择(CH1、CH2、CH1＋CH2、交替、断续) 触发方式(常态、自动) 触发源选择(内、外) 内触发源选择(CH1、CH2、交替) (3) 函数信号发生器一般有哪几种输出波形？它的输出端能否短接？如果用屏蔽线作为输出引线，则屏蔽层一端应该接在哪个接线柱上？ (4) 实验中常常会出现插接线内部断线，应该用什么仪器什么方法测量导线是否断开？
考核评价	考核过程	
	评价	学生自评：从学到什么、哪儿不足和改进几方面评价； 小组评价：从参与问题讨论积极性方面评价； 教师评价：从纪律、案例、技能掌握等几方面评价

表 8-6　RLC 串联谐振电路特性测试任务设计样表

学 习 任 务		RLC 串联谐振电路特性测试
需求岗位		从事电子产品装配、产品测试与检修、设备安装、设备维护、销售、售后服务、设计与改良等岗位
技能目标		(1) 掌握电阻、电容、电感元件常见的标注； (2) 掌握万用表、函数信号发生器、双踪示波器、交流毫伏表、频率计的使用； (3) 掌握电路最基本的识读(电阻、电容、电感元件的图形和文字符号等)； (4) 学会简单电路故障排查方法
所需材料		电容、电阻、电感
所需仪器和设备		数字万用表、指针万用表、函数信号发生器、示波器、交流毫伏表、频率计等
任务内容		元件的检测； 仪器校验； RLC 串联电路幅频特性测试
问题讨论		(1) 实验中，在调节函数信号发生器的频率时，毫伏表的读数一直不变，会是什么原因造成的？应该用哪种仪器什么方法测量故障点？ (2) 根据用电安全技能知识可知，所有仪器仪表的机壳都应接地接零保护，在这种情况下可以用交流毫伏表测量电感两端的电压值 U_L 和电容两端的电压值 U_C 吗？如果不行，应采取哪种措施来实现？
考核评价	考核过程	(1) 积极参与问题讨论； (2) 工具使用的规范性、操作过程的正确性； (3) 任务完成情况； (4) 技能点掌握程度； (5) 遵守纪律
	评价	学生自评：从学到什么、哪儿不足和改进几方面评价； 小组评价：从参与问题讨论积极性方面评价； 教师评价：从纪律、安全、技能掌握等几方面评价

仅以表 8-5 为例，技能内容展开见表 8-7。

表 8-7　RC 移相电路相位差测量任务技能内容部分展开

RC 移相电路相位差测量任务

RC 移相电路相位差测量的接线图如图 1 所示，图中仅有两个元件：电阻和电容，一个函数信号发生器和一个双踪示波器。为了测量阻容值及线路的通断，还需一个数字万用表。

本任务锻炼的技能有元件的识别、电子仪器的使用、电路最基本的识读(元件符号)、仪器说明书的查找、简单电路故障的排查。

续表

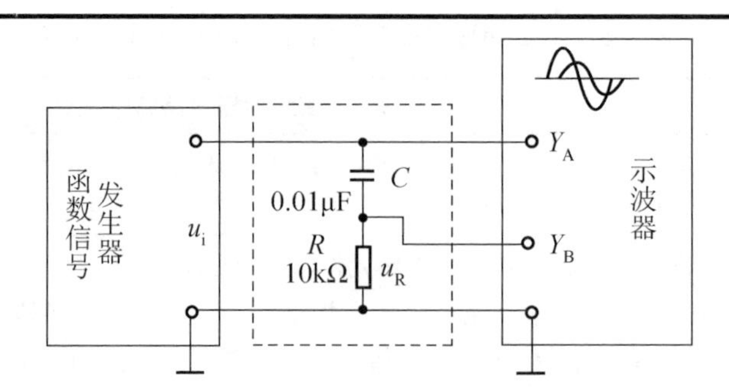

图 1　RC 移相电路相位差测量线连接图

元件的检测

测量前必须对万用表进行校验，以保证测量值正确。

1) 电阻的测量

分别用指针万用表和数字万用表测量电阻的阻值，将测得数据填入表 1，并与标称值相比较。

表 1　电阻的阻值

指针万用表测量阻值	数字万用表测量阻值	电阻标称值	误 差 分 析

2) 电容的测量

用数字万用表测量电容的容值，将测得得数据填入表 2，并与标称值相比较。

表 2　电容的容值

数字万用表测量容值	电容标称值	误 差 分 析

仪器校验

(1) 用机内校正信号对示波器进行自检。

① 扫描基线调节。

② 测试“校正信号”波形的幅度、频率。

a. 校准“校正信号”幅度。将“Y 轴灵敏度微调”旋钮置“校准”位置，“Y 轴灵敏度”开关置适当位置，读取校正信号幅度，记入表 3 中。

b. 校准“校正信号”频率。将“扫速微调”旋钮置“校准”位置，“扫速”开关置适当位置，读取校正信号周期，记入表 3 中。

c. 测量“校正信号”的上升时间和下降时间。调节“Y 轴灵敏度”开关及微调旋钮，并移动波形，使方波波形在垂直方向上正好在中心轴上，且上、下对称，便于阅读。通过扫速开关逐级提高扫描速度，使波形在 X 轴方向扩展(必要时可以利用“扫速扩展”开关将波形再扩展 10 倍)，并同时调节触发电平旋钮，从显示屏上清楚的读出上升时间和下降时间，记入表 3 中。

注：不同型号示波器标准值有所不同，请按所使用示波器将标准值填入表格中。

续表

表 3　示波器自检结果

	标　准　值	实　测　值
幅度		
频率		
上升沿时间		
下降沿时间		

(2) 用示波器和交流毫伏表测量信号参数。调节函数信号发生器有关旋钮，使输出频率分别为 100Hz、1kHz、10kHz、100kHz，峰峰值均为 5V 的正弦波信号。

改变示波器“扫速”开关及“Y 轴灵敏度”开关等位置，测量信号源输出电压频率及峰峰值，记入表 4 中。

表 4　信号参数

信号频率	示波器测量值		毫伏表测量电压有效值/V	示波器测量值	
	周期/ms	频率/Hz		峰峰值/V	有效值/V
100Hz					
1kHz					
10kHz					
100kHz					

用双踪显示测量两波形间相位差

(1) 按图 1 连接实验电路，将函数信号发生器的输出电压调至频率为 1kHz，幅值为 2V 的正弦波，经 RC 移相网络获得频率相同但相位不同的两路信号 U_I 和 U_R，分别加到双踪示波器的 CH1 和 CH2 输入端。

(2) 把显示方式开关置“交替”挡位，将 CH1 和 CH2 输入耦合方式开关置“⊥”挡位，调节 CH1、CH2 的移位旋钮，使两条扫描基线重合。

(3) 将 CH1、CH2 输入耦合方式开关置“AC”挡位，调节触发电平、扫速开关及 CH1、CH2 灵敏度开关位置，使在荧屏上显示出易于观察的两个相位不同的正弦波形 U_i 及 U_R，如图 2 所示。根据两波形在水平方向差距 x，及信号周期 X_T,则可求得两波形相位差。

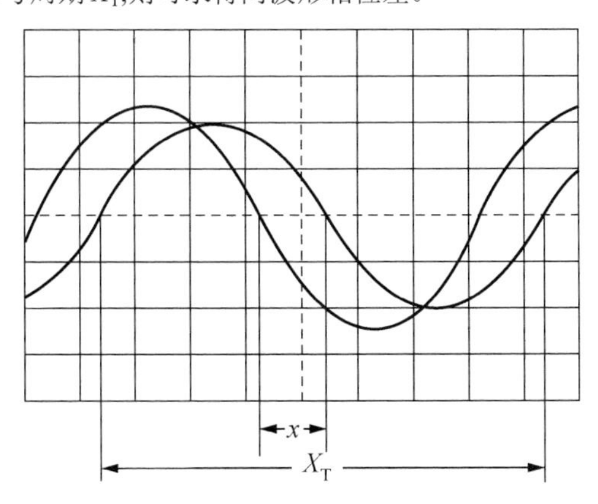

图 2　双踪示波器显示两相位不同的正弦波

续表

两波形相位差 $\theta=\dfrac{x(\text{div})}{X_{\text{T}}(\text{div})}\times 360^\circ$ 式中，X_{T}——周期所占格数； 　　x ——两波形在 X 轴方向差距格数。 记录两波形相位差于表 5。 为了读数和计算方便，可适当调节扫速开关及微调旋钮，使波形一周期占整数格。 **表 5　两波形相位差** <table><tr><th rowspan="2">一周期格数 (X_{T})</th><th rowspan="2">两波形 X 轴差距格数 (x)</th><th colspan="2">相　位　差</th></tr><tr><th>实　测　值</th><th>理论计算值</th></tr><tr><td></td><td></td><td></td><td></td></tr></table>

3. 基本技能训练综合项目设计示例

综合项目要基于简单、有趣、技能涵盖点多等思路来选择多个项目，通过多个项目的实作，使学生在愉快的实验中，得到更多的基本技能锻炼，也为更深一层技能打下基础。基于这一思路，列出一个小项目作样例说明，设计样表见表 8-8。制作项目中 74HC160 采用的是贴片芯片，这样在一个简单电路中兼顾了插式元件和贴片元件的焊接技术，同时也学会了分立元件和集成芯片识别技能。

表 8-8　LED 调光电路制作项目实训样表

学习任务	LED 调光电路制作
电路图	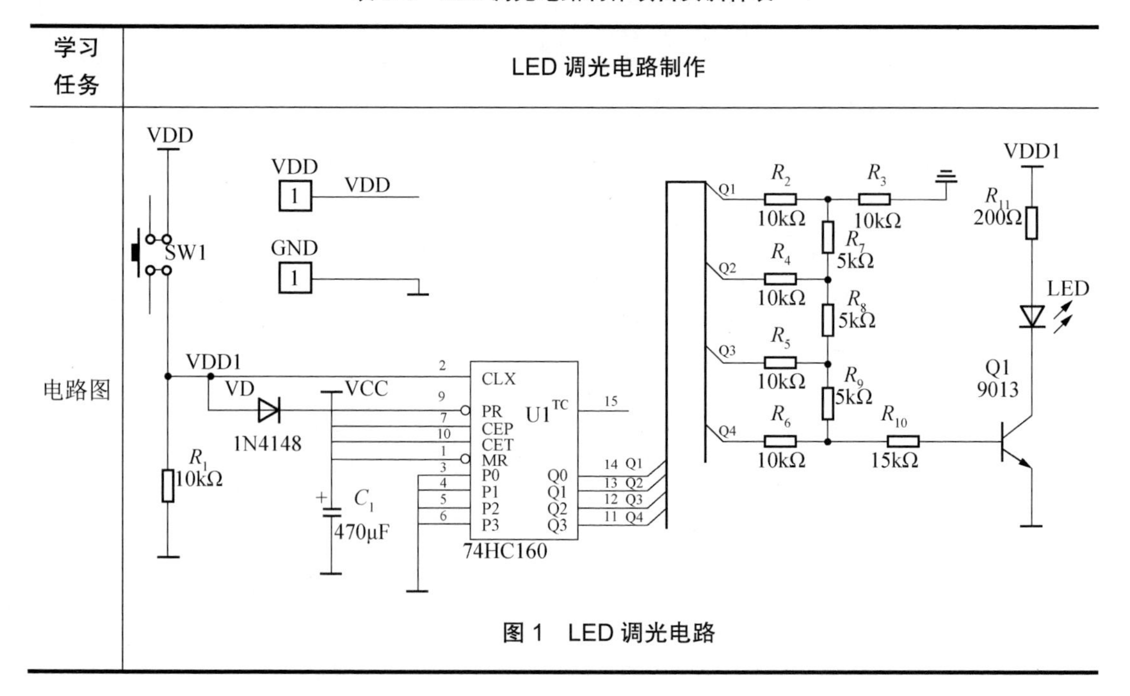 图 1　LED 调光电路

续表

学习任务	LED 调光电路制作
调光电路焊接指导图	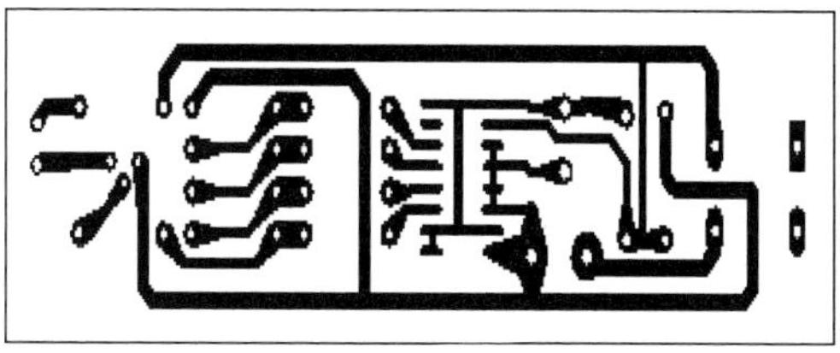 图 2　PCB 底层 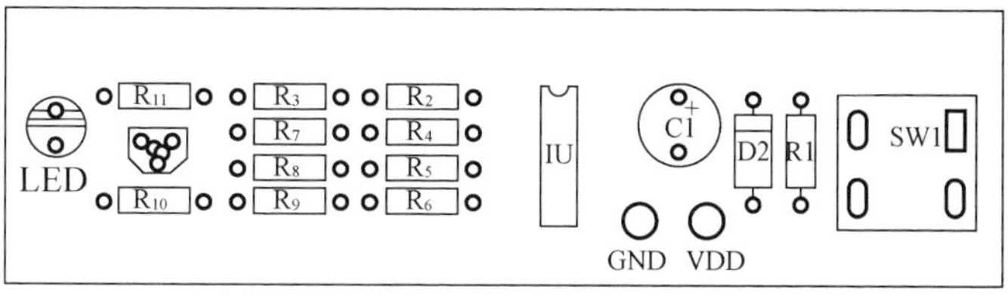 图 3　元件布置图(PCB 丝印层)
需求岗位	从事电子产品装配、产品测试与检修、设备安装、设备维护、销售、售后服务、设计与改良等岗位
技能目标	(1) 元件的识别和检测； (2) 插式管脚元件的装配焊接； (3) 贴片集成电路(74HC160)的焊接； (4) 电子仪器的使用； (5) 电路基本的识读(通过问题讨论)； (6) 电路调试、简单故障排查等技能(通过问题讨论补充)
所需材料	电阻、电解电容、二极管、发光二极管、晶体管、轻触按键、PCB、芯片 74HC160(贴片封装)、电源接插件
所需仪器和设备	万用表、0～30V 可调稳压电源
任务内容	(1) 元件的检测； (2) 仪器校验； (3) LED 调光电路装配焊接； (4) LED 调光电路成品的故障检查； (5) LED 调光电路成品的调试
问题讨论	(1) 图 1 中电解电容 C_1 作用是什么？ (2) 图 1 中二极管 D_2 作用是什么？ (3) 图 1 中 R_2～R_{10} 电阻网路组成了晶体管 Q_1 基极偏执电阻，如何改变阻值使调光电路变化更均匀？(提示：二极管发光强度与电流成指数关系，而不是线性关系)

续表

学习任务		LED 调光电路制作
考核评价	考核过程	(1) 积极参与问题讨论； (2) 工具使用的规范性、操作过程的正确性； (3) 任务完成情况； (4) 技能点掌握程度； (5) 遵守纪律
	评价	学生自评：从学到什么、哪儿不足和改进几方面评价； 小组评价：从参与问题讨论积极性方面评价； 教师评价：从纪律、安全、技能掌握等几方面评价

表 8-8 中的任务内容每一项应该有指导性的材料，以备学生参考，其设计实样可参照表 8-9。

表 8-9　LED 调光电路制作项目技能内容展开

元件的检测

1) 电解电容的好坏

将指针万用表打在 1kΩ 挡，将电容两管脚短路进行放电后，用万用表的黑表笔接电解电容的正极，红表笔接负极，测量电容的最小值和最大值，并记录到表 1 中，判断电容的好坏。

表 1　电容值及其好坏判定

最　大　值	最　小　值	判 定 好 坏

2) 发光二极管的好坏

(1) 用指针式万用表 $R\times 10k$ 挡(有 9V 电源)，测量发光二极管的正、反向电阻值，同时观察发光二极管的光亮变化，并记录到表 2 中，判定发光二极管的好坏。

表 2　二极管正、反向电阻值及其好坏判定

正向电阻值	反向电阻值	光 亮 变 化	判定发光二极管好坏

(2) 用数字万用表的二极管蜂鸣器挡(有 9V 电源)，测量发光二极管的正、反向显示值，同时观察发光二极管的光亮变化，并记录到表 3 中，判定发光二极管的好坏。

表 3　二极管正、反向显示值及其好坏判定

正向显示值	反向显示值	光 亮 变 化	判定发光二极管好坏

3) 普通二极管的管脚识别和测量

分别用指针万用表的电阻挡和数字万用表的二极管蜂鸣器挡测量二极管的正、反向值，并记录在表 4 中，判断二极管的好坏。

续表

表 4　管脚的识别和测量

指针万用表		数字万用表		判断好坏或管材料类型
正 向 电 阻	反 向 电 阻	正　向　值	反　向　值	

4) 74HC160 引脚编号的识别

找出 74HC160 第一引脚编号的标志。

5) 晶体管管脚极性判定

用指针万用表测试的方法如下。

(1) 先判定基极 b：将万用表拨至 R×1k 挡上。红电笔接触某一管脚，用黑表笔分别接另外两个管脚，如果测量是几百欧至几千欧的低阻值，则红表笔所接触的管脚就是基极，且晶体管的管型为 PNP 型；如用上述方法测得的都是高阻值，则红表笔所接触的管脚即为基极，且晶体管的管型为 NPN 型。如果阻值相差很大，红表笔可以另选一个管脚，直至满足上述两个结果之一。

(2) 再判别发射极 e 和集电极 c：以 NPN 型晶体管为例，将万用表拨在 R×1k 挡上。用手将基极与另一管脚捏在一起(注意不要让电极直接相碰，为使测量现象明显，可将手指湿润一下)，将黑表笔接在与基极捏在一起的管脚上，红表笔接另一管脚，注意观察万用表指针向右摆动的幅度。然后将两个管脚对调，重复上述测量步骤。比较两次测量中表针向右摆动的幅度，找出摆动幅度大的一次，这时黑表笔接的是集电极，红表笔接的是发射极。其原理可参照图 1(b)所示图中的说明。对于 PNP 型晶体管，检测方法正好相反。

本任务所用晶体管型号为 S9013，其外观及管脚编号如图 1(a)所示，按上述方法(1)测量并记录在表 5 中，判定基极编号和管型。

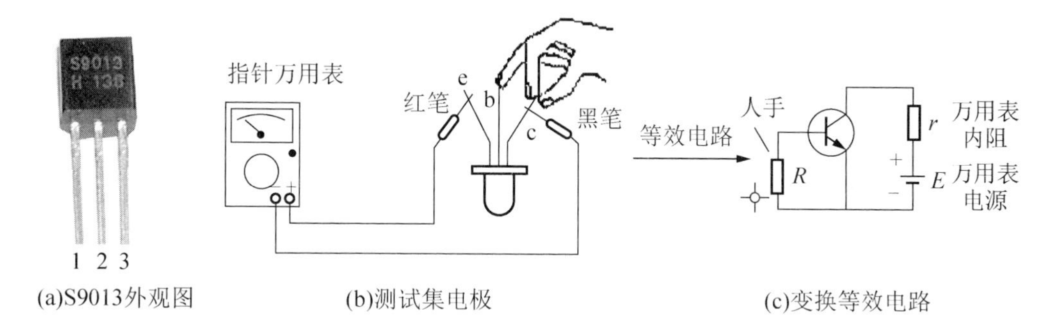

(a)S9013外观图　(b)测试集电极　(c)变换等效电路

图 1　判别集电极测试方法

在判定基极编号和管型的基础上(已知 S9013 为 NPN 管型，2 号管脚为基极)，按上述方法(2)测量电阻并记录在表 6 中，判定发射极和集电极的编号。

表 5　基极编号及管型测量

红表笔接 1 管脚		红表笔接 2 管脚		红表笔接 3 管脚		基极编号	管型
R_{12}/kΩ	R_{13}/kΩ	R_{21}/kΩ	R_{23}/kΩ	R_{31}/kΩ	R_{32}/kΩ		

续表

表 6　发射极及集电极编号测量

2、1 管脚捏在一起，红表笔接在 3 脚	2、3 管脚捏在一起，红表笔接在 1 脚	发射极编号	集电极编号
R_{23}/kΩ	R_{21}/kΩ		

仪器校验

(1) 万用表校验。

① 指针万用表校验：将万用表拨至欧姆挡，两表笔搭接后观察指针是否指到 0，断开时是否指到无穷大，若不是，则调节相应的旋钮调节，或更换电池。

② 数字万用表校验：打开万用表电源开关，显示的电池电量如为-，则更换电池；挡位拨到二极管蜂鸣器挡，两表笔搭接后观察是否鸣叫，不鸣叫说明表笔可能断线，更换表笔试试。也可用采用欧姆挡位自检是否显示为零。

(2) 稳压电源校验：用万用表的直流电压挡测试可调稳压电源输出是否正常。

LED 调光电路装配焊接

(1) 根据调光电路焊接指导图，首先焊接贴片元件 74HC160，然后从低到高的顺序依次装配焊接电阻、按键、晶体管、发光二极管、电源插件和电解电容。

(2) 所有元件焊接完之后，检查有无漏焊、短路、虚焊、焊锡过少、焊锡过多等问题，并进行相应的处理。

LED 调光电路成品的调试及故障检查

(1) 通电前准备：用万用表测量成品电源输入端的电源线与地线是否短路，如短路则进行故障检测，待故障排除，再继续以下调试。

(2) 通电源：打开稳压电源，电压调至 5V 输出，注意电源的正负极不要接反。

(3) 通电观察：连续按下轻触开关 SW1， 观察电路板上的 LED 亮度情况，如果灯不亮，或亮度无变化，进行故障排查，对于本任务电路，查找的重点是贴片是否焊好，即贴片的管脚未焊好或短路的地方，再使用观察法，查看二极管和发光二极管是否焊反，集成电路是否发烫，然后使用万用表，先后采用电阻和电压两种排障法排除故障。

(4) 静态调试：每按一下轻触开关，测量一下晶体管 Q 的静态工作点，并记录在表 7 中，同时观察 LED 亮度，根据表格数据和亮度的变化，修改电阻数据，使亮度变化均匀。

表 7　晶体管的静态工作点

1		2		3		4		5		6		7		8		9		10	
U_{ce}	U_{be}	U_{ce}	U_{be}	U_{ce}	U_{be}	U_{ce}	U_{be}	U_{ce}	U_{be}	U_{ce}	U_{be}	U_{ce}	U_{be}	U_{ce}	U_{be}	U_{ce}	U_{be}	U_{ce}	U_{be}

(5) 按表 8 列出调试过程中出现的故障现象、所在的故障点及解决方法。

表 8　调试过程中出现的故障

故障 1			故障 2			故障 3		
故障现象	故障点	解决方法	故障现象	故障点	解决方法	故障现象	故障点	解决方法

4. 简易 PCB 制作技能训练项目设计

PCB 制作又称为电路板制作，就是把整块覆铜板上不需要的覆铜去掉，仅留下电子电路走线及焊盘覆铜的过程。电路板是电子电路的载体，任何的电路设计都需要被安装在电路板上，才可以实现其功能。

PCB 制作技能完全就是一个“动手”实训，不需要太多的大脑思维，因而在项目设计中，其说明指导成分要尽量详细，学生在听讲和观察老师演示的基础上，只要通过项目的指导即可完成技能的训练工作。为了使技能训练更专注于 PCB 制作的技能，制作的电路图样本不要太复杂，以便于制作后质量的检查。

本项目介绍的是简易热转印法制作电路板，很适合于走线较宽、线间距较大的 PCB 图。技能训练项目设计样表见表 8-10。

表 8-10　简易热转印法制作电路板能训练项目样板

学 习 任 务	555 秒电路 PCB 制作
电路图样本	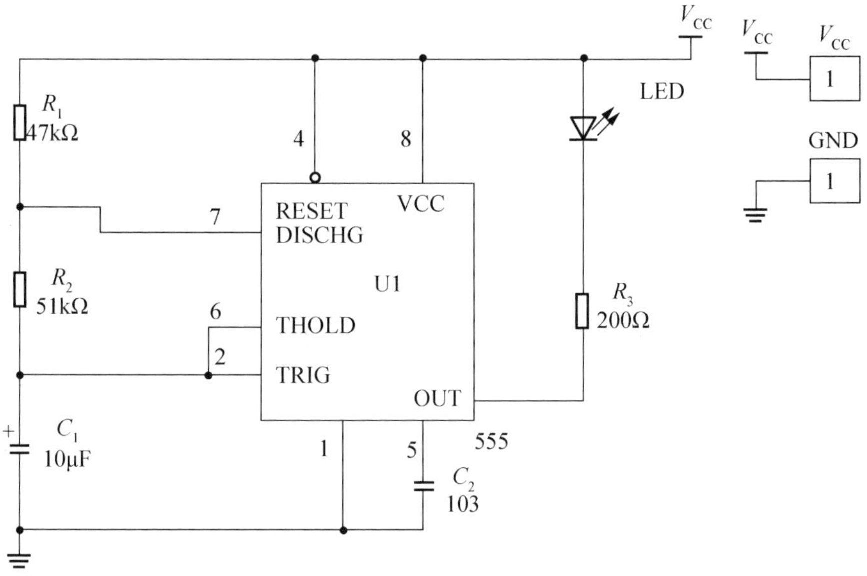 图 1　秒信号电路原理图
PCB 版图样本	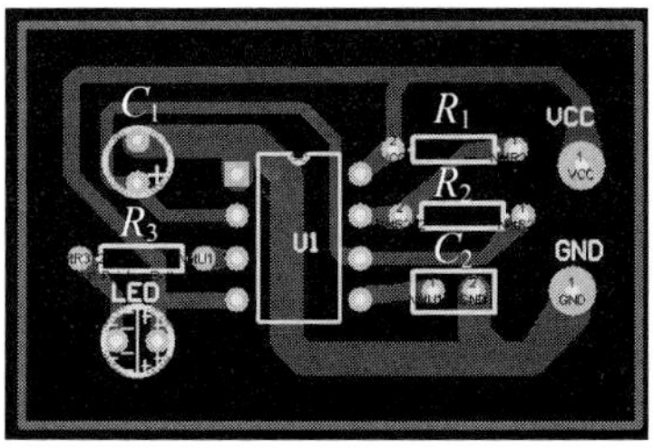 图 2　秒信号电路 PCB 样本

续表

学 习 任 务	555 秒电路 PCB 制作
需求岗位	从事工艺控制、电子产品设计与改良、产品质检和管理等岗位
技能目标	(1) 熟悉 PCB 制作设备； (2) 掌握 PCB 制作流程； (3) 成品 PCB 不得有断裂、短路、焊盘脱落等现象
所需材料及作用	(1) 热转印纸：PCB 图印制到覆铜板上的过度材料； (2) 透明胶：用于将热转印纸固牢在待热转印的覆铜板上； (3) 油性记号笔：热转印后，用于修补未转印到覆铜板上的黑墨层； (4) 腐蚀剂：环保腐蚀剂或浓度为 30%的三氯化铁溶液，用于腐蚀覆铜板多余的覆铜； (5) 清洁工具：细砂纸或钢丝球，用于清洁覆铜板，除去覆铜板上的黑墨层
所需仪器和设备	(1) 计算机：内装有 Protel 99 se 或 Altium Designer 或其他作图软件，用于制作 PCB 图； (2) 激光打印机：用于在热转印纸上打印 PCB 图形； (3) 热转印机：用于将印在热转印纸上的 PCB 图形转印到覆铜板上，可用电熨斗代替； (4) 覆铜板腐蚀槽：用于除去不需要的覆铜； (5) 小钻床台：配有直径 0.5～3mm 钻头，用于焊盘打孔； (6) 手工裁板机：用于切裁覆铜板； (7) 万用表：用于检测成品 PCB 质量
热转印法制作 PCB 流程图	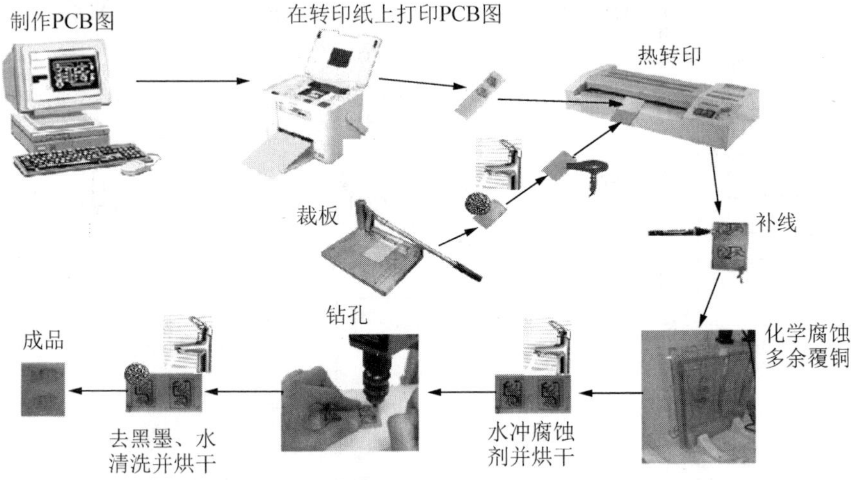 图 3　一种用热转印法制作 PCB 流程图
热转印法制作电路板操作步骤(尽量用图示范，或用文字详细说明，这里仅给出热转印步骤示范)	1．热转印法制作电路板所需设备和材料准备 …… 2．电路图的准备 …… 3．PCB 图形的制作 …… 4．在热转印纸上打印 PCB 图 ……

续表

<table>
<tr><th>学 习 任 务</th><th>555 秒电路 PCB 制作</th></tr>
<tr><td>热转印法制作电路板操作步骤(尽量用图示范，或用文字详细说明，这里仅给出热转印步骤示范)</td><td>5. 准备覆铜板
……
6. 热转印
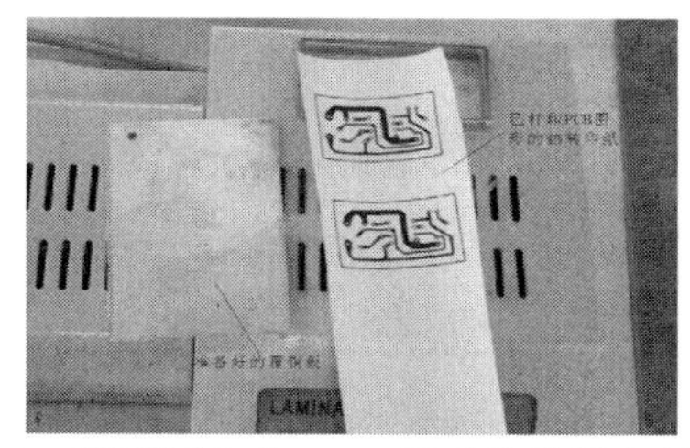
(a) 覆铜板和有 PCB 图形的热转印纸
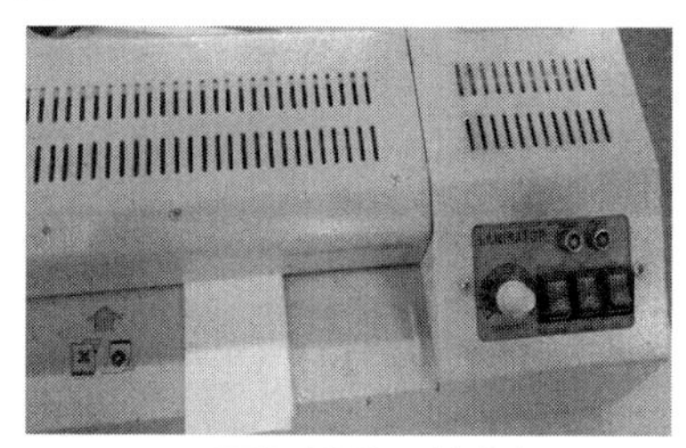
(b) 覆铜板送入转印机
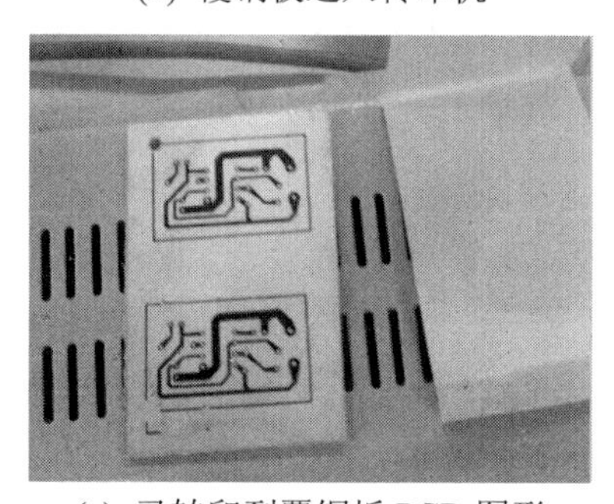
(c) 已转印到覆铜板 PCB 图形
图 4　热转印过程
7. 化学腐蚀去铜
……
8. 钻孔
……
9. 测试电路板
……</td></tr>
<tr><td>问题讨论</td><td>(1) 如没用计算机、打印机、热转印纸，本任务的电路图是否有办法制成电路板？如果有，采取何种办法？
(2) 如果没用热转印机，可以用什么工具或设备代替？</td></tr>
</table>

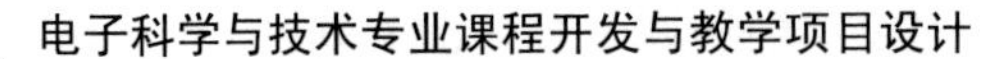

续表

学习任务		555秒电路PCB制作
考核评价	考核过程	(1) 积极参与问题讨论； (2) 工具使用的规范性、操作过程的正确性； (3) 任务完成情况； (4) 技能点掌握程度； (5) 遵守纪律
	评价	学生自评：从学到什么、哪儿不足和改进几方面评价； 小组评价：从参与问题讨论积极性方面评价； 教师评价：从纪律、安全、技能掌握等几方面评价

8.2.3 知识链接

电子产品故障排除方法

电子产品在安装和调试过程中，会出现各式各样的故障现象，而设计的新样板及在多功能电路板和自制的 PCB 上装配焊接，故障现象更是不可避免的。一种故障产生的原因有很多，有的是一种原因引起的简单故障，有的是多种原因相互作用引起的复杂故障，而面对一个整机电路，故障现象又是五花八门。因此，迅速、准确地找出故障点，除了运用电子电路的理论分析外，还需要掌握基本的排障方法。

基本的排障方法主要有以下几种。

1. 直接观察法

直接观察法是指不使用任何仪器，而只利用人的视觉、听觉、嗅觉及直接碰摸元器件作为手段来发现问题，寻找和分析故障。直接观察又包括通电前检查和通电后观察两个方面。

通电前检查：主要检查熔丝是否烧断、焊点是否失效、导线接头是否断开、电容器是否漏液或炸裂、插接件是否松脱、电气接点是否生锈；对于新装机，对照原理图检查二极管、晶体管及集成电路的引脚有无错接和折弯、有无漏焊及桥接等故障。

通电后检查：主要检察直流稳压电源上电流指示值是否超出电路额定值；元器件有无发烫、冒烟、焦味等。

实践证明，相当比例的故障，可以通过观察发现。

2. 测量法

测量法是故障检测中使用最广泛、最有效的方法。测量法主要采用电阻测量、电压测量和波形测量，其他种类测量不常用。

(1) 电阻测量：断电的情况下，离线或在线测量电子元器件的阻值，但最实用的是使用数字万用表的二极管蜂鸣器挡测量不易观察到的短路、断路现象。

(2) 电压测量：通电的情况下，用万用表的直流电压挡测量稳压输出、晶体管、集成电路各管脚电压及放大电路输出等。

(3) 波形测量：通电的情况下，采用示波器观察信号波形的有无、形状是否失真、幅值、周期及前后沿等波形参数是否正确。

3. 信号跟踪法

利用函数信号发生器，在被调试电路的输入端，接入恰当的信号，利用示波器，按信号的流向，用从前级到后级或从后级到前级的方式，逐级观察电压波形及幅值的变化情况，若哪一级异常，则故障就在该级。这种方法在信号传输电路的动态调试中应用更为广泛。

4. 对比法

怀疑某一电路存在问题时，可将此电路的参数与工作状态和相同的正常电路进行一一对比，从中分析故障原因判断故障点。

5. 替换法

替换法是用规格性能相同的正常元器件、电路模块或部件，代替电路中被怀疑的相应部分，从而判断故障所在的一种检测方法。它是电路调试、检修中最常用、最有效的方法之一。按替换的对象不同，可分为以下三种方法。

(1) 元器件替换：如用新电解电容替换被怀疑击穿的电解电容。元器件替换主要用于插接器件及远离主电路板的元件，如带插接件的集成电路、开关、继电器、传感器等。

(2) 单元电路替换：如果立体声左右声道电路完全相同，可用于交叉替换。当电子设备采用单元电路多板结构时替换试验是比较方便的。

(3) 部件替换：如计算机的内存条、声卡等故障，都采取此法。这种方法对于组装电子设备非常有效。

6. 断路法

断路法用于检查短路故障最有效，也是一种逐步缩小故障范围的方法。

在一般情况下，寻找故障的常规做法顺序是，首先检查设备电源供电是否正常，然后采用直接观察法，进而采用万用表(或示波器)检查静态工作点，最后可用信号跟踪法对电路作动态检查。对于板卡级组装电路，如计算机，则采用部件替换法。

第 9 章 企业实践教学项目开发与设计

9.1 企业实践的意义

电子技术专业职教师资培养，除了通过在专业教材与课程学习中获得本专业的基本知识之外，还必须通过校内实验、实训与校外实践进行立体、多方位的训练。而职教师资除了自身应具备扎实的专业知识与专业技能之外，还应具备将所学的知识与技能通过有效的方法传达给学生的教育能力，并对行业新发展的知识与技能进行跟踪、重组、形成教学文件与教学资源的教学组织能力。为了适应未来工作的发展，企业实践是增强自身实践能力及教育教学组织能力的重要渠道。

9.1.1 电子技术专业职教师资培养实践能力的要求

电子技术专业职教师资培养对企业实践有立体、多方位的深入实践要求，目的是促进其对企业的全面而系统的认识，不能只停留在一个表面的调研与交流，而应包括在岗实习、质量管理、产品开发、产品营销、产品维护，使其能够获得企业对产品的质量管理要求、产品技术标准、员工的职业能力要求与素养要求等。

1. 职教师资培养的双师型要求

“双师型”教师是职业技术教育中对教师的特殊要求。“双师”有三个方面的含义：一是职称的概念，是指既具有教师职称，又有技能或工程技术资格证书的教师；二是能力水平的象征，是教师理论水平和实践技能都达到一定水平的反映；三是一个动态的概念，教师的技能必须跟得上社会技术发展的要求，即社会技术水平提高了，教师的能力也需要随之提高。

对从事专业课教学的教师，职业技术教育对教师的能力和素养有着特殊的要求。

(1) 行业职业道德。“双师型”教师除熟悉并遵守教师职业道德外，还要熟悉并遵守相关行业的职业道德，清楚其制定过程、具体内容及其在行业中的地位、作用等，并通过言传身教，培养学生良好的行业职业道德。

(2) 行业职业素养。“双师型”教师必须具备宽厚的行业、职业基本理论、基础知识和实践能力；具备把行业、职业知识及实践能力融合于教育教学过程的能力。即根据市场调查、市场分析、行业分析、职业及职业岗位群分析，调整和改进培养目标、教学内容、教学方法、教学手段，注重学生行业、职业知识的传授和实践技能、综合职业能力的培养，进行专业开发和改造。

(3) 经济素养。经济素养是从业人员必须具备的基本素养之一，“双师型”教师应具备较为丰厚的经济常识，熟悉并深刻领会“人力资本”“智力资本”等经济理论，树立市场观、质量观、效益观、产业观等经济观念，自觉按照竞争规律、价值规律等经济规律办学办事，并善于将经济常识、规律等贯穿于教育教学的全过程。

(4) 社会交往和组织协调能力。“双师型”教师既要进行校园内的交往与协调，又要与企业、行业从业人员交流沟通，还要组织学生开展社会调查、社会实践，指导学生参与各种社会活动、实习等。“双师型”教师的接触面广，活动范围大，其交往和组织协调能力就尤为重要。

(5) 管理能力。“双师型”教师在具备良好的班级管理、教学管理能力的同时，更重要的是具备企业、行业管理能力，懂得企业行业管理规律，并具备指导学生参与企业、行业管理的能力。

(6) 创新能力和适应能力。科技迅猛发展的今天，行业职业界日新月异，这必然要求“双师型”教师善于接受新信息、新知识、新观念，分析新情况、新现象，解决新问题，不断更新自身的知识体系和能力结构，以适应外界环境变化和主体发展的需求；还要求其具备良好的创新精神、创新意识，掌握创新的一般机理，善于组织、指导学生开展创造性的活动。

综上所述，“双师型”教师是指具备良好的师德修养、教育教学能力和良好的行业职业态度、知识、技能和实操能力的持有“双证”的专业教师。

培养职教师资的双师素质是职业教育的热门话题，而企业实践是形成双师素质的重要途径。

2. 专业人才实践能力培养的主要途径

电子技术专业职教师资人才实践能力是多种能力的集合，它包括实践教学能力、科技开发能力、联系行业能力、专业建设能力、自身发展与反思能力、道德情感等。

其中联系行业能力主要包括熟悉行业背景、发展现状与发展趋势预测、企业文化和人才需求的能力，与行业(企业)保持长期联系的方案设计(目标、活动、参与人员、成果、评价指标等)、活动策划、协作交流、方案实施、数据处理等技能；善于与企业代表交流并分享成功经验和总结失败教训，并能够吸取精华为我所用，以及具有良好的团队合作意识等。行业职业能力是指教师具备本行业的专业知识、相关技能、行业职业岗位应具备的行为态度及丰富的从业经历与经验。

专业建设能力主要包括专业设置、人才培养模式的改革、课程建设、专业教学团队建设和实践教学条件建设五个方面的能力。

职教师资发展的第一阶段是发展实践教学能力，第二阶段是发展科研开发能力，第三阶段是发展联系行业能力与专业建设能力，能力发展规划虽然具有阶段性，但是能力的形成不是一蹴而就的，需要长期积累与不断实践。

3. 企业实践对职教师资专业实践能力培养的意义

企业实践对职教师资专业实践能力培养具有决定性的作用。

(1) 能快速提升教师个人实践操作能力。通过岗位实习，教师参与到岗位一线操作熟练技能，同时了解从业人员的素养要求与从业心理。

(2) 能够快速提升教师个人科研开发能力。科技创新是第一生产力，对企业来说，创新才能发展。教师在长期与企业的合作过程中了解企业设备与产品现状，利于预测发展趋势，形成科研课题，在研发过程中与企业团队共同合作，全面提升实践能力。

(3) 能够发展教师的行业交流能力。长期的行业企业实践能够积累足够的人际关系，使教师获得全面深入地分析企业与行业的综合能力。

9.1.2 企业实践项目分类

企业实践项目可以按工作岗位、企业类型、产品类型和企业实践学习阶段分类，无论是哪一种分类，其共同特点是都以预先设计好的目标进入企业内部参与活动，因此，企业实践必须要有方案设计(目标、活动、参与人员、成果、评价指标等)。

1. 按工作岗位分类

企业实践项目按工作岗位分类，以电子企业为例典型的工作岗位有以下几种。

1) 电子产品营销

接收和分解客户任务指令，对照实际运行情况审核、制单并安排产品销售，管理客户信息。

2) 技术支持

编制产品技术文件，策划生产过程，制定、审核产品质量特性和技术要求，编写内控技术标准。

3) 电子企业生产管理

对生产过程进行管理和监督，熟悉生产各环节的相关设备和操作流程。

4) 电子产品维修

对售后产品进行检修维护，编制产品故障信息报告，协助研发人员对部分产品在设计和制造工艺上进行技术改造。

5) 电子产品研发

参与公司发展路线与新产品的开发规划，分析产品需求，按照产品设计的操作流程与操作规范，对产品进行规划与设计实施。

企业内部不同岗位对能力的需求是不一样的，一个人不能胜任所有的岗位，所以岗位实习要以团队分工的形式完成，按岗位分类实习的基本组织方式如图 9.1 所示。

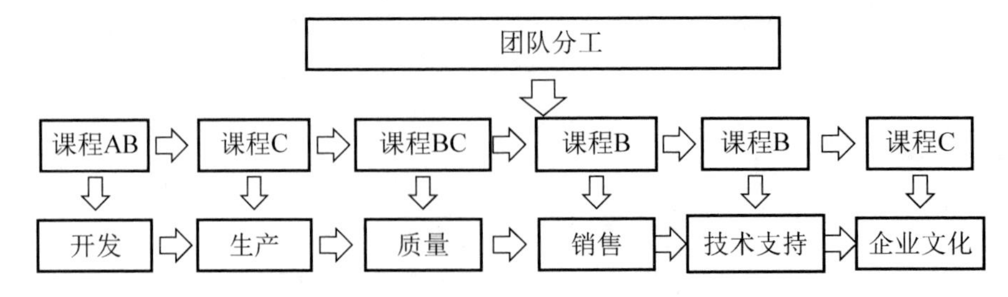

图 9.1　按岗位分类实习的基本组织方式

团队成员可以按自己的兴趣选择承担的课程，按课程建设与教学需要进入对应岗位实习，如单片机技术类课程对接开发岗位，工艺与生产管理类课程对接生产车间，质量管理类课程对接质量管理与 5S 内训，销售类相关课程对接销售，维修维护类课程对接技术支持，职业规划与职业素养类课程对接企业文化等管理岗位。

2. 按企业类型分类

电子类企业类型按规模来分有大型、中型、小型企业；按产业链来分有系统集成型、整机组装型、配件生产型、集成电路制造型、生产设备制造型、营销服务型、科技创新服务型等。

企业类型往往具有区域特色。例如，浙江省一直以小型民营企业为主流，经过多年的积累也有少数大中型企业，而整机组装型和配件生产型企业占多数，其他类型的企业也在不断发展中。民营企业规模小，技术含量不高，通常同一类型企业用人需求量少，而且进入企业的人才需要具有比较全面的专业实践能力。要求以普通工人的形式先进入生产一线进行企业实践，然后进行轮岗直到能胜任全面的工作。

选择什么样的区域和相应的类型企业开展实践需要进行调研，有选择地参与实践。

3. 按产品类型分类

按产品类型分类相对比较复杂，但是大致可以分为军用、医用、民用、农业、工业等产品形式。电子产品具有极强的跨领域应用特征，如选择医用电子产品作为专业实践对象，那么不仅要求学习电子技术知识，还需要了解医学类相关法规与知识，这有利于形成跨界人才。

4. 按企业实践学习阶段分类

按学习阶段来分类是学校组织教学的一种方式，大致可以分为认识实习、暑期实践、生产实习、顶岗实习。

认识实习是参观性质的活动，一般是参观企业的展厅与现场，由企业人事部组织讲解与培训，信息量大，可以获得一个比较浅表的全面认识。

暑期实践是学生利用暑假时间进入企业工作获得工资与经验，与生产实习形式类似，也可以做无偿调研，然后写分析报告，形式由学生自己确定。

生产实习是在低年级按专业统一安排在企业生产岗位作为普通的操作工人开展实习，熟悉企业的生产流程和工作纪律、质量要求等。

顶岗实习相当于毕业实习，是由学生自由择业开展的工作实习。

企业实践项目的选择是发展职教师资的专业实践能力的关键，需要进行广泛的调研，在调研的基础上进行对比，结合个人的人生职业发展规划最后确定。作为教师个人，最好是以五年、十年为阶段制订一个长远的规划，按不同的阶段选择不同的企业实践项目，有阶段的效果与进阶。

目标定位按不同阶段从单一任务到综合任务进行目标进阶。

9.1.3 企业综合实践的要求

企业实践类型很多，但是综合要求基本一致。要求实践者以高度的热情全面了解实践企业的概况，关心企业的发展与成长，以主人翁的态度去关注。

1. 企业结构与企业文化

组织结构(Organizational Structure)是指对工作任务如何进行分工、分组和协调合作。组织结构表明了组织各部分排列顺序、空间位置、聚散状态、联系方式及各要素之间相互关系的一种模式，是整个管理系统的"框架"。组织结构是组织的全体成员为实现组织目标，在管理工作中进行分工协作，在职务范围、责任、权利方面所形成的结构体系。组织结构是组织在职、责、权方面的动态结构体系，其本质是为实现组织战略目标而采取的一种分工协作体系，组织结构必须随着组织的重大战略调整而调整。图 9.2 所示为企业组织结构示例。

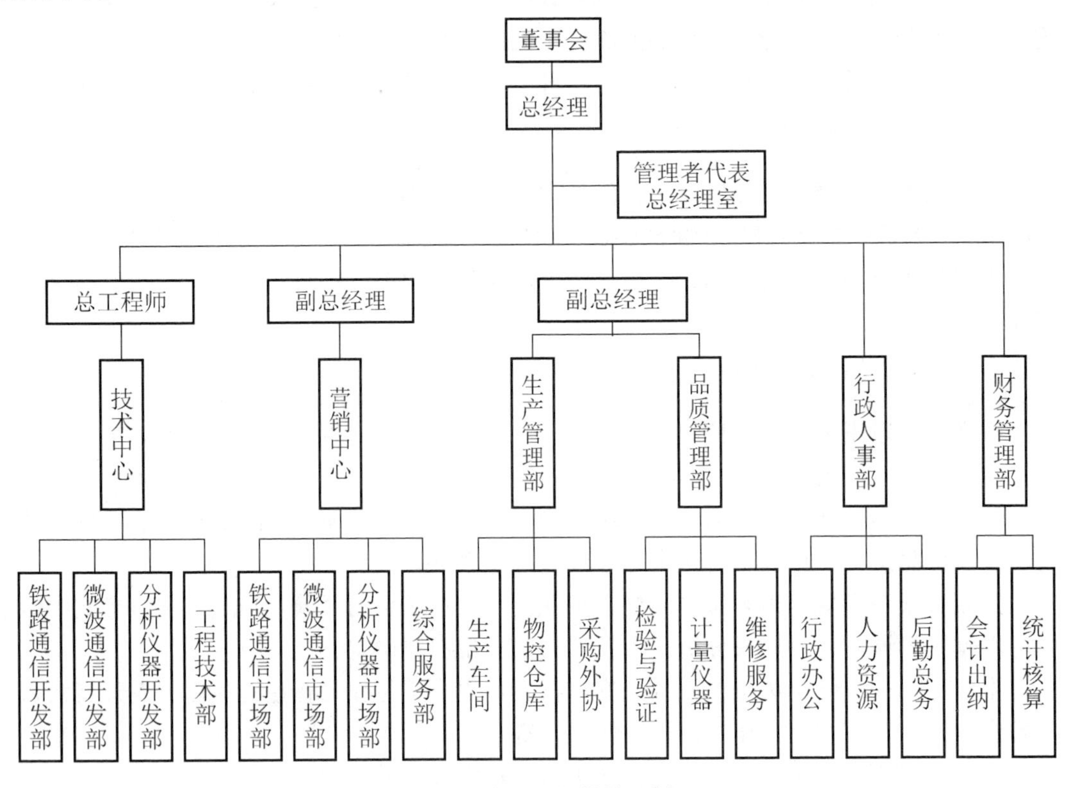

图 9.2 企业组织结构示例

企业文化是在一定的条件下，企业生产经营和管理活动中所创造的具有该企业特色的精神财富和物质形态。它包括文化观念、价值观念、企业精神、道德规范、行为准则、历史传统、企业制度、文化环境、企业产品等。其中价值观念是企业文化的核心。

企业文化是企业的灵魂，是推动企业发展的不竭动力。它包含非常丰富的内容，其核心是企业的精神和价值观。这里的价值观不是泛指企业管理中的各种文化现象，而是企业

或企业中的员工在从事商品生产与经营中所持有的价值观念。企业文化由三个层次构成。

(1) 表面层的物质文化，称为企业的“硬文化”，包括厂容、厂貌、机械设备、产品造型、外观、质量等。

(2) 中间层次的制度文化，包括领导体制、人际关系及各项规章制度和纪律等。

(3) 核心层的精神文化，称为“企业软文化”，包括各种行为规范、价值观念、企业的群体意识、职工素质和优良传统等，是企业文化的核心，被称为企业精神。

1) 企业文化要素

企业文化的主要要素有五个，即企业环境、价值观、英雄人物、文化仪式和文化网络。

企业环境是指企业的性质、企业的经营方向、外部环境、企业的社会形象、与外界的联系等方面，它往往决定企业的行为。

价值观是指企业内成员对某个事件或某种行为好与坏、善与恶、正确与错误、是否值得仿效的一致认识。价值观是企业文化的核心，统一的价值观使企业成员在判断自己行为时具有统一的标准，并以此来选择自己的行为。

英雄人物是指企业文化的核心人物或企业文化的人格化，其作用在于作为一种活的样板，给企业的其他员工提供可仿效的榜样，对企业文化的形成和强化起着极为重要的作用。

文化仪式是指企业内的各种表彰、奖励活动、聚会及文娱活动等，它可以把企业中发生的某些事情戏剧化和形象化，来生动地宣传和体现本企业的价值观，使人们通过这些生动活泼的活动来领会企业文化的内涵，使企业文化“寓教于乐”之中。

文化网络是指非正式的信息传递渠道，主要是传播文化信息。它是由某种非正式的组织和人群所组成，它所传递出的信息往往能反映出职工的愿望和心态。

2) 企业文化意义

企业文化能激发员工的使命感。不管是什么企业都有它的责任和使命，企业使命感是全体员工工作的目标和方向，是企业不断发展或前进的动力之源。

企业文化能凝聚员工的归属感。企业文化的作用就是通过企业价值观的提炼和传播，让一群来自不同地方的人共同追求同一个梦想。

企业文化能加强员工的责任感。企业要通过大量的资料和文件宣传员工责任感的重要性，管理人员要给全体员工灌输责任意识、危机意识和团队意识，要让大家清楚地认识企业是全体员工共同的企业。

企业文化能赋予员工的荣誉感。每个人都要在自己的工作岗位、工作领域、多做贡献、多出成绩、多追求荣誉感。

企业文化能实现员工的成就感。一个企业的繁荣昌盛关系到公司每一个员工的生存，企业繁荣了，员工们会引以为豪，会更积极努力的进取，荣耀越高，成就感就越大，越明显。

苹果公司企业文化：专注设计、信任乔布斯、从头开始、坚信苹果、聆听批评、永不服输、关注细节、不可替代、保密至高无上、主导市场、发扬特色、开拓销售渠道、调整结盟力量。

2. 行业发展与企业优势

任何企业都不是孤立的单体，必然会有自己的上游公司、下游公司及服务对象群体。

例如，某电动车生产企业主要生产电动自行车，是一家以整车装配为主的企业，公司在机械部件生产方面车间布局完整，但是在电子部件方面基本上委托下游公司生产，有配套生产电动车仪表企业，有配套生产电动车控制器与电池充电控制器企业，还拥有一定量的经销公司。

3. 企业岗位设置与职责分类

前面已了解了企业的组织结构，但那只是一个比较粗略的表示，对于专业实践，主要应深入到开发、生产管理、销售、技术服务等与产品密切相关的岗位，了解这些岗位是如何运行并保障产品质量的，并了解如何转化为员工的职业职责要求。

4. 员工精神及企业核心竞争力

员工精神是企业文化的一部分，是一种至高的信仰、强大的力量、不息的信念、不懈的追求、向前的动力、热情的态度，也是员工从优秀到卓越的职业准则，更是企业基业长青的永恒动力。员工思想修炼远比员工的技能培训更重要。企业员工从优秀到卓越的十大法则。

高贵：尊老爱幼，文明礼仪
进取：积极热情，主动乐观
追求：谦虚好学，永攀高峰
奉献：乐于奉献，不拘小节
榜样：以身作则，决不推让
协作：团结互助，互助互爱
自信：大胆创新，积极表达
执行：承担责任，全力以赴
归属：公心为上，企业为家
节约：成本控制，注重细节

企业核心竞争力是群体或团队中根深蒂固的、互相弥补的一系列技能和知识的组合，借助该能力，能够按世界一流水平实施一到多项核心流程。企业核心竞争力是企业长期发展中形成的，蕴含于企业内质中的，企业独具的，支撑企业过去、现在和未来竞争优势的，并使企业在竞争环境中能够长时间取得主动的核心能力。

企业核心竞争力的主要内容包括具备创新的技术，具备创新能力的人才、优秀的企业文化、品牌影响力。

5. 企业产品分类

同一家企业产品一般是同类产品，但是在外形和功能上会有变化。如果钻研一下企业产品分类，从事专业的信心会大大提高。图 9.3 所示例子为电动车产品类型。

图 9.3　电动车产品类型

对于很多电子产品来说，外形对客户的吸引力更直接，当然功能的不断完善与运行质量的保障也是维护客户链的重要因素，如果一个产品功能不好，经常要维修，可能不是价格而是精力与维修的烦扰让客户放弃。

对于电子企业来说，产品的技术指标与可靠性就很重要，所以企业需要有一定的专注度，如某元器件电子有限公司，生产石英晶体振荡器，但是，一个小小的晶体振荡器也是产品类型繁多(图 9.4)，有依据元器件主要参数如频率分类的产品，有依据封装与外形分类的产品。

图 9.4　石英晶体振荡器产品类型

6. 产品生产工艺与管理

不同的电子产品生产工艺不同，但是也有大致相通的工艺与管理模式。图 9.5 所示为电子产品流通过程，图 9.6 所示为电子电路板生产加工流程。

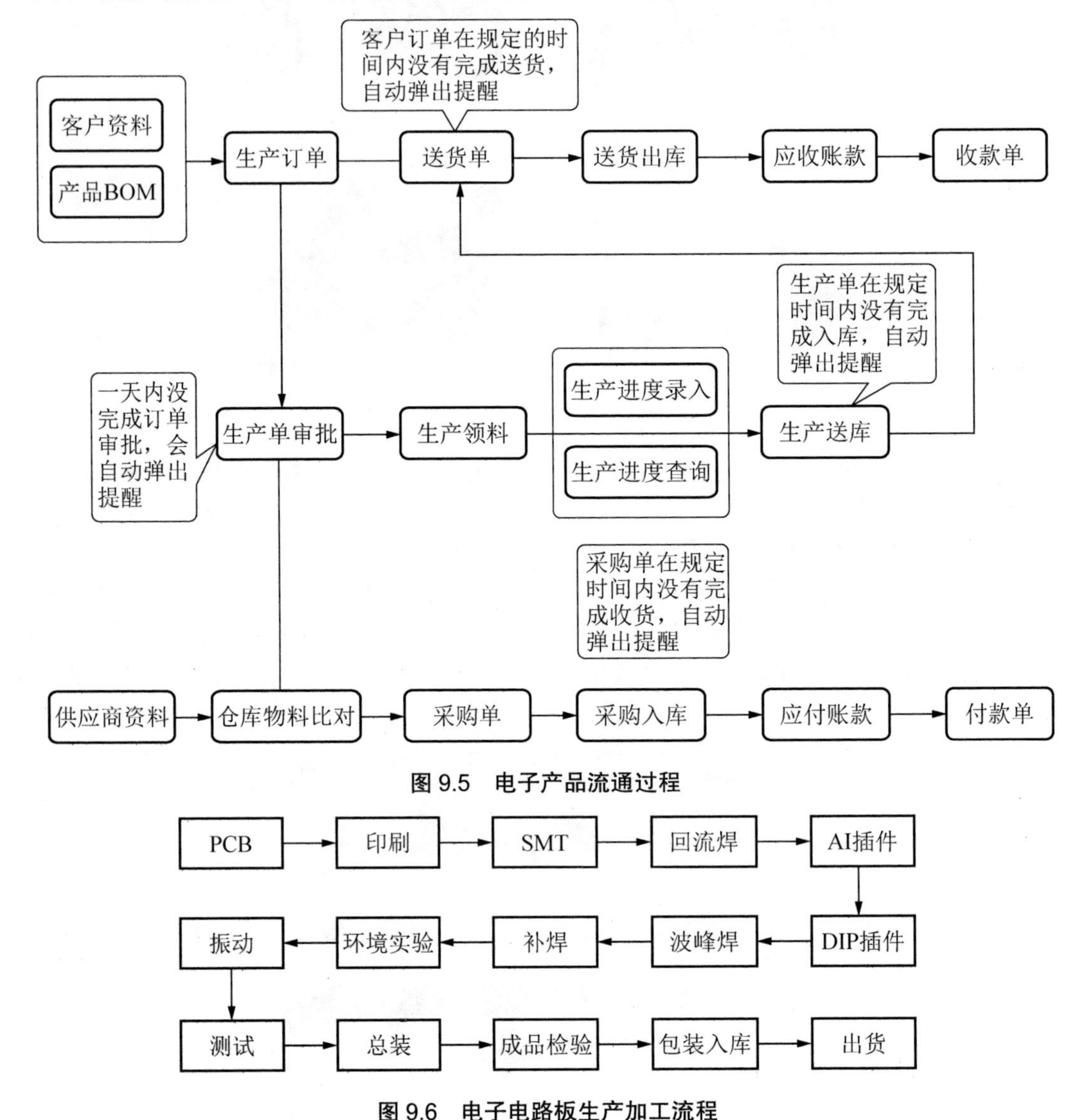

图 9.5　电子产品流通过程

图 9.6　电子电路板生产加工流程

工艺流程设计是一个企业产品质量保障体系的重要环节。一般需要精细系统地设计。有的企业会对产品工艺进行保密。

7. 企业产品知识基础与技能要求

电子企业产品知识的内容差异很大，但是基本上是模拟电子技术、数字电子技术、单片机应用技术、电力电子技术的综合应用，主要是学习如何将学校所学的基础知识综合应

用在电子产品中。企业技能要求和学校所学的技能方式区别很大，企业产品复杂程度与设备、加工方式、员工数量都有关系，要综合考虑成本、产品质量、加工效率等。电子企业的生产组织是一项系统的工作，与在学校单纯训练技能是有区别的，对企业产品知识和技能的学习要从企业的需求出发。

8. 企业产品质量管理与保障体系

企业要获得产品的品牌就要走质量第一的道路，产品质量管理与保障体系具有国际标准，如 ISO 9000，企业在遵循国家标准进行质量管理过程中形成一系列结合本厂实际的厂纪厂规与规范做法，是具有本厂特色的企业管理文化，一个企业在质量管理上做得越细越严格，其管理水平越高。

9.2　企业实践教学设计

企业实践是非常好的学习机会。一个好的企业，其实践教学设计能很好地指导企业实践。下面从几个不同类型的实践提供几个教学设计案例。

9.2.1　企业实践任务书

企业实践任务书是引导学生按照一定的目标和步骤，在企业中开展活动。一般以表格的形式来表达，见表 9-1～表 9-4。

表 9-1　企业认识与调研任务书

<table>
<tr><td colspan="2">课程</td><td>认识实习</td><td>总学时</td><td>15</td></tr>
<tr><td colspan="2">实习单位</td><td colspan="3"></td></tr>
<tr><td colspan="5">任务布置</td></tr>
<tr><td rowspan="3">学习目标</td><td>专业能力</td><td colspan="3">(1) 参观工厂，了解产品的整个生产过程、组织管理、设备选择及车间布置等方面的知识，扩大知识面；
(2) 广泛接触企业员工和人事部门对企业的介绍，学习他们的生产经验、技术更新和科研成果；
(3) 通过记实习笔记、写实习报告等，锻炼观察、分析问题及搜集和整理技术资料等方面的能力</td></tr>
<tr><td>社会能力</td><td colspan="3">(1) 具有团队协作精神，能主动与人合作、与人交流和协商；
(2) 具有良好的职业道德，能按照劳动与环境保护的要求开展工作；
(3) 具有良好的语言表达能力，能有条理地表达自己的思想和观点</td></tr>
<tr><td>方法能力</td><td colspan="3">(1) 能根据工作任务的需要使用各种信息媒体，独立收集资料；
(2) 能根据工作任务的要求，制订工作计划，有序地开展工作；
(3) 能分析工作中出现的问题，并提出对策；
(4) 能自主学习新知识、新技术，并将其应用到工作中</td></tr>
</table>

续表

任务描述	(1) 认真阅读企业网站，将企业网站信息做成 PPT 向别人介绍和宣传企业。 (2) 入企调研。预先设计好调研的问题：①企业文化与员工精神，可调研公司总经理或秘书并进行详细记录与拍照(经企业允许)；②通过向人事部门了解企业员工职业发展与企业内训；③车间参观，记录生产设备、生产流程、5S 管理，听取车间主任介绍生产管理与质量管理过程，进行记录与拍照(经企业允许)；④研发部门访谈，了解电子产品所需要的专业知识与专业技能，产品类型与开发流程，并进行记录与拍照(经企业允许)；⑤销售部门访谈，了解电子产品营销渠道与策略，了解客户需求，并进行记录与拍照(经企业允许)；⑥员工访谈，了解员工对企业的态度。 (3) 实习汇报总结与评价：展示企业全貌，以 PPT 或实习报告、演讲形式向全班展示实习成果；学院教师和企业指导教师参与

表 9-2　生产实习任务书

课程		生产实习(电子产品装接实习)	总学时	120
实习单位				
任务布置				
学习目标	专业能力	(1) 到企业生产实习，深入生产第一线进行观察和调查研究，全面地了解产品的生产组织及生产过程，了解和掌握本专业基本的生产实际知识，巩固和加深已学过的理论知识，并为后继课程的教学、课程设计、毕业设计打下基础； (2) 认真阅读电子产品装接实习教学指导书和岗位作业指导书，严格按照企业规范进行专项技能操作，及时记录在岗位工作中的工作质量变化，发现自己的进步； (3) 在实习期间，通过对产品生产工艺的分析，了解生产过程中所用的工艺装备，把理论知识和生产实际结合起来，深入了解如何保证产品的质量，以及提高生产率、降低成本的方法； (4) 广泛接触工人和听工程技术人员的专题报告，学习他们的生产经验、技术更新和科研成果； (5) 参观工厂，了解产品的整个生产过程、组织管理、设备选择及车间布置等方面的知识，扩大知识面； (6) 通过记实习笔记、写实习报告等，锻炼观察、分析问题及搜集和整理技术资料等方面的能力		
	社会能力	(1) 具有良好的社会责任感、工作责任心，能主动参与到工作中； (2) 具有团队协作精神，能主动与人合作、与人交流和协商； (3) 具有良好的职业道德，能按照劳动与环境保护的要求开展工作； (4) 具有良好的语言表达能力，能有条理地表达自己的思想和观点		
	方法能力	(1) 能根据工作任务的需要使用各种信息媒体，独立收集资料； (2) 能根据工作任务的要求，制订工作计划，有序地开展工作； (3) 能分析工作中出现的问题，并提出对策； (4) 能自主学习新知识、新技术，并将其应用到工作中		

续表

<table>
<tr><td>任务
描述</td><td>1．生产(电子产品装接)现场实习
生产实习(电子产品装接实习)包括专业技能操作和生产调查两个方面。
1) 专业技能操作
专业技能操作是生产实习(电子产品装接实习)的中心任务，目的是使学生能熟悉掌握专业技能的操作。专业技能操作的主要要求：学生以小组学习的形式进入企业，每天有小组的讨论记录。
① 认真阅读生产实习(电子产品装接实习)教学指导书和岗位作业指导书，严格按照企业规范进行专项技能操作，及时记录在岗位工作中的工作质量变化，发现自己的进步。
② 每天与同组同学交流岗位工作体会和心得，互相学习。
③ 以小组方式向企业指导教师传达工作心得和各类问题，每天将小组工作汇报给学院带队老师。
④ 要充分锻炼提高自己，根据各企业的实际情况，以多进入生产车间进行专业技能操作为宜。一般要求是能多转换工种，熟悉多种操作。
⑤ 每个学生必须认真钻研，达到工种所要求的技能水平。
⑥ 主动向企业指导教师提交合理化改进建议，提高创新意识。
⑦ 形成小组工作报告和个人工作报告。
2) 生产调查
生产调查的目的是使学生能充分了解企业和生产车间的管理和运转的实际状况，并初步锻炼学生的调查能力。生产调查必须在取得实习基地的同意后进行，具体要求如下。
① 从实习基地和实习工种出发，进行调查研究。调查研究可以进行技术的调查，也可以进行企业和生产车间管理的调查。
② 调查研究可以不仅仅停留在调查的层面，也可以进行某些技术的研究和管理的创新，并可以和实习基地合作共同进行某些技术与管理的改进和创新。
③ 形成小组调查报告和个人调查记录。此项成果作为生产实习成绩评定的重要依据之一。
2．实习汇报总结与评价
以展示企业员工精神风貌为主题，以PPT或实习报告、演讲形式向全班展示实习成果；学院教师和企业指导教师参与</td></tr>
<tr><td>小组
报告
要求</td><td>在实习总结中，每个小组选派一名同学代表小组做报告，小组报告中主要包括以下几点。
(1) 企业概貌；
(2) 企业产品；
(3) 企业岗位设置(调研时小组成员可分工进行)；
(4) 企业文化与制度；
(5) 团队自我表现；
(6) 总结</td></tr>
<tr><td>小组
汇报
PPT
要求</td><td>在进行实习报告时，小组要用PPT进行汇报，PPT主要包括以下几点。
(1) 企业概貌；
(2) 企业产品；
(3) 企业岗位设置；
(4) 企业文化与制度；
(5) 团队自我表现</td></tr>
</table>

表 9-3　企业产品开发实践任务书

<table>
<tr><td colspan="2">课程</td><td>企业产品开发实践</td><td>总学时</td><td>120</td></tr>
<tr><td colspan="2">实习单位</td><td colspan="3"></td></tr>
<tr><td colspan="5">任务布置</td></tr>
<tr><td rowspan="3">学习目标</td><td>专业能力</td><td colspan="3">在企业产品开发部按照企业产品开发流程完成产品样机，工艺文件，以及物料单的填写，完成完整的产品设计过程</td></tr>
<tr><td>社会能力</td><td colspan="3">(1) 具有良好的社会责任感、工作责任心，能主动参与到工作中；
(2) 具有团队协作精神，能主动与人合作、与人交流和协商；
(3) 具有良好的职业道德，能按照劳动与环境保护的要求开展工作；
(4) 具有良好的语言表达能力，能有条理地表达自己的思想和观点</td></tr>
<tr><td>方法能力</td><td colspan="3">(1) 能根据工作任务的需要使用各种信息媒体，独立收集资料；
(2) 能根据工作任务的要求，制订工作计划，有序地开展工作；
(3) 能分析工作中出现的问题，并提出对策；
(4) 能自主学习新知识、新技术，并将其应用到工作中</td></tr>
<tr><td>任务描述</td><td colspan="4">设计并制作一套太阳能自发电系统，用于晚上照明和手机充电器。设计要求：
(1) 6V/4.5A・H 免维护 18 片铅蓄电瓶一块，8V/3W 单晶硅太阳能发电板一块；
(2) 6V 36 珠子高亮度 LED 灯一只，功率 2.5W；
(3) 设计太阳能充电控制器，可输出 5V USB 充电接口；
(4) 按照企业产品开发流程完成产品样机，工艺文件，以及物料单的填写，完成完整的产品设计过程。格式由实习所在单位确定</td></tr>
</table>

表 9-4　企业岗位实践任务书

<table>
<tr><td colspan="2">课程</td><td>企业岗位实践</td><td>总学时</td><td>360</td></tr>
<tr><td colspan="2">实习单位</td><td colspan="3"></td></tr>
<tr><td colspan="5">任务布置</td></tr>
<tr><td rowspan="3">学习目标</td><td>专业能力</td><td colspan="3">(1) 写求职信能力；
(2) 面试能力；
(3) 双向选择确定工作岗位；
(4) 按照企业规定开展工作，每周一日志，日志 500 字以上；
(5) 对工作过程进行总结</td></tr>
<tr><td>社会能力</td><td colspan="3">(1) 具有良好的社会责任感、工作责任心，能主动参与到工作中；
(2) 具有团队协作精神，能主动与人合作、与人交流和协商；
(3) 具有良好的职业道德，能按照劳动与环境保护的要求开展工作；
(4) 具有良好的语言表达能力，能有条理地表达自己的思想和观点</td></tr>
<tr><td>方法能力</td><td colspan="3">(1) 能根据工作任务的需要使用各种信息媒体，独立收集资料；
(2) 能根据工作任务的要求，制订工作计划，有序地开展工作。
(3) 能分析工作中出现的问题，并提出对策；
(4) 能自主学习新知识、新技术，并将其应用到工作中</td></tr>
<tr><td>任务描述</td><td colspan="4">按照个人兴趣通过面试求职获得工作并开展工作，对工作进行周记录和总结</td></tr>
</table>

9.2.2　企业实践报告

企业实践报告是企业实践的重要环节，只是收集素材而不整理，则最后只是一堆无用的资料。只有通过写实践报告，才能将实践所得到的各类分散的材料形成一个体系，并结合相关工作，供他人学习与借鉴，获得最有意义的效果。

1. 企业认识与调研实践报告

依据任务书，认真调研并填写企业认识与调研实践报告(表 9-5)。

表 9-5　企业认识与调研实践报告

课程	认识实习	总学时	15
实习单位 与指导教师			
学生姓名			
企业网站			
企业网址			
企业地址与联系方式			
企业产品图片与介绍			
企业文化			
企业调研			
企业组织架构 可用图			
企业调研照片或视频 (介绍企业外景及内部文化)			
企业员工职业发展与 企业内训			
车间参观介绍	生产设备、生产流程、5S 管理，听取车间主任介绍生产管理与质量管理过程，进行记录与拍照：		

续表

研发部门访谈记录	电子产品所需要的专业知识与专业技能，产品类型与开发流程：
销售部门访谈记录	电子产品营销渠道与策略，了解客户需求：
员工访谈记录	企业文化与员工精神，员工对企业的态度：
总结(500 字)	

2. 企业生产实习实践报告

生产实习是按实习小组进行的，首先实习小组集体完成表 9-5 的认识实习报告，然后由个人完成表 9-6 的生产实践报告。

表 9-6　企业生产实习实践报告

课程	生产实习	总学时	15
实习单位 与指导教师			
学生姓名			
实习小组成员			
小组工作任务介绍			
我			
同学 A			
同学 B			

续表

同学 C	
小组工作之间的关系	
企业生产流程	
制造的产品名称及图片	
生产流程图	
我的岗位工作质量要求	
实习日志 每周一篇	记录一周工作情况：
实习总结 1000 字以上	

3. 企业产品开发实践报告

参与企业研发部门工作，助理工程师完成一项完整的电子产品的完整设计，然后完成表 9-7 的实践报告。

表 9-7 企业产品开发实践报告

课程	企业产品开发实践	总学时	120
实习单位 与指导教师			
学生姓名			
小组成员			
产品名称			
任务分工			
开发计划			
组成框图			
原理图与原理表达			
PCB 图			
元件清单			
试验与测试报告			
生产工艺			
总结 3000 字			

4. 企业岗位实践报告

在企业实践完成后，认真完成企业岗位实距报告(表 9-8)。

表 9-8　企业岗位实习报告

课程	企业岗位实习报告	总学时	360
实习单位 与指导教师			
学生姓名			
工作岗位			
每周一篇日志共 12 篇 每篇日志不少于 300 字			
实习总结 3000 字			

第10章 中职电子技能竞赛指导教学项目开发

本章介绍和中职电子类相关的两个重要技能大赛——电子产品装配与调试、单片机控制装置安装与调试，围绕以项目为中心对各个项目的赛事简介、竞赛内容、竞赛指导、真题训练等方面进行阐述，希望本章的内容对辅导竞赛的指导老师有所帮助。

10.1 中职电子技能竞赛的概况

【参考图文】

全国职业院校技能大赛是中华人民共和国教育部发起，联合国务院有关部门、行业和地方共同举办的一项全国性职业院校学生竞赛活动。大赛旨在树立“人人成才”的人才观念，引导建立符合职业教育规律的人才评价体系；推动职业院校专业建设与教学改革，提高职业教育人才培养的针对性和有效性。经过多年努力，大赛已发展成为全国各地积极参与的职教界年度盛会，是专业覆盖面最广、参赛选手最多、社会影响最大、联合主办部门最全的国家级职业院校技能赛事。

10.1.1 中职电子技能竞赛的目的

作为全国职业院校技能大赛的一部分，中职电子类技能竞赛包括电子产品装配与调试、单片机控制装置安装与调试、机电一体化设备组装与调试、电气安装与维修、制冷与空调设备组装与调试等赛项。

通过中职电子类技能大赛，加快电工电子技术类相关的专业行动导向的课程体系建设和改革创新的步伐，探索与电工电子技术相关的专业课程理论与实践一体化的教学方法和培养企业需要的高素质技能型人才的新途径、新方法；向社会展示职业教育教学改革的成果，展示职业院校师生的勇于创新、顽强拼搏、不断进取的精神风采，推动职业教育的发展。

10.1.2 中职电子技能竞赛的现状

2008 年 6 月，教育部正式提出了“普通教育有高考，职业教育有技能大赛”的口

号，全国的职业技能大赛是越办越火，比赛的项目也越来越丰富，技能大赛就像杠杆一样“撬动”了职业教育各个方面的改革和创新，大大促进了我国职业教育的改革和发展。职业教育技能大赛经过近几年的探索和实践，已基本形成了“校校有比赛，层层有选拔，国家有大赛”的局面，职业学校技能大赛已成为培养选拔高水平技能型人才的一个重要平台。

随着各种级别“示范校”及“示范实训基地校”的评估，技能大赛的成绩也成为体现学校办学实力的一项重要指标。于是，技能大赛在各地中职院校迅速火了起来，各校积极组织开展各类技能大赛，宣传职业教育的地位和作用，形成地方政府关心、重视和支持职业教育的良好氛围。

全国中职学生的技能竞赛开展基本在每年 5 月到 7 月进行，以浙江省为例，当前中职学生技能竞赛的模式以国家大赛为准头，在国家大赛的基础上增设浙江省的特色项目，如 2015 年浙江省中等职业学校学生技能大赛设 56 个国家大赛项目和 7 个省特色项目。而各中职校基本以省市开设的项目结合各自学校的情况进行报名，一般每个学校每个项目可以报 1～3 名学生，参加市里选拔。市里选出前 5 名，省里再根据当年项目分配名额取省赛前 5 名(宁波地区除外)参加。

10.1.3　中职电子技能竞赛的意义

中职电子技能竞赛提倡“以赛促教、以赛促学、以赛促练、以赛促改、以赛促建”，以技能大赛为载体，促进教学观念的革新，实现了从理论教学为本位向以职业能力为本位的转变，真正使学生学到一技之长，提高学生培养质量。技能竞赛能够引导技能竞赛参与者朝着竞赛目标前进，有力地提高学生核心竞争能力，促进学生的就业。通过技能竞赛，展示职业技术院校学生良好的精神风貌和高超的技能水平，向社会宣传职业教育的成就，向企业用人单位宣传中职院校的办学能力。通过技能竞赛，中等职业学校可以获得有关教育教学活动满足社会需求程度的信息反馈，以改善和调节学校教育目标、课程和教材、教师的教与学生的学等过程，通过了解自己本身教学工作中的长短、功过，明确今后的努力方向和改进措施，以实现自我调节，从而促进中等职业学校教学工作和学校其他相关工作的顺利开展。

国家、省举办各种职业技能大赛，不仅可以推动了中职院校人才培养模式的变革，而且可以促进各中职业院校积极地寻求校企合作、工学结合，探索培养企业急需的高素质劳动者和技能型人才的途径。在新一轮中职课程改革如火如荼之际，各校都在进行教材建设及教学内容和教学模式改革，更加注重课程内容的创新性、课程教学模式的实用性。彻底改变传统的学科型教学模式，开展理实一体化的教学方法，实现了课堂教学与实践教学的有机结合。

总之，中职电子技能竞赛可以引导中职学校转变教学观念，更新、改革教学内容，加强实践教学环节，培养和激发学生的学习兴趣和学习热情，推进中等职业学校师资队伍的建设，促进中职学校实训条件的改善，具有重要意义。

10.2 电子产品装配与调试竞赛指导

10.2.1 赛事简介

1. 竞赛目的

电子产品装配与调试竞赛旨在加快加工制造类与电工电子技术相关的专业行动导向的课程体系建设和改革创新的步伐，探索与电工电子技术相关的专业课程理实一体化的教学方法和培养企业需要的高素质技能型人才的新途径、新方法。

2. 竞赛内容

电子产品装配与调试比赛要求参赛选手按要求独立完成书面解答与实际操作一体的工作任务。比赛时间为4小时，每队限报2名选手，不超过2名指导教师，由参赛选手根据工作任务书的要求，完成以下工作任务。

(1) 搭建电子产品电路。使用赛场提供的单元电子电路模块搭建电子产品，并画出该电子产品电路方框图；从计算机中选择适合该电子产品的程序下载到指定的电子元件中。

(2) 电子产品装配及检测。从赛场提供的电子元器件中识别、选择、检测适合该电子产品的电子元器件及功能部件，焊接或安装在赛场提供的电路板(PCB)上，完成电子产品装配(其中部分元器件的封装采用贴片焊接形式)；使用赛场提供的仪器设备完成电路检测、有关参数的调试、性能测试，编制装配工艺卡片。

(3) 测绘电子电路原理图。根据电子电路的实物(除提供一块已装配元器件并具有一定功能的电子电路实物外，还提供一块与电子电路实物相同的双面 PCB 裸板)，采用中华人民共和国国家标准 GB/T 4728—2005(2008)(IEC 60617 data base)中规定的图形符号，在 Protel DXP 2004(中文版)软件环境中绘制电子电路原理图及有关元件的 PCB 封装。若 Protel DXP 2004(中文版)提供的图形符号与 GB/T 4728—2005(2008)(IEC 60617 data base)不一致，选手应自制符合国家标准的图形符号。

(4) 电子产品故障检测与排除。根据赛场提供带有故障的电子产品功能说明及电路原理图，排除该电子产品的故障并实现电路功能；使用赛场提供的仪器设备对该产品电路相关数据进行测量。

(5) 书面解答与上述实际操作相关的理论知识和工作过程知识。

3. 竞赛考核

1) 评分方式

(1) 评分标准及分值。根据选手在规定时间内完成工作任务的情况，参照工业和信息化部电子行业无线电调试的国家职业标准进行评分，评分标准见表10-1。电子产品装配与调试满分为100分。

表 10-1　电子产品装配与调试评分标准

项目		分值比例	内容要求
正确性	理论知识	20%	应用理论知识对工作任务中的问题进行书面解答，解答符合题意、卷面整洁
	实际操作	50%	识别、选择、检测电子元器件及功能部件符合工作任务书的要求；电子产品电路能实现任务书拟定的功能；电路方框图、有关参数的调试和性能测试正确；电子产品功能及其技术指标符合要求，编制装配工艺卡片、检测电路的电路参数正确；绘制电子电路原理图、有关元器件的 PCB 封装正确
工艺性	实际操作	20%	工艺步骤合理，方法正确，工具、仪表的使用符合规范；电路连接布线符合工艺要求、安全要求和技术要求，整齐、美观、可靠，符合技术要求和工作要求
职业与安全意识		10%	操作符合安全操作规程；工具摆放、包装物品、导线线头等的处理，符合职业岗位的要求；遵守赛场纪律，尊重赛场工作人员，爱惜赛场的设备和器材，保持工位的整洁

(2) 违规扣分。选手有下列情形，需从比赛成绩中扣分。

① 违反比赛规定，提前进行操作或比赛终止仍继续操作的，由现场评委负责记录并酌情扣 1～5 分。

② 在竞赛过程中，违反赛场纪律，由评委现场记录参赛选手违纪情节，依据情节扣 1～5 分。

③ 在完成工作任务的过程中违反操作规程或因操作不当，未造成设备损坏或影响其他选手比赛的，扣 5～10 分；造成设备损坏或影响他人比赛情节严重的，报竞赛执委会批准，由首席评委宣布终止该选手的比赛，竞赛成绩以 0 分计算。

④ 损坏赛场提供的设备、浪费材料、污染赛场环境、工具遗忘在赛场等不符合职业规范的行为，视情节扣 5～10 分。

2) 名次排列

按比赛成绩从高到低排列参赛选手的名次。比赛成绩相同，完成工作任务所用时间少的名次在前；比赛成绩和完成工作任务用时相同，电子产品功能调试成绩较高的名次在前；比赛成绩、完成工作任务用时相同、电子产品功能调试成绩相同，名次并列。

4. 竞赛器材

1) 赛场提供的设备和器材

(1) 主要设备。亚龙 YL-135 型电子工艺实训考核装置，主要配置有 YL-238A 函数信号发生器；20MHz 双踪示波器，型号为 GOS-620；数字示波器，型号为 YLDS1062D(选手可在上述两种示波器中选择一种使用，选择的型号请在报名表的备注栏中说明)；数字毫伏表，型号为 DF1931；数字频率计，型号为 GFC-8010H；计算机，安装 Protel DXP 2004 软件中文版；YL-291 单元电子电路模块(模块清单见表 10-2)。

表 10-2　电子产品装配与调试竞赛单元电子电路模块清单

类　别	编　号	模块名称	类　别	编　号	模块名称
单片机电路	EDM001	MCS51 主机	接口及其他电路	EDM309	无线发射
	EDM002	AVR 主机		EDM310	录放音
传感器电路	EDM101	声控		EDM311	红外发射
	EDM102	温度传感器 LM35		EDM312	红外接收
	EDM103	温度传感器 18B20		EDM313	AK040 语音
	EDM104	称重传感器	开关和驱动电路	EDM401	电机驱动
	EDM105	空气质量传感器		EDM402	继电器驱动
	EDM106	烟雾传感器		EDM403	8 按键
	EDM107	热释电		EDM404	NPN 晶体管驱动
	EDM108	酒精传感器		EDM405	PNP 晶体管驱动
	EDM109	PT100		EDM406	4×4 键盘
	EDM110	红外测温	执行器件电路	EDM501	风扇
	EDM111	超声波收发		EDM502	直流电动机
	EDM112	红外反射		EDM503	喇叭
信号采样处理电路	EDM201	触摸按键		EDM504	蜂鸣器
	EDM202	音频功放		EDM505	步进电动机
	EDM203	ICL7135 模数转换		EDM506	电阻加热
	EDM204	反相器		EDM507	半导体制冷片
接口及其他电路	EDM301	倒车音乐	显示电路	EDM601	64×32 点阵 LED
	EDM302	4 种音乐		EDM602	交通灯显示
	EDM303	3 位计数器		EDM603	十进制计数器
	EDM304	FM 接收		EDM604	直流灯泡
	EDM305	单稳态触发器		EDM605	四位数码管
	EDM306	双稳态触发器		EDM606	12864 LCD 屏
	EDM307	脉冲信号发生		EDM607	综合显示
	EDM308	无线接收			

(2) 器材。工作任务书设定电子产品和功能电路所需元器件和指定电路的单元电子电路模块；电子产品装配与调试所需的电路板(PCB)，测绘电子电路原理图所需的电子电路实物，电子产品故障检测与排除所需的电子产品；连接导线，焊锡、助焊剂等。

2) 选手自带工具

电子产品装配与调试的工具；电路和元器件检查工具；书面作答工具；防静电手环。

10.2.2　竞赛指导

1. 团队建设

电子产品装配与调试项目是中职电子类专业的必修课程之一，各个学校的新高一课程

中就有该项目对应的课程安排，一直开设到高三，各个学校在该项目上的实力比较平均。

该项目的比赛分为市赛、省赛、国赛三个层次，逐级竞争，才能获得下一级的比赛资格，团队建设格外重要。参赛的主力队员以高二及高三的学生为主，市赛的参赛名额是每校 2 人，所以训练人员一般为 4 人，经过训练后进行选拔，2 人参赛，2 人预备，采用竞争机制促进学生的学习。同时，对新高一学生的吸收也要展开，做好梯队建设。

2. 培训计划

竞赛学生团队的培养离不开完善的培训计划，教师准备相关的元器件材料及套件，经过一两年的积累，就能形成一套完整的竞赛试题方案。表 10-3 为训练计划安排，仅供参考。

表 10-3　电子产品装配与调试竞赛培训计划

月　份	周　次	训 练 内 容	备　注
九	第一周	直插元件焊接练习	
	第二周	贴片元件焊接练习	
	第三周	完整电路焊接调试训练	
	第四周		
十	第一周	PCB 画图、抄板练习	
	第二周		
	第三周	套件、故障板练习	
	第四周		
十一	第一周	1. 综合练习(两天一套比赛综合套件，一晚练习，一晚分析) 2. 找学校拉练	
	第二周		
	第三周		确定参赛人员
	第四周		
十二	第一周	赛前准备	
	第二周	赛后总结＋实训室整理	
	第三周	小发明小制作	
	第四周		
一、二		PCB 画图、抄板练习；创新作品设计制作	
三	第一周	《产品装配》PCB 套件训练、《综合应用》《基本电路》教材上电路洞洞板装接	
	第二周		
	第三周		
	第四周		
四	第一周	套件训练(抄板、排故、答题)	
	第二周		
	第三周	综合训练 找学校拉练	定参赛人员
	第四周		

续表

月 份	周 次	训练内容	备 注
五	第一周	综合训练	
	第二周	特色项目比赛	
	第三周	赛后总结、整理，高二/高三辅导新高一接班	
	第四周		
六	第一周	准备国赛	
	第二周		
	第三周	参加国赛	
	第四周	下一届培养、暑假任务安排	

3. 训练技巧

1) 强化焊接技能

该项目对焊接的要求很高，速度、质量都是影响最终成绩的重要部分，在训练初期，就需要对焊接进行强化练习，用大量的焊接练习板进行练习，计时间、计质量，练好基本功。

2) 故障排除能力

PCB 电路中会安排 2～4 个故障点，需要学生将故障找出来再进行修复，这就要求学生先将电路进行功能电路分块，然后按照任务书上的功能调试步骤进行测量，缩小故障范围，进而找出故障点。这需要学生有较好的理论知识，在日常训练过程中，时刻灌输理论部分，让学生分析原理尤为重要。

3) 训练抄板

Protel 软件并不在日常教学课程中，需要竞赛过程中单独学习，先对原理图、PCB、元件制作进行练习，再训练抄板。

抄板需先将元器件的封装按照 PCB 的布局画出来，然后目测顶层连线，将对应的管脚连接起来。利用万用表结合目测法，绘制底层连线。熟能生巧，活用快捷键能大大提高效率。

10.2.3 真题训练

2011 年全国职业院校技能大赛 中职组电工电子技术技能比赛

电子产品装配与调试国赛试题

任 务 书

工位号： 成绩：

说明：

本次比赛共有搭建、调整两室温度控制电路，装配及检测数字网线测试仪，绘制电

调谐调频收音机电路图等工作任务。完成这些工作任务的时间为 270 分钟。按完成工作任务的情况和在完成工作任务过程中的职业与安全意识，评定成绩，满分为 100 分。

工作任务内容：

一、搭建、调整两室温度控制电路(本大项分 2 项，第 1 项 14 分，第 2 项 6 分，共 20 分)

1. 搭建电路

使用 YL-291 单元电子电路模块，根据给出的两室温度控制电路原理图(附图 1)和两室温度控制功能与操作说明，搭建两室温度控制电路。

1) 搭建电路要求

正确找出基本模块搭建电路；从计算机提供的几种电子产品的程序中，下载适合两室温度控制电路原理图功能程序到应用的微处理器中；调整低温工作室温度控制范围 15～20℃，高温工作室温度控制范围 55～65℃。模块排列整齐、紧凑，地线、电源线、信号线颜色统一。

2) 电路正常工作要求

键盘与液晶显示器工作正常；温度设置电路工作正常，温度控制电路正常；提示音电路工作正常。

2. 画原理图

根据两室温度控制电路原理图(附图 1)，在下面空白处画出电路的方框原理图。

二、数字网线测试仪的装配与检测(本大项分五项，第(一)项 20 分，第(二)项 16 分，第(三)项 7 分，第(四)、(五)项各 6 分，共 55 分)

(一) 数字网线测试仪元器件检测、焊接与装配(本项分 3 项，第 1 项 4 分，第 2 项 10 分，第 3 项 6 分，共 20 分)

1. 画连接方式

根据给出的《数字网线测试仪》电路图(附图 2)和数字网线测试仪元器件中的 LED 数码管实物，画出 LED 数码管的内部连接方式。

2. 产品焊接(本项目分 2 小项，每小项 5 分，共 10 分)

根据数字网线测试仪电路原理图(附图 2)和数字网线测试仪元器件清单，从提供的元器件中选择元器件，将其准确地焊接在赛场提供的印制电路板上。

要求：在印制电路板上所焊接的元器件的焊点大小适中、光滑、圆润、干净，无毛刺，无漏、假、虚、连焊，引脚加工尺寸及成形符合工艺要求；导线长度、剥线头长度符合工艺要求；芯线完好，捻线头镀锡。其中包括贴片焊接(本小项 5 分)和非贴片焊接(本小项 5 分)。

3. 产品装配

根据给出的数字网线测试仪电路原理图(附图 2)，把选取的元器件及功能部件正确地装配在赛场提供的印制电路板上。

要求：元器件焊接安装无错漏，元器件、导线安装及元器件上字符标示方向均应符合工艺要求：电路板上插件位置正确，插接件、紧固件安装可靠牢固；电路板和元器件无烫伤和划伤处，整机清洁无污物。

(二) 数字网线测试仪检修(本项分2项，每项8分，共16分)

要求：在已经焊接好的数字网线测试仪线路板上，已经设置了两个故障。请根据数字网线测试仪电路原理图和电路功能(电路功能参见提供的数字网线测试仪原理与功能)加以排除，故障排除后电路才能正常工作。并请完成以下的检修报告。

1. 故障一

电路检修报告

故障现象(1分)	
故障检测(4分)	
故障点(1分)	
故障排除(1分)	

2. 故障二

电路检修报告

故障现象(1分)	
故障检测(4分)	
故障点(1分)	
故障排除(1分)	

(三) 数字网线测试仪电路工作正常(本项分3项，第1项3分，第2项2分，第3项2分，共7分)

(1) 数字网线测试仪接入6V交流电，电源指示灯VL亮；IC1 LM7805输出“3”，输出电压Vcc(+5V)正常；数码管LED1亮红色数字“1”，其余数码管不亮。

(2) 用芯线序号连接正确的网线(灰色)两端分别插入J3和J4插座(RJ45)，此时数字网线测试仪LED1～8和LED9～15两排数码管均按顺序显示绿色1～8数字。拔出

网线后两排数码显示管只显示绿色单个相同数字，按复位键 S 后，回到数码管 LED1 亮红色数字“1”，其余数码管不亮。

(3) 用芯线错误连接的网线(蓝色)两端分别插入 J3 和 J4 插座(RJ45)，此时数字网线测试仪 LED1～8 和 LED9～15 两排数码管显示为数字 1 为绿色(1 号芯线连接正确)；数字 2、3(或 3、2)为红色(2、3 号芯线序号错误)；数字 4 为绿色(4 号芯线连接正确)；数字为 5、6 红色横杠(5、6 号芯线短路)；数字 7 没有显示(7 号芯线断路)；数字 8 为绿色(8 号芯线连接正确)。

(四) 数据测量(本项共 6 分)

要求：用示波器的量程范围 500μs/div、2V/div，测量数字网线测量仪电路中 IC2 STC89C58RD＋的“41”“42”脚数据，并把记录在下面的表格中。

“41”脚波形

波形(1 分)	频率(1 分)	幅度(1 分)

“42”脚波形

波形(1 分)	频率(1 分)	幅度(1 分)

(五) 装配工艺卡编制(本项分 2 项，每项各 3 分，共 6 分)

根据装配工艺卡片指定的数字网线测试仪元器件，完成下面装配工艺卡片的编制。

(1) 请把表装配工艺过程卡片中的“序号(位号)”列出的各元器件，在“以上各元器件插装顺序是：”一栏中编制插装顺序(可归类处理)。

(2) 根据装配工艺过程卡片中的“图样”，在“工艺要求”一列中的空格里填写工艺要求。

装配工艺过程卡片

	装配器件			工序名称		产品图号
				插件		PCB-20110625
	序号(代号)	装入件及辅助材料 代号、名称、规格		数量	工艺要求	工装名称
		代号、名称	规 格			
描述	R_2	0805 贴片电阻器	10kΩ (1±5%)	1		镊子、剪切、电烙铁等常用装接工具
	R_5、R_8	0805 贴片电阻器	200Ω (1±5%)	1		
	C_5	CD11 电解电容	1000μF/25V	2	按图例 10.2(c)安装，注意电容正负极性	
	C_7	CD11 电解电容	470μF/25V			
	C_{24}	CD11 电解电容	10μF/25V	1	按图例 10.2(e)安装	
	Y_1	晶振	12.000MHz	1	贴底板安装、焊接	
	J2	程序下载连接器	DB9	1	贴底板安装、焊接	
	J3、J4	网线插座	RG45	2	贴底板安装、焊接	
	IC_1	三端集成稳压器	LM7805	1	用螺钉将 7805 与散热器固定，将 7805 弯脚后装入电路板，用螺母固定后再焊接	
	以上各元器件插装顺序是：					
图样	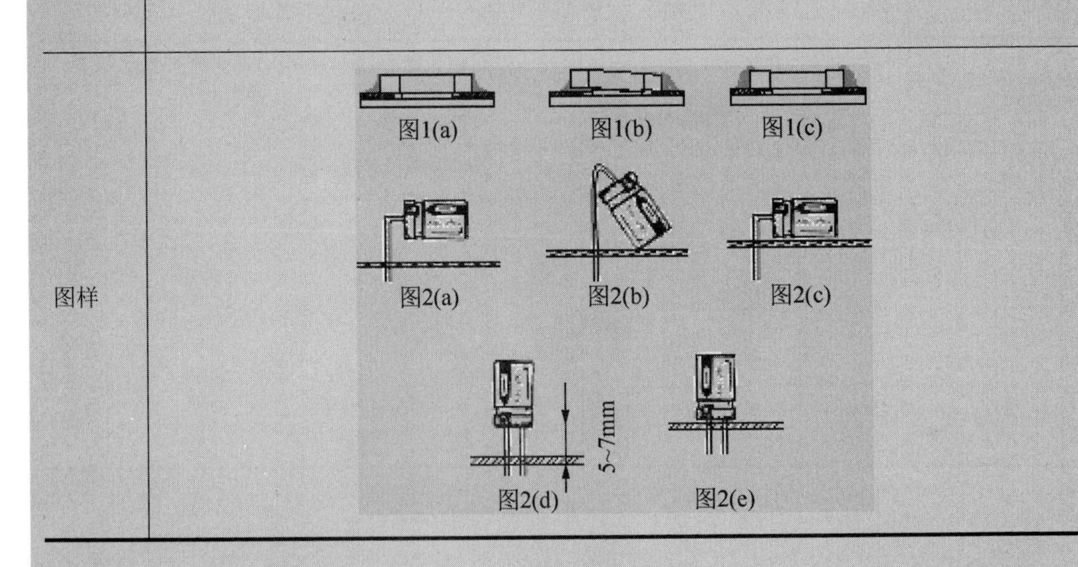					

图1(a) 图1(b) 图1(c)

图2(a) 图2(b) 图2(c)

图2(d) 图2(e)

续表

旧底图总号	更改标记	数量	更改单号	签名	日期		签名	日期	第 页
						拟制			
						审核			共 页
底图总号						标准化			第 册
									第 页

三、绘画电路图和绘制元器件 PCB 封装图(本大项分 2 项，第 1 项 13 分，第 2 项 2 分，共 15 分)

说明：选手在 E 盘根目录以工位号为名建立文件夹(**为选手工位号，只取后两位)，选手竞赛画出的电路图命名为 SCH**.schdoc，PCB 元件封装库文件为 splib**.pcblib，并存入该文件夹中。选手如不按说明存盘，将不可能给予评价。

1. 绘制电路图

内容：使用 Protel 2004 DXP 软件，根据赛场提供的电调谐调频收音机实物电路和一块 PCB，准确地画出电调谐调频收音机的电路图，并在电路图中的元器件符号上标明它的标号和标称值或型号(在实物电路上部分元器件没有标称值，可根据下表给出的参数给予补充)。

标　　称	规　　格	标　　称	规　　格	标　　称	规　　格
C_1	0.1μF	C_{14}	0.1μF	VD_2	LED
C_3	0.1μF	C_{18}	0.1μF	VD_3	IN4007
C_5	0.1μF	L_1	70nH	VT_1	C9014
C_{12}	0.1μF	L_2	78nH		

2. 绘制元器件 PCB 封装图

请根据电调谐调频收音机实物电路，绘制 J2 耳机插座 PCB 封装图。

四、职业与安全意识(本大项 10 分)

操作符合安全操作规程：工具摆放、包装物品、导线线头等的处理，符合职业岗位的要求；遵守赛场纪律，尊重赛场工作人员，爱惜赛场的设备和器材，保持工位的整洁。

1. 工作过程安全
2. 仪器仪表操作规范安全
3. 工具使用安全、规范
4. 搭建模块安全摆放
5. 纪律、清洁

两室温度控制功能与操作说明

1. 开机

所有线路连接好后，打开电源，此时液晶并无显示。按“F2”键开机，液晶屏上显示开机画面。几秒后，液晶显示屏显示测温主界面，如下图所示。

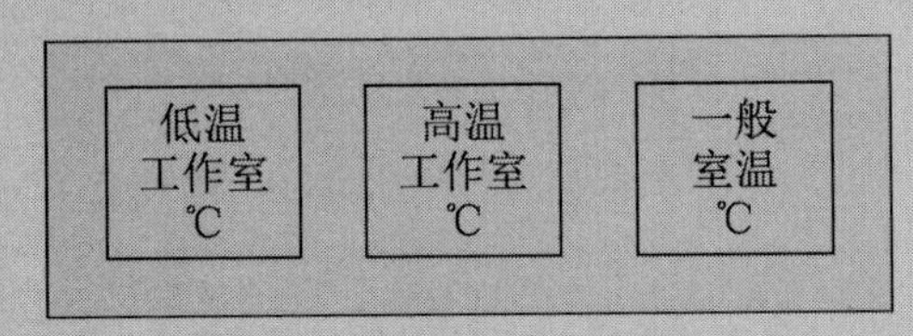

界面上显示“低温工作室”“高温工作室”“一般室温”的温度。此时，如果“低温工作室”测得的温度高于设置上限温度时就开始制冷，低于设置下限温度时就停止制冷。如果“高温工作室”测得的温度低于设置的下限温度时就开始加热，高于设置的上限温度时就停止加热。“一般室温”就是测得的当时的室内温度。低温工作室的设置温度范围为10～20℃，高温工作室的设置温度范围为50～70℃，上、下限温度设置请参考下面说明。

2. 设置

(1) 按下“SET”键后，主界面进入设置界面，如下图所示。

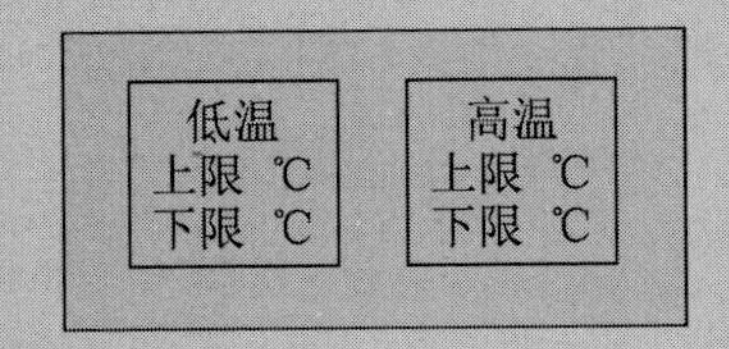

此时按F1键选择设置低温工作室或高温工作室进行温度设置。按向上键一次温度加1℃，按向下键一次温度减 1℃，按OK键保存设置的温度。

(2) 温度设置范围：低温工作室为10～20℃；高温工作室为50～70℃。

(3) 注意事项：电路图中的符号是表示开关电源的地线与普通地线相连接。

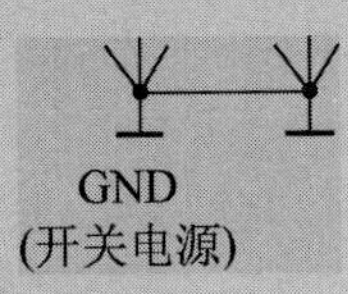

3. 警示

每按一次按键，蜂鸣器发出提示音一次。

附图 1：两室温度控制电路

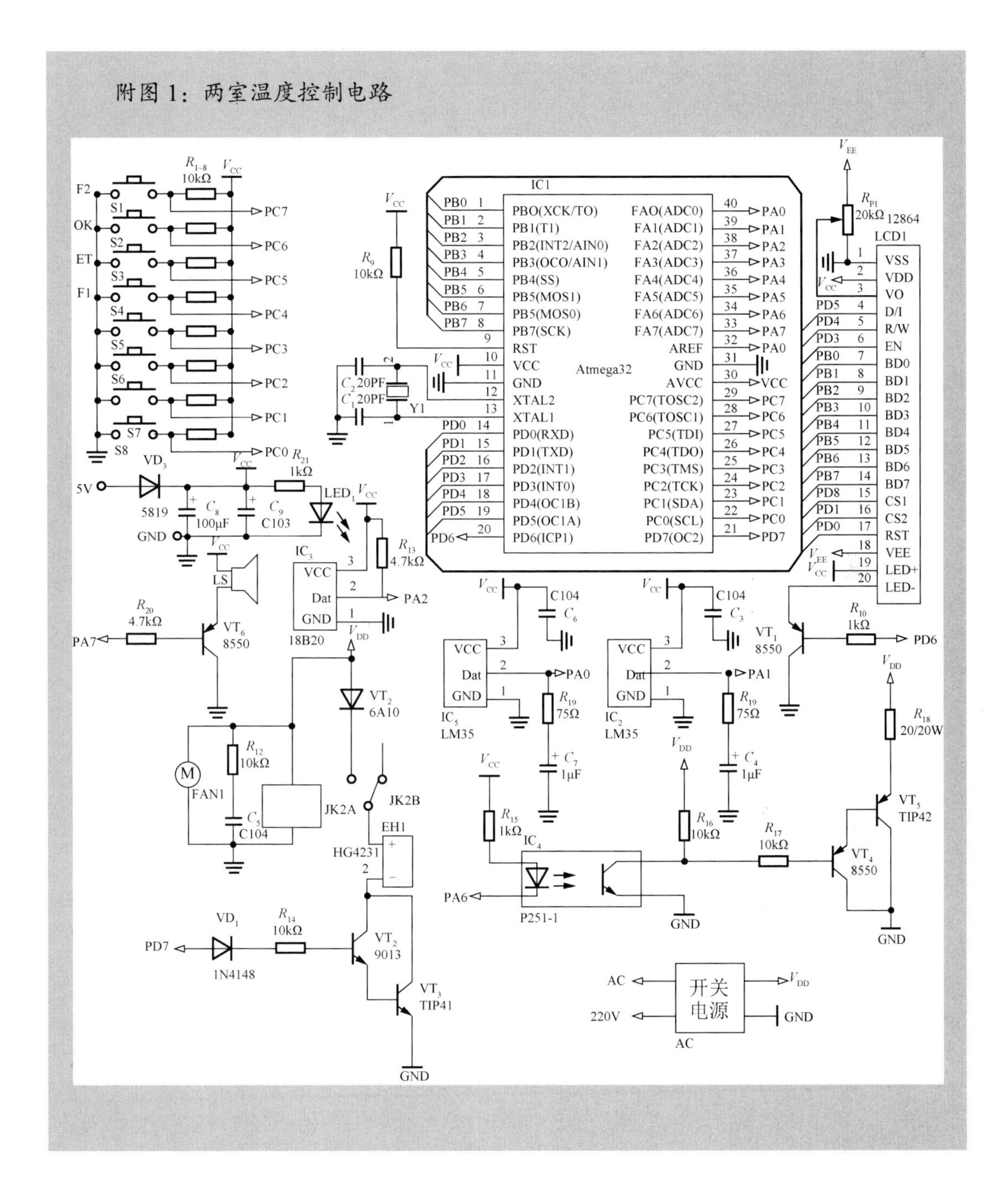

附图 2：数字网线测试仪电路原理图

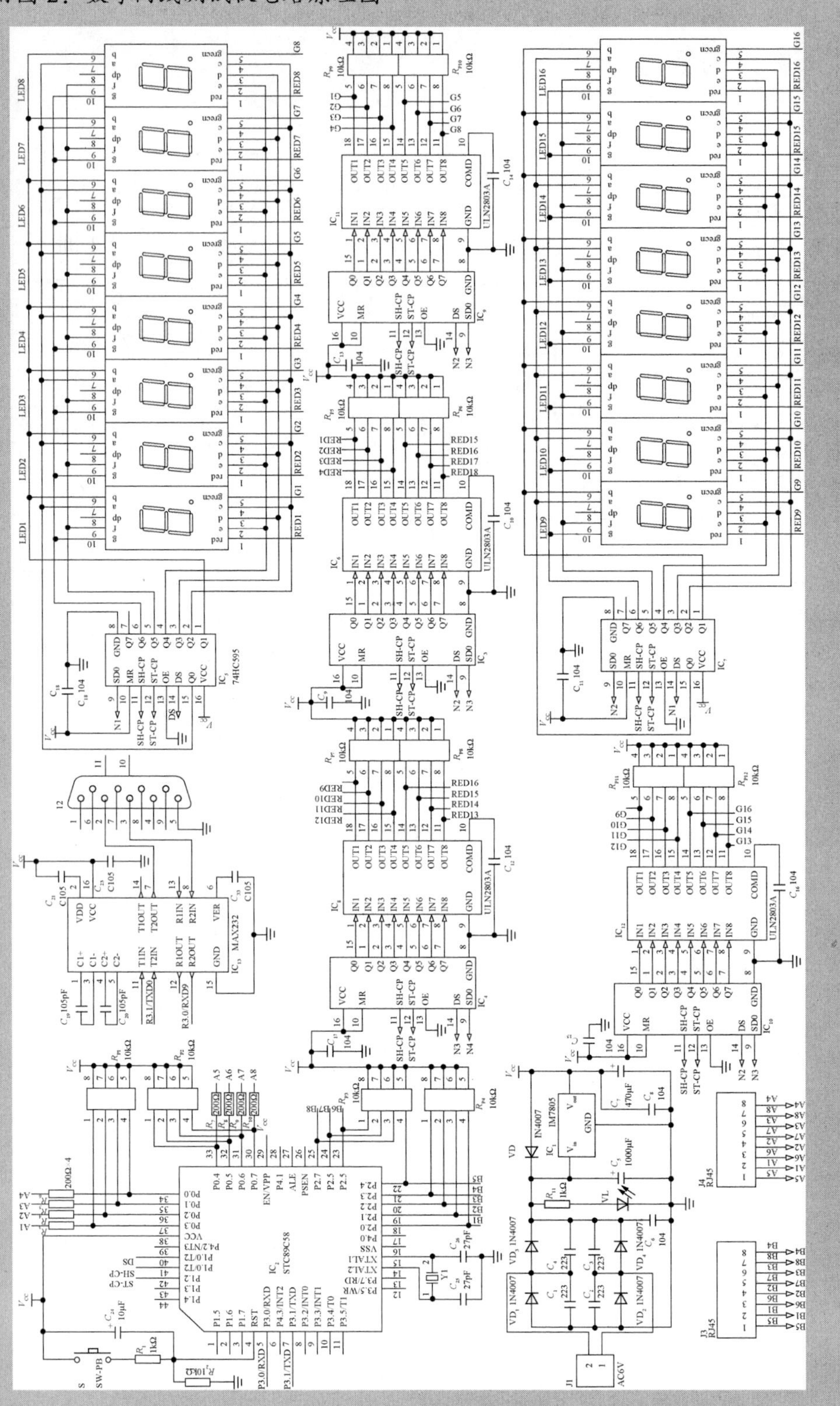

10.3　单片机控制装置安装与调试竞赛指导

10.3.1　赛事简介

1. 竞赛目的

单片机控制装置安装与调试比赛是全国职业院校技能大赛中职组电工电子技术技能比赛项目之一，考核参赛选手对单片机控制装置的安装设计、分析调试、故障排除及安全文明生产等职业技能和职业素养，促进了单片机课程教学改革与创新的步伐，为单片机应用技术技能型人才的培养探索新途径、新方法。

针对中职专业技能的训练，该赛项具有以下特点：①赛题内容贴近教学现实、生活和生产岗位实际；②设备稳定，促进了选手全面提高单片机的应用水平；③赛项促进了地区间的互相学习和交流，使得选手的总体水平在接近。

2. 竞赛内容

单片机控制装置安装与调试比赛要求参赛选手按工作任务选择模块和元器件，按工艺规范连接电路，编写程序，调试程序和元器件，并记录相关参数。具体来说，参赛选手要根据工作任务书的项目要求，设计并制作单片机模拟控制系统，实现自动化、智能化单片机控制功能。其主要包括以下两方面。

(1) 单片机控制装置硬件电路的安装、搭建与调试，单片机控制系统软件程序的编写与调试，单片机控制装置故障的排除与调试。

(2) 单片机控制装置安装与调试项目相关元器件、电子技术、单片机应用技术、接口技术等与工作过程相关的理论知识考查。

该赛项的操作要求有以下几点。

(1) 按竞赛任务书要求设计并选择相应的控制模块和元器件搭建单片机控制装置。

(2) 合理确定各模块的摆放位置，按相关技术规范连接模块电路。

(3) 根据竞赛任务书要求编写单片机控制程序。

(4) 调试单片机控制程序、系统和器件的有关参数，达到任务书规定的工作要求和技术要求。

(5) 应用相关的理论知识和工作过程知识，完成装配与调试相关工艺及过程记录分析表。

所有参赛选手在同一赛场，同一时间段，在同样的技术平台上完成同样的工作任务。

比赛时间为 4 小时。值得一提的是，赛前 20 分钟，指导老师可与选手共同阅读工作任务书并指导选手，竞赛开始时指导老师离场。

3. 竞赛考核

1) 评分方式

单片机控制装置安装与调试评分标准见表10-4。

表10-4 单片机控制装置安装与调试评分标准

一级评价项目	二级评价项目	三级评价项目	评价标准与要求
职业与安全工作过程评分	安全规范	安全意识	完成工作任务的过程中，穿工作服、绝缘鞋，遵守安全操作规程(不符合要求则该项不得分)
		工具使用	工具选用适合相关操作，使用方法正确、规范(不符合要求则该项不得分)
		操作规范	设备安装、电路气路的连接、设备调试，符合工艺要求和规范 (不符合要求则该项不得分)
	职业素养	物品摆放	机械零件、电路元器件、气路附件，工具、文字书写工具等，摆放在指定位置，整齐、有序，便于使用(不符合要求则该项不得分)
		环境意识	导线线头等在装配与调试过程中产生的废弃物，放在赛场提供的容器中，始终保持赛位的整洁 (不符合要求则该项不得分)
		成本意识	爱护赛场设备设施，合理规划工艺步骤，不浪费器材，节约成本 (不符合要求则该项不得分)
	赛场表现	工作态度	积极完成工作任务，不怕困难，始终保持工作热情 (不符合要求则该项不得分)
		劳动纪律	遵守赛场纪律，服从裁判指挥，积极配合赛场工作人员，保证比赛顺利进行 (不符合要求则该项不得分)
制作工艺与故障排除	制作工艺	模块的选择	根据工作任务的要求选择需要用到的模块或元件，不能选择多于、少于试题要求(有一项不符合要求扣0.5分，扣完为止)
		模块的布局	模块布置应合理，符合操作习惯(有一处不符合要求扣0.5分，扣完为止)
		导线的选择	合理选择导线，不同类型的信号线用颜色分开(有一处不符合要求扣0.5分，扣完为止)
		导线的走线	导线走线合理，强弱电分开走线(有一处不符合要求扣0.5分，扣完为止)
		导线的连接	导线连接应牢靠，没有连接错误；模块接线图与实际连线应相符，同一接线端子上连接不应多于2条(有一处不符合要求扣0.5分，扣完为止)
		导线的扎线	扎线整齐美观(有一处不符合要求扣0.5分，扣完为止)

续表

一级评价项目	二级评价项目	三级评价项目	评价标准与要求
制作工艺与故障排除	故障排除	故障检测与排除	根据现场物料搬运装置的功能进行检测，排除故障保证装置能正常运行(有一处故障未正确排除扣 1 分，扣完为止)
		故障记录	记录故障的现象，故障的原因和处理方法(有一处故障未正确记录扣 1 分，扣完为止)
相关知识与制图	相关知识	相关知识	根据要求正确回答问题(答题正确得分，错误扣除相应分数)
		调试记录	按要求记录参数(调试记录正确得分，错误扣除相应分数)
	制图	模块绘制	模块不漏画，模块或元器件符号符合标准(有一处不符合要求扣 0.5 分，扣完为止)
		制图的准确	图形准确，模块接线图与实际连线应相符(有一处不符合要求扣 0.5 分，扣完为止)
		制图的规范	正确填写赛位号、模块名称和标号(有一处不符合要求扣 0.5 分，扣完为止)
		图纸的整洁	图纸整洁、字迹清楚规范(有一处不符合规范扣 0.5 分，扣完为止)
单片机控制装置功能	程序写入	芯片烧写	正确将程序烧写在芯片(未正确烧录芯片扣除相应分数)
	系统初始化	信息显示	显示信息符合工作任务书的要求(未满足任务要求扣除相应分数)
		部件初始化	各部件和模块初始化之后的状态符合工作任务书的要求(未满足任务要求扣除相应分数)
	功能设置	参数设置	根据工作任务书的要求设置装置参数(未满足任务要求扣除相应分数)
	工作过程	操作功能	根据工作任务书的要求编程并调试实现相应的功能(未满足任务要求扣除相应分数)

2) 名次排列

根据竞赛成绩高低排列比赛名次，竞赛成绩高的名次在前；竞赛成绩相同，完成工作任务时间少的，名次在前；竞赛成绩相同，完成工作任务时间相同，名次并列。

4. 竞赛器材

竞赛使用 YL-236 型单片机应用实训考核装置，该装置配置见表 10-5。赛场提供连接电路的导线、绑扎导线和气管的尼龙扎带，选手需要自带的工具有以下几种。

(1) 连接电路的工具：螺钉旋具(不允许用电动螺钉旋具)、剥线钳、斜口钳、尖嘴钳等。

(2) 电路和元件检查工具：万用表、电烙铁。

(3) 其他工具和材料：活动扳手，内、外六角扳手(不允许用电动扳手)，电工胶带、焊锡丝等。

(4) 试题作答工具：圆珠笔或签字笔、HB 和 B 型铅笔、三角尺(禁止带丁字尺)等。

表 10-5　YL-236 单片机应用实训考核装置配置

序号	名　　称	主要元件及规格	数量	单位	备注
1	主机模块	集成 AT89S52，下载接口	1	块	
2	电源模块	提供 DC ±5V，1.0À；DC ±12V，1.0À；DC 24V，1.5À 电源	1	块	
3	仿真器模块	ME-52HU	1	只	
4	显示模块	128×64 液晶显示屏，16×32 点阵 LED 共阴，8 位共阳数码显示，8 只发光二极管	1	块	
5	继电器模块	6 路继电器	1	块	
6	指令模块	SP2 键盘接口，4×4 矩阵键盘，8 只独立按键，8 只开关	1	块	
7	ADC/DAC 模块	集成 DIP/ADC0809，集成 DIP/DAC0832，0～5V 模拟电压输出，8 等级 LED 电平指示，有源时钟发生器	1	块	
8	交、直流电动机控制模块	220V 交流电动机(带减速器、带轮)，24V 直流伺服电动机(带减速器、带轮)，光电开关计数输出	1	块	
9	步进电动机控制模块	步进电动机 1 台，位移机构 1 套	1	块	
10	传感器配接模块	4 路传感器输入接口，16 路光电隔离接口	1	块	
11	扩展模块	集成 8255 芯片，集成 74LS245 芯片	1	块	
12	温度传感器模块	DS18B20，LM35	1	块	
13	金属传感器	接近开关(标配)	1	支	
14	智能物料搬运装置	YL-G001	1	台	
15	下载工具	SL-USBISP-A 或 YL-ISP	1	只	
16	计算机	计算机主机、显示器及其推车	1	台	
17	软件环境	Keil uv2，Keil uVision4，MedWin V3.0	1	套	

10.3.2　竞赛指导

1. 团队建设

对于中职院校来说，单片机控制装置安装与调试是一门重要的技能实训专业课程，与实际应用密切相关。该项目融合了电子技术基础、计算机基础、C 语言编程等课程内容，综合性强，需要学生有扎实的理论基础和较强的专业技能水平，所以参加竞赛训练的学生是通过层层选拔来确定的。

由于该竞赛有市赛、省赛、国赛等各个区域范围的逐级比赛机制，几乎每年都有相应的比赛，因此需要培养竞赛梯队，以备人员更替。一般来说，团队的建设可以按年级分成三个阶梯：高中一年级的学生作为储备人员，学习相关的基础知识，培养学习兴趣，并逐

步熟悉竞赛设备，提高动手操作能力；高中二年级的学生作为骨干人员，在加强练习竞赛题库的同时，可参加交流赛、市赛、省赛等比赛，积累竞赛经验，冲刺国赛；高中三年级的学生作为资历人员，可辅助培养储备人员，也可在竞赛中厚积薄发，增强团队士气。各阶梯内有优胜劣汰的淘汰机制，形成互相竞争，促进学习进步。

2. 培训计划

竞赛指导教师要熟悉竞赛规程，研究试题，多方面收集竞赛信息，制订合理的训练计划，采取循序渐进的训练方式，实施阶段性训练。

1) 基础学习

针对高一年级的学生，单片机基础知识的学习可以分成几个步骤进行。首先，学生可以通过教师讲授和自主探究的方式学习单片机的基础理论知识，学会用基本的编程语言(C语言或汇编语言)操作单片机，并在 Keil 软件中调试程序，进行在线仿真。其次，按模块逐步熟悉 YL-236 单片机实训考核装置平台，通过连线、编程、调试，掌握平台上每个模块的功能，也进一步熟悉了编程的思路。再次，给出较为简单的竞赛任务书，要求学生会看任务书，理解题目意思，编写符合题意的程序。最后，整理各个模块之间的关系，理清程序思路，并在图纸上画出各模块连线图。

教师在平时辅导时，要对学生每一次练习都严格要求，并在练习过程中发现问题并及时纠正，让学生从一开始就养成良好的操作习惯。

2) 专项学习

通过基础阶段的学习，学生对考核平台上每个模块的操作要领、技巧有了一定的掌握，但是读题、连线、扎线及编写程序的技巧还得继续加强。因此，针对每个步骤的专项训练是很有必要的，结合学生的实际情况，教师制订相应的训练计划，有针对的操练。然后，教师可以用试题库里的试题，或者从各方面搜集各种大赛试题，精选专项训练项目，加大对程序编写这一步骤的训练，强化学生的编程水平，提高操作速度和质量，进一步提高训练效率。

3) 冲刺突破

临近竞赛前，要进行几次高质量的模拟竞赛，从中发现训练中存在的问题，对症下药。精选竞赛试题前，让学生将平台上每个模块的具体操作力求做到准确、熟练，然后与其他院校进行模拟竞赛，注重训练学生的心理素质和现场适应能力，尽可能消除参赛选手因竞赛现场及评委的更换而产生的畏惧感，增强学生的自信。

3. 训练技巧

竞赛训练主要是要提高训练效率，进行有针对性的训练。

1) 团队阶梯学习

组建的团队已分成三个梯队，各梯队之间可形成帮带关系，培养团队精神，减轻教师辅导工作。对于实训任务，辅导教师可以将它分解成一些有意义的小任务，让学生在规定时间内完成，然后评分并做好自检和总结，最后要求做完整个任务，遇到问题学生间可交流解决。

2) 教师讲练促进

在训练时，可以采用讲练结合的方式。教师先提出本次训练任务，讲授操作要求、注意事项，然后让学生按照操作步骤完成任务。在学生做的过程中，教师有针对性地提出操作时的不当之处，让学生改正、完善。最后在完成训练任务后，教师点评操作过程，指出优缺点，学生讲解编程思路，互相交流、探讨。在学生之间形成竞争机制，促进有效提高。

3) 审题技巧

随着多年赛事的进行，该竞赛赛题任务书的描述逐渐趋向大容量，对题目文字包含信息的正确分析也十分关键，而中职学生的审题能力较为薄弱，需要重点练习。经过实际训练经验，提出以下对策。

① 快速浏览任务书和相关资料，建立起对工作任务的整体认识。

② 定向扫描，认真审题，精读题目中关键的语句。

③ 筛选整合，明确操作流程。

10.3.3 真题训练

2013 年全国职业院校技能大赛

中职组单片机控制装置安装与调试赛项

工作任务书

一、工作任务要求

请在 4 个小时内，使用 YL-236 型单片机应用实训考核装置制作完成手机后盖彩条喷涂模拟控制系统，具体工作任务和要求如下。

(1) 根据手机后盖彩条喷涂控制系统的相关说明和工作要求，正确选用需要的工作模块和元器件，系统策划工作过程，完成与制作过程相关的工作分析与记录。

(2) 根据工作任务及其要求，合理确定各模块的摆放位置，按照相关工艺规范连接硬件电路。

(3) 根据工作任务及其要求，检查并设置相关软件工作环境，编写手机后盖彩条喷涂模拟控制系统的控制程序并存放在 D 盘以工位号命名的文件夹内。

(4) 请先检测和调整机械手装置，然后调试编写的程序，完成手机后盖彩条喷涂模拟控制系统的任务要求，最后将编译通过的程序烧入单片机中。

二、手机后盖彩条喷涂控制系统的相关说明

某一手机生产厂家要定制一套手机后盖彩条喷涂的智能控制设备，要求该设备能够根据工作需要喷涂 A、B 两种式样的彩条：A 式样彩条由红色和绿色组成，B 式样彩条由黄色和军绿色组成。两种式样的彩条结构形式相同，最终实现的彩条喷涂效果如图 1 所示。

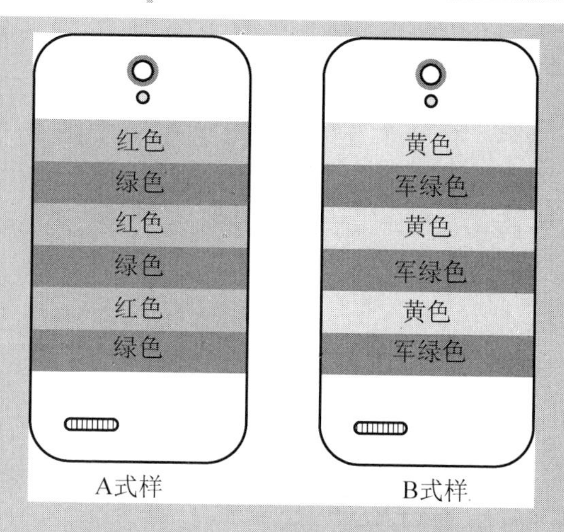

图 1　手机后盖喷涂效果图

手机后盖彩条喷涂控制系统由控制、显示、调配颜色、喷涂和上位 PC 监控五部分组成，其结构示意图如图 2 所示。

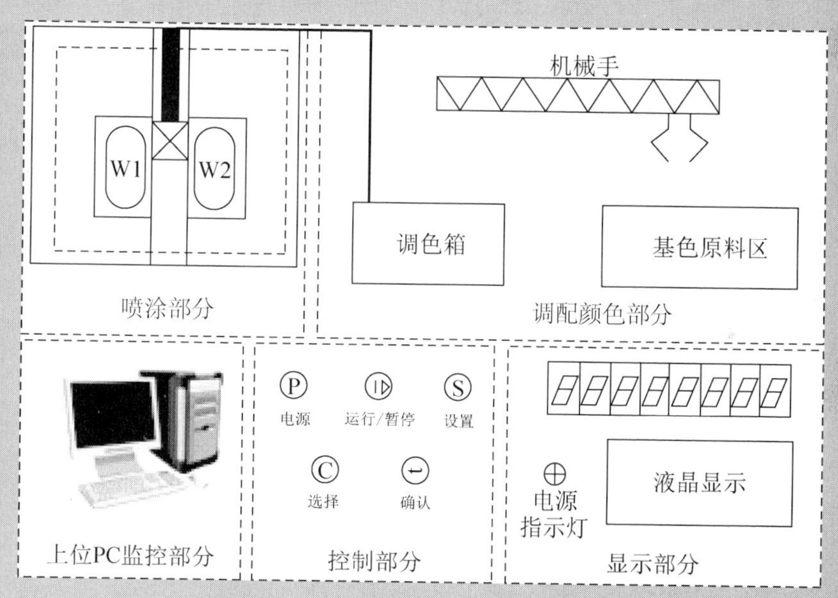

图 2　手机后盖彩条喷涂控制系统

1. 控制部分

使用指令模块中的 SB1～SB5 五个独立按键分别作为控制部分的“电源”键、“运行/暂停”键、“设置”键、“选择”键和“确认”键。

2. 显示部分

显示部分由液晶显示器、数码管显示器和电源指示灯等组成。

(1) 用显示模块中的 128×64 液晶屏作为控制系统的液晶显示器。

(2) 用显示模块中的 8 位数码管作为控制系统的数码管显示器，用于显示喷涂彩条颜色代码及三基色的配比量关系。

(3) 用显示模块中的 LED1 作为控制系统 24V 电源指示灯，灯亮为电源接通，灯灭为电源断开。

3. 调配颜色部分

调配颜色工作由 YL-G001 型智能物料搬运装置来模拟，搬运装置的各工位示意图如图 3 所示。

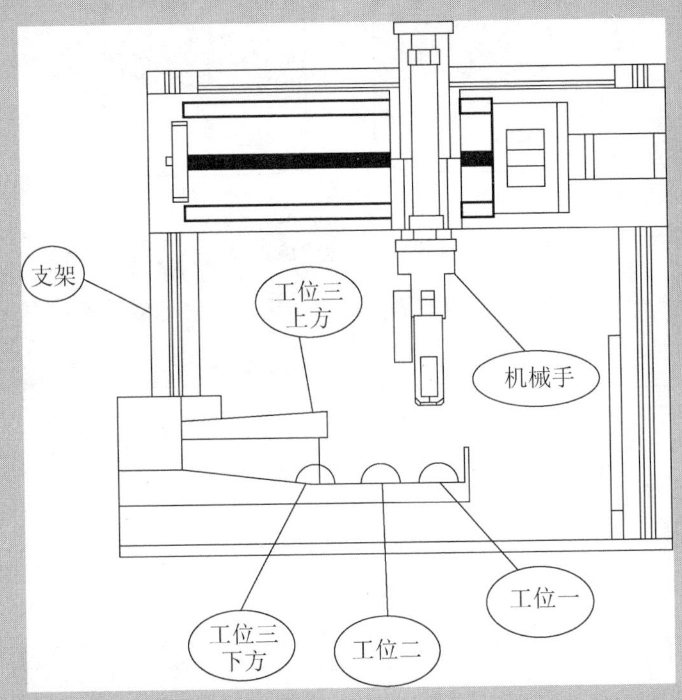

图 3 YL-G001 型智能物料搬运装置工位示意图

其中工位一、工位二、工位三下方为三基色颜料存放区。根据工作任务要求，由机械手执行颜料的取料工作，并将相应颜料投放入工位三上方的模拟调色箱。手机后盖彩条喷涂(A、B 式样)所需的颜料都可以由“红、黄、蓝”三基色颜料调配生成，其调配三基色用料比例见表 1。设使用白球模拟“红”色颜料，用黄球模拟“黄”色颜料，用黑球模拟“蓝”色颜料；本工作系统规定三基色颜料的原始存放位置为工位一为“蓝”色颜料，工位二为“黄”色颜料，工位三下方为“红”色颜料。

表 1 颜料调配比例及对应喷涂静电电压参照表

调配色(代码)	红色占比量(白球)	黄色占比量(黄球)	蓝色占比量(黑球)	静电电压/V
红色(A)	1	0	0	20
黄色(B)	0	1	0	20
绿色(C)	1	2	0	40
军绿色(D)	2	3	1	60

4. 喷涂部分

喷涂部分用于对手机后盖执行彩条喷涂任务，主要由用于放置需喷涂彩条手机后盖的卡板和静电喷头构成，喷涂部分功能结构示意图如图 4 所示。

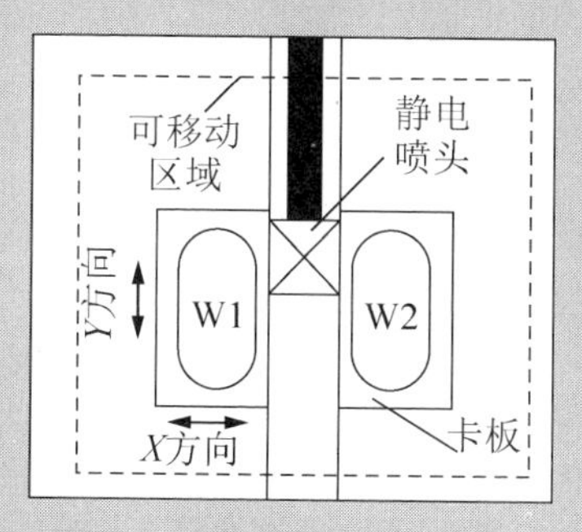

图 4　喷涂部分功能结构示意图

(1) 卡板上有两个待喷工位 W1 和 W2，本工作系统规定：W1 工位喷涂 A 式样彩条，W2 工位喷涂 B 式样彩条；喷涂顺序为先 A 式样后 B 式样。

(2) 静电喷头可以实现 *X* 和 *Y* 方向的移动。静电喷头使用步进电动机来带动实现 *X* 方向的移动：步进电动机模块所带标尺的指示范围 0～6cm 表示 W1 位置待喷彩条的长度，指示范围 8～14cm 表示 W2 位置待喷彩条的长度。静电喷头使用电机模块中的直流电动机来带动实现 *Y* 方向的移动，设直流电动机所带转盘每转过两个孔位表示 *Y* 方向位移一条彩条的宽度，直流电动机顺时针转向为静电喷头相对被喷彩条位置向下移动，逆时针转向反之。

(3) 静电喷头所需的静电电压用 ADC/DAC 模块上的 DAC0832 输出模拟，并由该模块上的电平指示灯指示输出电压的高低。系统工作时所需静电电压的高低与喷涂彩条颜色的关系见表 1，当 DAC0832 输出 1.5V 时，表示所加静电电压为 20V；输出 3V 时，表示所加静电电压为 40V；输出 4.5V 时，表示所加静电电压为 60V。

5. 上位 PC 监控部分

用 XP 操作系统中自带的超级终端来实现上位 PC 对喷涂工作完成情况的查询。

三、手机后盖彩条喷涂控制系统的制作要求

(一) 系统上电

系统设置 24V“电源”键Ⓟ。开机后 24V 电源处于断开状态，这时长按“电源”键 3s，则 24V 电源接通；当 24V 电源接通时，如再次长按“电源”键 3s，则 24V 电源断电。在 24V 电源断电情况下，液晶显示清屏，数码管无显示，电源指示灯熄灭，所有机械动作处于停止状态。

(二) 系统初始化

24V 电源上电后系统进入初始化，各部分初始状态要求如下。

(1) 电源指示灯亮。

(2) 数码管显示器各位显示的内容如图 5 所示。

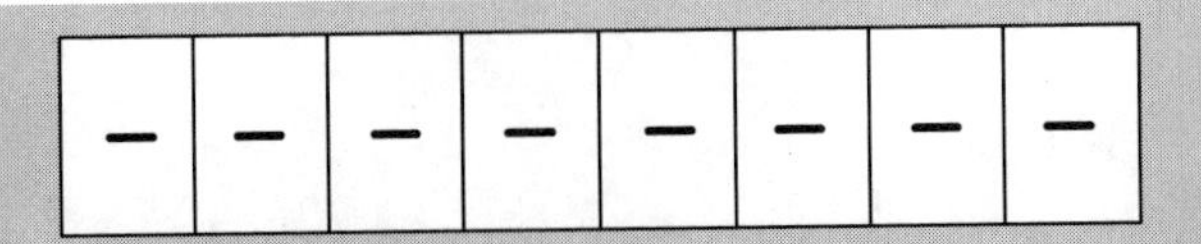

图5　数码管显示器初始化各位显示的内容

(3) 液晶显示器显示界面如图6所示。(注：系统中液晶显示的所有汉字使用12×16宋体，英文字母和数字符号均使用半角字符。)

系统初始化……

图6　初始化液晶显示界面

(4) 直流电动机顺时针旋转一圈然后逆时针反转一圈停止(面对转盘判别电动机转向)。设直流电动机所带的喷头初始位置在需喷涂彩条的第一行。

(5) 步进电动机指针指示于7cm处(设系统工作原点为步进指针7cm处、彩条第一行)。

(6) 机械手初始化操作：使用前请调整机械手的功能，排除故障，使其能正常工作。在机械手正常工作的前提下，机械手复位至工位二正上方，手爪处于放松状态。调整时请在工作记录单上做好调整工作记录。如果不能排除相应的故障，为不影响后续任务，请填写请求技术支持报告单，并举手示意，经裁判同意后，可得到技术人员的帮助，排除故障。

(三) 喷涂套数设置

系统初始化结束以后，液晶界面显示内容如图7所示。按下“设置”键Ⓢ后，液晶显示界面如图8所示，用于设定需要喷涂工作件的套数(设卡板上放置的两块待喷手机后盖为一套工作件)。

初始化完成
请设置

图7　初始化完成显示界面

设置工作件套数：
00套

图8　系统设置显示界面

工作件套数可用“选择”键Ⓒ设定，设初始值为“00”，每按一次“选择”键Ⓒ，工作件套数加1，规定可设置范围为00～10(套)。在设置过程中数字呈反显，设置完成后按“确认”键↩确认，系统进入正常工作过程。

(四) 工作过程及要求

1. 液晶显示

工作时液晶显示工作界面如图9所示。

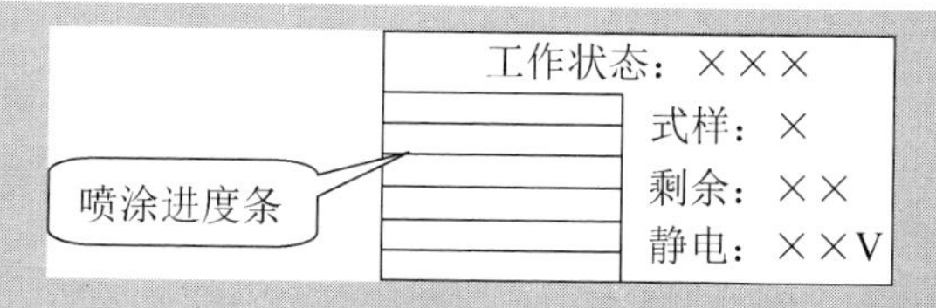

图 9　工作界面

工作界面中的喷涂进度条由六条 8×60 点阵组成，喷涂进度条初始显示长条框。其余汉字显示位置如图 9 所示。

工作状态：根据工作过程可分别显示“暂停”“定位”“调配色”和“喷涂”。设置完成后的工作状态为“暂停”。

式样：“A”或“B”(与彩条喷涂实际情况相同)。

剩余：初始值为设置的工作件套数，每完成一套手机后盖彩条喷涂工作后，剩余数量减 1。

静电：初始值为“00V”，根据喷涂彩条的颜色按相关设定显示静电电压值。

2. 喷头定位

按下“运行”键⏯后，根据相关设定和彩条喷涂的最简过程、最短时间工作原则调整喷头于最佳工作位置，此时液晶显示中的“工作状态”显示为“定位”。

3. 调配颜色

喷头定位完成后，系统首先延时 2s，然后根据工作需要开始调配喷涂所需的相应颜色，工作界面的“工作状态”显示为“调配色”。调配色的代码和三基色的占比量由数码管显示器显示，八位数码管显示器各位的显示内容见表 2。

表 2　数码管显示器各位显示内容

显示位置	DS7	DS6	DS5	DS4	DS3	DS2	DS1	DS0
显示内容	调配色代码	—	┌ (红)	红颜料占比量	Y (黄)	黄颜料占比量	b (蓝)	蓝颜料占比量

表中 DS7 显示的调配色代码见表 1，显示器中各颜料占比量的显示初始状态为“0”。

根据配色比例要求，机械手开始抓取所需的三基色颜料。注意：机械手抓取颜料时，要求不能有“废步”，各工位上的三基色颜料由原始位开始形成自然变动，工作中不能人为改变各工位上基色颜料的顺序，直到完成一套工作件彩条的喷涂工作。在颜料调配过程中，机械手每次抓取某种颜料球后，在数码管显示器中显示的该颜料占比量加 1。调配颜色完成后，数码管显示的内容维持到再次调配颜色时改变。

4. 喷涂

调配色工作完成后，系统延时 2s 再开始喷涂作业，液晶工作界面中的“工作状态”显示为“喷涂”。此时，系统根据喷涂颜色加载相应的静电电压值并点亮电平指示灯，同时在工作界面中的“静电”栏显示出对应的静电电压值。X 向电动机(步进电动机)带动喷头以 1～2cm/s 的速度进行 X 方向的喷涂移动，步进电动机所带标尺指针的运行路径与彩条喷涂过程的关系见表 3，当完成一条彩条的喷涂任务后，由 *Y* 向电动机(直流电动机)带动喷头进行 *Y* 方向的换行移动。要求用最优路径、最短时间完成整套工作件喷涂任务(提示：同种颜色需连续喷涂)。

表 3　步进电动机的运行路径与彩条喷涂位置和方向关系表

步进电动机的指针指示	彩条喷涂方向
6cm→0cm	喷头对 W1 工位的手机后盖从右至左喷了一条彩条
0cm→6cm	喷头对 W1 工位的手机后盖从左至右喷了一条彩条
8cm→14cm	喷头对 W2 工位的手机后盖从左至右喷了一条彩条
14cm→8cm	喷头对 W2 工位的手机后盖从右至左喷了一条彩条

在喷涂过程中，液晶显示器显示的喷涂进度条应能实时反映彩条喷涂的工作状况，显示进度条应与步进电动机指针的移动速度、移动方向和喷涂彩条所在的行相一致。例如，若当前喷涂 W1 工位第一条彩条，步进电动机标尺指针从 6cm 移动到 0cm，则液晶显示中的第一条进度条应与步进电动机同步从右至左移动，如图 10(a)所示；若当前喷涂 W1 工位第六条彩条，步进电动机标尺指针从 0cm 移动到 6cm，则液晶显示中的第六条进度条应与步进电动机同步从左至右移动，如图 10(b)所示；为区分不同的颜色，本模拟系统规定：奇数行显示为黑色，偶数行显示为三角形。完成某一式样彩条的喷涂后，液晶显示器中的进度条应显示如图 10(c)所示的图案。

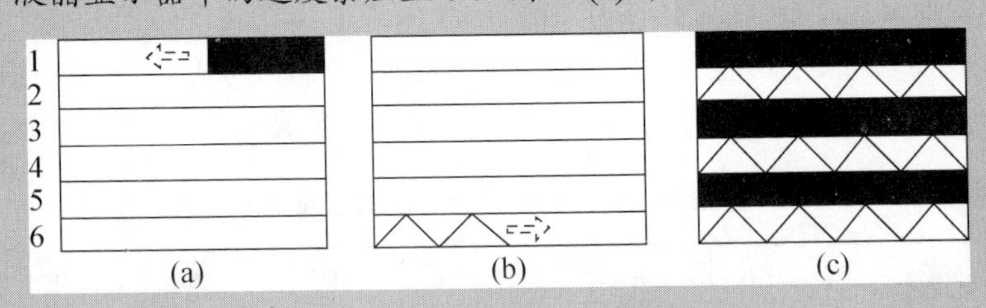

图 10　液晶显示的喷涂进度条

在完成 A 式样彩喷工作后，系统延时 2s，然后根据最佳路径、最短时间原则，按照喷涂 A 式样的工作过程(上述工作过程 1～4)喷涂 B 式样手机后盖彩条。

(五) 系统工作循环

在完成一套手机后盖的彩条喷涂任务后，步进电动机返回系统工作原点(7cm 处)，液晶工作界面中的“剩余”数量减 1，“工作状态”显示为“暂停”(进行人工换板)。若此时剩余数量不等于“00”，再次按下“运行”键⏯后，系统按以上的工作步骤再次执行新一套工作件的喷涂工作；若这时剩余数量等于“00”，则液晶显示界面跳转至完成界面，如图 11 所示。

任务完成

图 11　完成界面

(六) 上位 PC 监控

系统工作过程中，如在上位 PC 的超级终端界面输入查询指令“CXCL”，单片机控制系统接收到该指令后，立即向上位 PC 发送已完成的工作件喷涂套数，查询界面如图 12 所示。

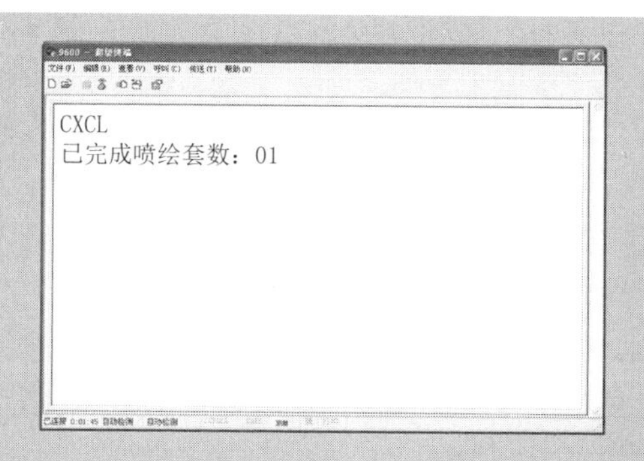

图 12　上位 PC 查询界面

(七) 系统暂停与运行

在系统运行过程中，若按一次“运行/暂停”键Ⓘ，系统暂停，所有机械动作立即停止，工作界面中的“工作状态”显示为“暂停”。若再次按下“运行/暂停”键Ⓘ，系统继续执行暂停前的工作任务，工作界面中的“工作状态”恢复暂停前的显示内容。

(八) 重新设置系统

在完成所设定的工作任务(显示“完成任务”界面)后，再次按下“设置”键Ⓢ，系统可以重新设置喷涂的工作件套数。

附：调试记录

工位号______

1. DAC0832 相关测量与计算

控制系统所需的静电电压与喷涂彩条的颜色有关。喷涂单基色(红色和黄色)时，应加载 20V 静电电压；当喷涂双基组合色(绿色)时，应加载 40V 静电电压；当喷涂三基组合色(军绿色)时，应加载 60V 静电电压。使用 ADC/DAC 模块上 DAC0832 的输出电压来模拟静电电压值大小，设 DAC0832 输出 1.5V 时，表示加载静电电压为 20V；输出 3V 时，表示加载静电电压为 40V；输出 4.5V 时，表示加载静电电压为 60V。请实测 DAC0832 的电源电压值 Y=__________V，如要求输出电压为 XV(1.5V、3V、4.5V)，请写出 DAC0832 应输入的数字量 Z 与 X、Y 的关系式：____________________，并在表 4 中填写任务中要求加载的各静电电压值相对应的数字量大小。

表 4　DAC0832 输入、输出关系表

静电电压(DAC 输出电压)	20V(1.5V)	40V(3V)	60V(4.5V)
DAC0832 输入数字量			

2. 调配色最佳步骤设计

根据任务要求，用白球代表红色颜料，用黄球代表黄色颜料，用黑球代表蓝色颜料。设当前三基色颜料的摆放位置为：工位一下方为“蓝”色颜料，工位二下方为“红”色颜料，工位三下方为“黄”色颜料，若当前需要喷涂军绿色，根据任务书中给定基

色配比占比量，请以最佳步骤、最短工作时间的要求在表5中完成军绿色调配工作步骤设计。

表5　调配色工作步骤设计表

取料步骤	去哪个工位取何种基色原料
1	
2	
3	
4	
5	
6	
7	
8	

3. 根据任务书的要求，正确选用相关的模块，画出模块接线图

1) 考点分析

考核内容如下。

(1) 工作需求分析。

(2) 硬件设计和工艺制作(模块选择与连接)。

(3) 软件设计(程序编写与调试)。

(4) 调试记录与绘图。

(5) 与工作过程相关的故障排故。

要点分析如下。

(1) 职业与安全意识。

(2) 安装工艺与机械手故障排除，具体包括以下几种。

① 模块选择：根据题目要求需要用多少个模块就放置多少个模块，不用连接试题中不用的模块，不在模块接线图中画出多余的模块，不放到装置台上。

② 模块布局：模块布局要考虑符合操作习惯，防止单片机受干扰。考虑电源降落对主机的影响，布局注意液晶和键盘布局时不能在键盘操作时影响观察，电动机模块远离主机模块，模块不要倒放。

③ 导线选择：选手能根据题目选择导线的颜色和长度，电源线和信号线应该从颜色上区分，导线长度合适，导线中间不要用胶带连接。

④ 导线走线和连接：首先保证走线合理，连接正确、可靠，不能接错线。在此前提下，走线时要将电源线和信号线分开走线，如果能够留有一段距离，不要将导线的走线放到模块下面。导线的连接要求接到同一接线端子的导线不允许超过两条。

⑤ 导线的整理：导线的整体与扎线要求美观，可将导线按照整平竖直或圆弧整理，扎线不要扎到根部。

⑥ 排除故障：选手要完成故障现象、调整的部位和调整的方法记录，语言表达正

确，能够正确排除故障。

(3) 调试记录与绘图。调试记录中要加强理论知识的学习和练习，绘图中模块接线图要表达清楚，保证正确、规范、整洁。

(4) 功能实现。

① 完成任务书的各个步骤。

② 程序功能的设计要有规划，具有模块化。

③ 编程的方法要合理。

④ 程序的调试。

2) 解题思路

(1) 工作需求分析。根据题意，分析任务要求：完成一个手机后盖彩条喷涂控制系统，由控制、显示、调配颜色、喷涂和上位 PC 监控这五部分组成。

(2) 硬件设计(模块选择)。根据系统相关说明选择相应的模块。

① 控制部分。按键模块(独立按键)，实现电源控制、运行/暂停、设置、选择、确认功能。

② 显示部分。显示模块：128×64 液晶屏、数码管显示器和 LED 指示灯。

128×64 液晶屏：系统显示，包括初始化、设置界面、工作界面、完成界面等，具体参见液晶显示的图示。

数码管显示器：用于显示喷涂彩条颜色代码及三基色的配比量关系，包括初始化界面、配比显示界面。

LED 指示灯：控制系统 24V 电源指示灯。

③ 调配颜色部分。YL-G001 型智能物料搬运装置：搬运装置的各工位如示意图所示。

④ 喷涂部分。步进电动机、直流电动机、D/A 转换模块，具体控制方法参见该部分说明。

⑤ 上位 PC 监控部分。超级终端：实现上位 PC 对喷涂工作完成情况的查询。

(3) 软件设计。在模块的连接线接完之后，根据系统相关说明编写模块程序，再根据制作要求按顺序写任务程序。

① 模块程序。包括独立键盘、数码管显示、液晶显示、LED 指示灯、YL-G001 型智能物料搬运装置机械手控制、步进电动机、直流电动机、D/A 转换、上位 PC 模块。

② 任务程序。包括系统上电、系统初始化、喷涂套数设置、工作过程(液晶显示、喷头定位、调配颜色、喷涂)、系统工作循环、上位 PC 监控、系统暂停与运行、重新设置系统这几个部分。

(4) 调试记录与绘图。调试功能，按调试记录单的题意测量相关数据并记录，绘制模块接线图。

(5) 扎线整理。整理扎线，然后把调试好的程序烧写入单片机，实现功能，整理工位。

参 考 文 献

[1] [比]弗朗索瓦-玛丽·热拉尔，易克萨维耶·罗日叶. 为了学习的教科书：编写、评估和使用[M]. 汪凌，周振平，译. 上海：华东师范大学出版社，2009.

[2] [德] Rudolf Pfeifer，傅小芳. 项目教学的理论与实践. 南京：江苏教育出版社，2007.

[3] [美] Leo H Bradley. 课程领导——超越统一标准的课程标准[M]. 吕立杰，译. 北京：中国轻工业出版社，2007.

[4] [美]巴克教育研究所. 项目学习教师指南：21 世纪的中学教学法[M]. 2 版. 任伟，译. 北京：教育科学出版社，2008.

[5] [美]拉尔夫·泰勒. 课程与教学的基本原理[M]. 施良方，译. 北京：人民教育出版社，1994.

[6] [美] Sally Berman. 多元智能与项目学习：活动设计指导[M]. 夏惠贤，等译. 北京：中国轻工业出版社，2004.

[7] 张民杰. 案例教学法：理论与实务[M]. 北京：九州出版社，2006.

[8] 姜大源. 当代德国职业教育主流教学思想研究：理论、实践与创新[M]. 北京：清华大学出版社，2007.

[9] 教育部职业教育与成人教育司. 职业教育教材建设研究分卷(上)[M]. 北京：高等教育出版社，2004.

[10] 李召存. 课程知识论[M]. 上海：华东师范大学出版社，2009.

[11] 石伟平，徐国庆. 职业教育课程开发技术[M]. 上海：上海教育出版社，2006.

[12] 徐国庆. 职业教育课程论[M]. 上海：华东师范大学出版社，2008.

[13] 徐国庆：实践导向职业教育课程研究：技术学范式[M]. 上海：上海教育出版社，2005.

[14] 徐国庆. 职业教育项目课程开发指南[M]. 上海：华东师范大学出版社，2009.

[15] 徐继存，车丽娜. 课程与教学论问题的时代澄明[M]. 济南：山东教育出版社，2008.

[16] 郑金洲. 案例教学指南[M]. 上海：华东师范大学出版社，2000.

[17] 崔占军. 机电类项目式教材编写实践中的思考[J]. 科技与出版，2008(7): 54-55.

[18] 陈雅萍. 专业基础课程项目式教材开发：以中职电子电工类专业基础课程为例[J]. 中国职业技术教育，2008(25): 41-43.

[19] 程周. 读美国职业技术教育教材《电工技术有感》[J]. 职业技术，2003(9): 55-56.

[20] 陈篙. 职业教育教材质量评价之研究[J]. 职教论坛，2003(18): 4-7.

[21] 陈旭辉，张荣胜. 项目教学的项目开发、教学设计及其在数控铣床操作教学中的应用[J]. 职教论坛，2008(18): 23-24.

[22] 杜晓萍. 职教教材的选择与编制[J]. 全球教育展望，1998(3): 30-34.

[23] 冯锐，李晓华. 教学设计新发展：面向复杂性学习的整体性教学设计[J]. 中国电化教育，2009(2): 1-4.

[24] 胡英杰，侯文顺. 关于项目化教学改革项目确立方法的探索[J]. 荆门职业技术学院学报，2008(7): 10-13.

[25] 刘荣才，周丽. 关于引进和选用国外优质高职教材的思考[J]. 天津职业技术师范学院学报，2004(1): 55-59.

[26] 刘荣才，周丽. 职业教育教材质量评价与教材改革建设问题探讨[J]. 中国职业技术教育，2004(2): 38-40.

[27] 李岚，刘欣. 对高职 PBL 教学项目设计的研究[J]. 职业教育研究，2008(5): 87-88.

[28] 孙焕利. 开发以工作项目为主体的模块化课程初探[J]. 中国职业技术教育，2008(25): 33-34.

[29] 孙海波. 跨课程的工作项目设计与实施[J]. 常州工程职业技术学院学报，2009(2): 39-42.

[30] 王江华. 积极引进 洋为中用：关于引进国外职业教育教材的介绍[J]. 中国职业技术教育，2003(7): 56.

[31] 王洪龄，周苏东. 用任务驱动模式编写教材的研究探索[J]. 中国培训，2007(7): 19-20.

[32] 王玉苗，庞世俊. 职业教育课程内容的透视：知识观的视角[J]. 河北师范大学学报(教育科学版)，2008(11): 109-113.

[33] 汪晶. 职业教育教材建设现状分析与对策建议[J]. 中国职业技术教育，2005(22): 51-52.

[34] 应力恒. 基于工作过程的课程项目化教学改革[J]. 中国职业技术教育，2008(22): 36-38.

[35] 杨洪刚. 项目课程模式探索与实践[J]. 职业圈，2007(24): 188-189.

[36] 张健. 职业教育专业课程开发方法提要[J]. 职教通讯，2007(1): 40-42.

[37] 郑金洲. 教育研究方式与成果表达形式之三：教育案例[J]. 人民教育，2004(20): 33-36.

[38] 张继玺. 真实性评价：理论与实践[J]. 教育发展研究，2007(2): 23-27.

[39] 张麦秋，周哲民. 高职项目化教材开发模式研究：以《化工机械的维修》课程为例的教材开发模式研究[J]. 现代企业教育，2008(8): 31-32.

[40] 陈雅萍. 电子技能与实训：项目式教学(基础版)[M]. 北京：高等教育出版社，2007.

[41] 耿永刚，陶国正. 单片机与接口应用技术[M]. 上海：华东师范大学出版社，2008.

[42] 华永平. 模拟电路设计与制作[M]. 北京：电子工业出版社，2007.

[43] 刘建民. 浅谈电子技能训练的课堂组织与项目设计[J]. 时代教育(教育教学版)，2010(2): 250.

[44] 王宇. 对高职电子专业实验教学的思考[J]. 职教论坛，2004(9): 54.

[45] 王成安. 电子技术基本技能综合训练[M]. 北京：人民邮电出版社，2003.

[46] 范次猛. 电子技术基础与技能训练[M]. 北京：电子工业出版社，2013.

[47] 王成福，邵建东，陈海荣，等. 高职教师专业实践能力的内涵及培养对策[J]. 高等工程教育研究，2015(3): 146-151.

[48] 赵海峰. 专业实践能力的内涵及其培养途径[J]. 武汉职业技术学院学报，2009(2): 60-63.

[49] 徐新国. 以技能竞赛引领中职电子专业教学改革[J]. 职业技术教育，2009(23): 45.

[50] 孙祎. 浅谈技能竞赛对于中职教育发展的影响：以电子专业为例[J]. 商情，2011(48): 148.

[51] 高霏霏. 浅谈电子专业职业技能大赛对专业教学改革的影响[J]. 才智，2012(18): 202.

[52] 诸笃运. 技能大赛背景下中职电子专业课程体系的研究与实践[J]. 教育教学论坛，2012(22B): 224-225.

[53] 宗玉. 浅析技能大赛对中职电子专业教学改革的推动[J]. 课程教育研究(新教师教学)，2014(7): 270.

[54] 赖建英. 论以技能竞赛引领中职电子信息类专业教学改革[J]. 课程教育研究：新教师教学，2015(23): 15-16.

北京大学出版社本科电气信息系列实用规划教材

序号	书名	书号	编著者	定价	出版年份	教辅及获奖情况
物联网工程						
1	物联网概论	7-301-23473-0	王　平	38	2014	电子课件/答案，有“多媒体移动交互式教材”
2	物联网概论	7-301-21439-8	王金甫	42	2012	电子课件/答案
3	现代通信网络(第 2 版)	7-301-27831-4	赵瑞玉　胡珺珺	45	2017	电子课件/答案
4	物联网安全	7-301-24153-0	王金甫	43	2014	电子课件/答案
5	通信网络基础	7-301-23983-4	王昊	32	2014	
6	无线通信原理	7-301-23705-2	许晓丽	42	2014	电子课件/答案
7	家居物联网技术开发与实践	7-301-22385-7	付　蔚	39	2013	电子课件/答案
8	物联网技术案例教程	7-301-22436-6	崔逊学	40	2013	电子课件
9	传感器技术及应用电路项目化教程	7-301-22110-5	钱裕禄	30	2013	电子课件/视频素材，宁波市教学成果奖
10	网络工程与管理	7-301-20763-5	谢　慧	39	2012	电子课件/答案
11	电磁场与电磁波(第 2 版)	7-301-20508-2	邬春明	32	2012	电子课件/答案
12	现代交换技术(第 2 版)	7-301-18889-7	姚　军	36	2013	电子课件/习题答案
13	传感器基础(第 2 版)	7-301-19174-3	赵玉刚	32	2013	视频
14	物联网基础与应用	7-301-16598-0	李蔚田	44	2012	电子课件
15	通信技术实用教程	7-301-25386-1	谢　慧	36	2015	电子课件/习题答案
16	物联网工程应用与实践	7-301-19853-7	于继明	39	2015	电子课件
17	传感与检测技术及应用	7-301-27543-6	沈亚强　蒋敏兰	43	2016	电子课件/数字资源
单片机与嵌入式						
1	嵌入式系统开发基础——基于八位单片机的 C 语言程序设计	7-301-17468-5	侯殿有	49	2012	电子课件/答案/素材
2	嵌入式系统基础实践教程	7-301-22447-2	韩　磊	35	2013	电子课件
3	单片机原理与接口技术	7-301-19175-0	李　升	46	2011	电子课件/习题答案
4	单片机系统设计与实例开发(MSP430)	7-301-21672-9	顾　涛	44	2013	电子课件/答案
5	单片机原理与应用技术(第 2 版)	7-301-27392-0	魏立峰　王宝兴	42	2016	电子课件/数字资源
6	单片机原理及应用教程(第 2 版)	7-301-22437-3	范立南	43	2013	电子课件/习题答案，辽宁“十二五”教材
7	单片机原理与应用及 C51 程序设计	7-301-13676-8	唐　颖	30	2011	电子课件
8	单片机原理与应用及其实验指导书	7-301-21058-1	邵发森	44	2012	电子课件/答案/素材
9	MCS-51 单片机原理及应用	7-301-22882-1	黄翠翠	34	2013	电子课件/程序代码
物理、能源、微电子						
1	物理光学理论与应用(第 2 版)	7-301-26024-1	宋贵才	46	2015	电子课件/习题答案，“十二五”普通高等教育本科国家级规划教材
2	现代光学	7-301-23639-0	宋贵才	36	2014	电子课件/答案
3	平板显示技术基础	7-301-22111-2	王丽娟	52	2013	电子课件/答案
4	集成电路版图设计	7-301-21235-6	陆学斌	32	2012	电子课件/习题答案
5	新能源与分布式发电技术(第 2 版)	7-301-27495-8	朱永强	45	2016	电子课件/习题答案，北京市精品教材，北京市“十二五”教材
6	太阳能电池原理与应用	7-301-18672-5	靳瑞敏	25	2011	电子课件
7	新能源照明技术	7-301-23123-4	李姿景	33	2013	电子课件/答案

序号	书名	书号	编著者	定价	出版年份	教辅及获奖情况
			基 础 课			
1	电工与电子技术(上册) (第2版)	7-301-19183-5	吴舒辞	30	2011	电子课件/习题答案，湖南省“十二五”教材
2	电工与电子技术(下册) (第2版)	7-301-19229-0	徐卓农 李士军	32	2011	电子课件/习题答案，湖南省“十二五”教材
3	电路分析	7-301-12179-5	王艳红 蒋学华	38	2010	电子课件，山东省第二届优秀教材奖
4	运筹学(第2版)	7-301-18860-6	吴亚丽 张俊敏	28	2011	电子课件/习题答案
5	电路与模拟电子技术	7-301-04595-4	张绪光 刘在娥	35	2009	电子课件/习题答案
6	微机原理及接口技术	7-301-16931-5	肖洪兵	32	2010	电子课件/习题答案
7	数字电子技术	7-301-16932-2	刘金华	30	2010	电子课件/习题答案
8	微机原理及接口技术实验指导书	7-301-17614-6	李干林 李 升	22	2010	课件(实验报告)
9	模拟电子技术	7-301-17700-6	张绪光 刘在娥	36	2010	电子课件/习题答案
10	电工技术	7-301-18493-6	张 莉 张绪光	26	2011	电子课件/习题答案，山东省“十二五”教材
11	电路分析基础	7-301-20505-1	吴舒辞	38	2012	电子课件/习题答案
12	数字电子技术	7-301-21304-9	秦长海 张天鹏	49	2013	电子课件/答案，河南省“十二五”教材
13	模拟电子与数字逻辑	7-301-21450-3	邬春明	39	2012	电子课件
14	电路与模拟电子技术实验指导书	7-301-20351-4	唐 颖	26	2012	部分课件
15	电子电路基础实验与课程设计	7-301-22474-8	武 林	36	2013	部分课件
16	电文化——电气信息学科概论	7-301-22484-7	高 心	30	2013	
17	实用数字电子技术	7-301-22598-1	钱裕禄	30	2013	电子课件/答案/其他素材
18	模拟电子技术学习指导及习题精选	7-301-23124-1	姚娅川	30	2013	电子课件
19	电工电子基础实验及综合设计指导	7-301-23221-7	盛桂珍	32	2013	
20	电子技术实验教程	7-301-23736-6	司朝良	33	2014	
21	电工技术	7-301-24181-3	赵莹	46	2014	电子课件/习题答案
22	电子技术实验教程	7-301-24449-4	马秋明	26	2014	
23	微控制器原理及应用	7-301-24812-6	丁筱玲	42	2014	
24	模拟电子技术基础学习指导与习题分析	7-301-25507-0	李大军 唐 颖	32	2015	电子课件/习题答案
25	电工学实验教程(第2版)	7-301-25343-4	王士军 张绪光	27	2015	
26	微机原理及接口技术	7-301-26063-0	李干林	42	2015	电子课件/习题答案
27	简明电路分析	7-301-26062-3	姜 涛	48	2015	电子课件/习题答案
28	微机原理及接口技术(第2版)	7-301-26512-3	越志诚 段中兴	49	2016	二维码数字资源
29	电子技术综合应用	7-301-27900-7	沈亚强 林祝亮	37	2017	二维码数字资源
30	电子技术专业教学法	7-301-28329-5	沈亚强 朱伟玲	36	2017	二维码数字资源
31	电子科学与技术专业课程开发与教学项目设计	7-301-28544-2	沈亚强 万 旭	38	2017	二维码数字资源
			电子、通信			
1	DSP技术及应用	7-301-10759-1	吴冬梅 张玉杰	26	2011	电子课件，中国大学出版社图书奖首届优秀教材奖一等奖
2	电子工艺实习	7-301-10699-0	周春阳	19	2010	电子课件
3	电子工艺学教程	7-301-10744-7	张立毅 王华奎	32	2010	电子课件，中国大学出版社图书奖首届优秀教材奖一等奖
4	信号与系统	7-301-10761-4	华 容 隋晓红	33	2011	电子课件
5	信息与通信工程专业英语(第2版)	7-301-19318-1	韩定定 李明明	32	2012	电子课件/参考译文，中国电子教育学会2012年全国电子信息类优秀教材
6	高频电子线路(第2版)	7-301-16520-1	宋树祥 周冬梅	35	2009	电子课件/习题答案

序号	书名	书号	编著者	定价	出版年份	教辅及获奖情况
7	MATLAB 基础及其应用教程	7-301-11442-1	周开利　邓春晖	24	2011	电子课件
8	通信原理	7-301-12178-8	隋晓红　钟晓玲	32	2007	电子课件
9	数字图像处理	7-301-12176-4	曹茂永	23	2007	电子课件，“十二五”普通高等教育本科国家级规划教材
10	移动通信	7-301-11502-2	郭俊强　李　成	22	2010	电子课件
11	生物医学数据分析及其 MATLAB 实现	7-301-14472-5	尚志刚　张建华	25	2009	电子课件/习题答案/素材
12	信号处理 MATLAB 实验教程	7-301-15168-6	李　杰　张　猛	20	2009	实验素材
13	通信网的信令系统	7-301-15786-2	张云麟	24	2009	电子课件
14	数字信号处理	7-301-16076-3	王震宇　张培珍	32	2010	电子课件/答案/素材
15	光纤通信	7-301-12379-9	卢志茂　冯进玫	28	2010	电子课件/习题答案
16	离散信息论基础	7-301-17382-4	范九伦　谢　勰	25	2010	电子课件/习题答案
17	光纤通信	7-301-17683-2	李丽君　徐文云	26	2010	电子课件/习题答案
18	数字信号处理	7-301-17986-4	王玉德	32	2010	电子课件/答案/素材
19	电子线路 CAD	7-301-18285-7	周荣富　曾　技	41	2011	电子课件
20	MATLAB 基础及应用	7-301-16739-7	李国朝	39	2011	电子课件/答案/素材
21	信息论与编码	7-301-18352-6	隋晓红　王艳营	24	2011	电子课件/习题答案
22	现代电子系统设计教程	7-301-18496-7	宋晓梅	36	2011	电子课件/习题答案
23	移动通信	7-301-19320-4	刘维超　时　颖	39	2011	电子课件/习题答案
24	电子信息类专业 MATLAB 实验教程	7-301-19452-2	李明明	42	2011	电子课件/习题答案
25	信号与系统	7-301-20340-8	李云红	29	2012	电子课件
26	数字图像处理	7-301-20339-2	李云红	36	2012	电子课件
27	编码调制技术	7-301-20506-8	黄　平	26	2012	电子课件
28	Mathcad 在信号与系统中的应用	7-301-20918-9	郭仁春	30	2012	
29	MATLAB 基础与应用教程	7-301-21247-9	王月明	32	2013	电子课件/答案
30	电子信息与通信工程专业英语	7-301-21688-0	孙桂芝	36	2012	电子课件
31	微波技术基础及其应用	7-301-21849-5	李泽民	49	2013	电子课件/习题答案/补充材料等
32	图像处理算法及应用	7-301-21607-1	李文书	48	2012	电子课件
33	网络系统分析与设计	7-301-20644-7	严承华	39	2012	电子课件
34	DSP 技术及应用	7-301-22109-9	董　胜	39	2013	电子课件/答案
35	通信原理实验与课程设计	7-301-22528-8	邬春明	34	2015	电子课件
36	信号与系统	7-301-22582-0	许丽佳	38	2013	电子课件/答案
37	信号与线性系统	7-301-22776-3	朱明旱	33	2013	电子课件/答案
38	信号分析与处理	7-301-22919-4	李会容	39	2013	电子课件/答案
39	MATLAB 基础及实验教程	7-301-23022-0	杨成慧	36	2013	电子课件/答案
40	DSP 技术与应用基础(第 2 版)	7-301-24777-8	俞一彪	45	2015	实验素材/答案
41	EDA 技术及数字系统的应用	7-301-23877-6	包　明	55	2015	
42	算法设计、分析与应用教程	7-301-24352-7	李文书	49	2014	
43	Android 开发工程师案例教程	7-301-24469-2	倪红军	48	2014	
44	ERP 原理及应用	7-301-23735-9	朱宝慧	43	2014	电子课件/答案
45	综合电子系统设计与实践	7-301-25509-4	武　林　陈　希	32	2015	
46	高频电子技术	7-301-25508-7	赵玉刚	29	2015	电子课件
47	信息与通信专业英语	7-301-25506-3	刘小佳	29	2015	电子课件
48	信号与系统	7-301-25984-9	张建奇	45	2015	电子课件
49	数字图像处理及应用	7-301-26112-5	张培珍	36	2015	电子课件/习题答案
50	Photoshop CC 案例教程(第 3 版)	7-301-27421-7	李建芳	49	2016	电子课件/素材
51	激光技术与光纤通信实验	7-301-26609-0	周建华　兰　岚	28	2015	数字资源
52	Java 高级开发技术大学教程	7-301-27353-1	陈沛强	48	2016	电子课件/数字资源
53	VHDL 数字系统设计与应用	7-301-27267-1	黄　卉　李　冰	42	2016	数字资源

序号	书名	书号	编著者	定价	出版年份	教辅及获奖情况
自动化、电气						
1	自动控制原理	7-301-22386-4	佟　威	30	2013	电子课件/答案
2	自动控制原理	7-301-22936-1	邢春芳	39	2013	
3	自动控制原理	7-301-22448-9	谭功全	44	2013	
4	自动控制原理	7-301-22112-9	许丽佳	30	2015	
5	自动控制原理	7-301-16933-9	丁　红　李学军	32	2010	电子课件/答案/素材
6	现代控制理论基础	7-301-10512-2	侯媛彬等	20	2010	电子课件/素材，国家级“十一五”规划教材
7	计算机控制系统(第 2 版)	7-301-23271-2	徐文尚	48	2013	电子课件/答案
8	电力系统继电保护(第 2 版)	7-301-21366-7	马永翔	42	2013	电子课件/习题答案
9	电气控制技术(第 2 版)	7-301-24933-8	韩顺杰　吕树清	28	2014	电子课件
10	自动化专业英语(第 2 版)	7-301-25091-4	李国厚　王春阳	46	2014	电子课件/参考译文
11	电力电子技术及应用	7-301-13577-8	张润和	38	2008	电子课件
12	高电压技术(第 2 版)	7-301-27206-0	马永翔	43	2016	电子课件/习题答案
13	电力系统分析	7-301-14460-2	曹　娜	35	2009	
14	综合布线系统基础教程	7-301-14994-2	吴达金	24	2009	电子课件
15	PLC 原理及应用	7-301-17797-6	缪志农　郭新年	26	2010	电子课件
16	集散控制系统	7-301-18131-7	周荣富　陶文英	36	2011	电子课件/习题答案
17	控制电机与特种电机及其控制系统	7-301-18260-4	孙冠群　于少娟	42	2011	电子课件/习题答案
18	电气信息类专业英语	7-301-19447-8	缪志农	40	2011	电子课件/习题答案
19	综合布线系统管理教程	7-301-16598-0	吴达金	39	2012	电子课件
20	供配电技术	7-301-16367-2	王玉华	49	2012	电子课件/习题答案
21	PLC 技术与应用(西门子版)	7-301-22529-5	丁金婷	32	2013	电子课件
22	电机、拖动与控制	7-301-22872-2	万芳瑛	34	2013	电子课件/答案
23	电气信息工程专业英语	7-301-22920-0	余兴波	26	2013	电子课件/译文
24	集散控制系统(第 2 版)	7-301-23081-7	刘翠玲	36	2013	电子课件，2014 年中国电子教育学会“全国电子信息类优秀教材”一等奖
25	工控组态软件及应用	7-301-23754-0	何坚强	49	2014	电子课件/答案
26	发电厂变电所电气部分(第 2 版)	7-301-23674-1	马永翔	48	2014	电子课件/答案
27	自动控制原理实验教程	7-301-25471-4	丁　红　贾玉瑛	29	2015	
28	自动控制原理(第 2 版)	7-301-25510-0	袁德成	35	2015	电子课件/辽宁省“十二五”教材
29	电机与电力电子技术	7-301-25736-4	孙冠群	45	2015	电子课件/答案
30	虚拟仪器技术及其应用	7-301-27133-9	廖远江	45	2016	

如您需要更多教学资源如电子课件、电子样章、习题答案等，请登录北京大学出版社第六事业部官网 www.pup6.cn 搜索下载。

如您需要浏览更多专业教材，请扫下面的二维码，关注北京大学出版社第六事业部官方微信(微信号：pup6book)，随时查询专业教材、浏览教材目录、内容简介等信息，并可在线申请纸质样书用于教学。

感谢您使用我们的教材，欢迎您随时与我们联系，我们将及时做好全方位的服务。联系方式：010-62750667，szheng_pup6@163.com，pup_6@163.com，lihu80@163.com，欢迎来电来信。客户服务 QQ 号：1292552107，欢迎随时咨询。